开源心法

任旭东 等◎著

人 民 邮 电 出 版 社
北 京

图书在版编目（CIP）数据

开源心法 / 任旭东等著. -- 北京 : 人民邮电出版社, 2025. -- ISBN 978-7-115-65997-2

Ⅰ. TP311.52

中国国家版本馆 CIP 数据核字第 20243Q9X09 号

内 容 提 要

本书全面介绍了华为在开源领域的实践和思考。首先，在认识开源部分，深入介绍了开源的起源、发展历程和底层逻辑；其次，在拥抱开源部分，揭示了华为积极参与和贡献开源的方式；然后，在践行开源部分，详细展示了华为在开源领域的具体实践和贡献；最后，在开源心法部分，深入探讨了华为对开源理念、价值观的理解和思考。此外，本书还剖析了开源产业、生态及文化的未来走向。本书旨在提供一个全面、深入的视角，让读者了解华为在开源领域的实践经验与思考，以及其对开源未来的展望和呼吁。无论是希望深入了解开源理念的新手，还是寻求在企业中实施开源战略的专业人士，都能从书中获得宝贵的知识和启示。

本书适合软件开发者、企业决策者、开源社区成员及对开源文化感兴趣的读者阅读。

◆ 著　　　任旭东 等

　责任编辑　秦　健

　责任印制　焦志炜

◆ 人民邮电出版社出版发行　　北京市丰台区成寿寺路 11 号

　邮编　100164　　电子邮件　315@ptpress.com.cn

　网址　https://www.ptpress.com.cn

　涿州市京南印刷厂印刷

◆ 开本：700×1000　1/16

　印张：17　　　　2025 年 1 月第 1 版

　字数：262 千字　　　　2025 年 1 月河北第 1 次印刷

定价：79.80 元

读者服务热线：(010) 81055410　印装质量热线：(010) 81055316

反盗版热线：(010) 81055315

广告经营许可证：京东市监广登字 20170147 号

推荐序 1

开放共赢，携手伙伴，共筑繁荣生态

华为致力于把数字世界带入每个人、每个家庭、每个组织，构建万物互联的智能世界。发展生态一直是华为战略的重要组成，我们始终努力与伙伴一起共筑根生态，打造统一的开发者平台。立足中国，面向全球，实现共赢发展。围绕鲲鹏、昇腾、鸿蒙三大根技术，携手生态伙伴、开发者、高校和开源社区共建根生态。希望能聚集整个中国的技术力量，让生态伙伴在中国自己的黑土地上持续发展、壮大。

开源作为全人类的智慧结晶和协作模式，已经成为推动数字经济发展的重要引擎。开源有效拉通需求侧和供给侧，实现产品研发、应用同步进行，加速产品迭代升级，有效提升研发与应用的整体效能，助力打造完善的产业生态。

华为一直积极拥抱开源，既是开源的使用者，也是开源的贡献者和发起者。携手生态伙伴、开发者，共建基础软件开源生态体系，打造世界级开源项目，加速软件创新和生态繁荣。华为将 openEuler 及 OpenHarmony 两个项目累计上亿行代码、相关品牌以及社区基础设施贡献给开放原子开源基金会。在基金会和产学研伙伴的共同努力下，这两个项目已成为国内顶级的开源项目。2024 年欧拉操作系统新增装机 500 万套，占中国全年新装机 50%，是中国服务器操作系统第一选择，已成为国家数字基础设施的操作系统。以 OpenHarmony 为技术底座的鸿蒙生态设备达到 10 亿台，HarmonyOS NEXT 正式启航。

华为坚持开源开放，推动开源产业平台建设。华为积极参与全球开源产业组织和项目治理，在全球 25 个主流开源基金会中拥有 15 个董事席位和多个亚洲唯一席位，拥有超过 260 个核心技术席位，持续为全球开源生态的繁荣贡献力量；牵引开源全球多极化，探索全球开源基金会间的多边合作机制，推动 Eclipse、Linux、OIF 等基金会的全球化布局，并促成 Eclipse 基金会 Oniro 项目与 OpenHarmony 项目的合作，实现了全球基金会双边合作的重要突破；作为首批白金捐赠人之一，与产业伙伴一同筹建了中国首个开源基金会，并作为副理事长单位，积极参与基金会的治理运作。同时，作为中国计算机学会开源发展委员会的发起者和核心贡献者，华为在学术研究、创新发展、人才培养上与各方展开了全面深入的合作。

面向未来，人才是构建产业生态的基石。我们围绕“学、练、训、赛”的成长路径，持续深化产教融合与科教融合，携手共建“智能基座”产教融合协同育人项目、鲲鹏昇腾科教创新卓越中心与孵化中心，通过将鲲鹏 / 昇腾 / 鸿蒙技术融入课堂教学与实验、开展前沿技术合作、提供创新课题资助、组织顶级专业竞赛、参与“开源雨林”与“开源之夏”等，旨在培养一批卓越人才，为产业的发展奠定坚实的人才基础。

《开源心法》一书遵循“通识—方法论—典型案例—实践思考—底层价值”的逻辑结构，首次全景展现了华为在开源领域从理论到实践、从参与到贡献、从关注项目和社区开发者到维护全球开源生态可持续的发展轨迹。书中强调了开源与数字化的结合日益紧密，开源创新对于推动企业的数字化转型具有重要作用，并建议企业通过拥抱开源来优化其数字化转型过程。事实上，已有数据显示超过 90% 的企业采用了开源软件，特别是在数据库、操作系统、中间件、编程语言等基础软件领域和应用软件领域。此外，书中还深入分析了众多产业案例，并介绍了开源领域的最新技术趋势，为广大开发者提供了一次宝贵的技术学习机会。

智能时代，未来已来，前路尚长。未来五年，华为仍将强力战略投资生态的发展，通过生态的发展牵引、促进、带动终端产业和计算产业的发展。“一花独放不是春，万紫千红春满园”。面对智能时代建设多样化生态的伟大机遇，华为愿意分享自身的经验和洞见，携手产学研、政府及广大开发者，探索属于各自的“开源心法”，共同促进开源生态的繁荣发展。为推动中国软件根生态的繁荣、健康发展贡献我们的力量！

汪涛

华为公司常务董事

推荐序 2

当前全球开源运动正蓬勃发展。作为一种创新的协作模式，开源已经成为新时代的创新引擎。尽管开源起源于欧美国家并在那里繁荣发展，但随着中国科技创新能力的迅速提升，中国的开源实践已经走过了“学习借鉴”和“参与融入”两个阶段，呈现出“蓄势引领”的积极态势。其中一个重要标志是，包括华为在内的一批优秀的中国科技创新企业正从开源的参与者转变为主导者，并取得了显著成就。当前，美国依然是开源创新的领军者。那么，在智能化时代，中国能否孕育出新的世界级开源生态的主导者？围绕这个话题，我想分享3 点认识。

首先，开源为什么能够取得成功？回顾历史，开放软件源代码的自由软件运动始于 20 世纪 80 年代，当时个人计算机和软件产业刚刚兴起。作为商业软件闭源模式的挑战者，自由软件起初并未成为主流，其发展过程颇为“煎熬”。然而，在互联网时代，开源却成了主流范式，变得异常“光鲜”。这背后的原因是什么？我认为，一个重要原因是，在个人计算机时代，开源并未获得商业上的成功，而在互联网时代，开源则实现了巨大的商业成就。其中，开源的 4 个特点成为其成功的关键因素：开源是应对不确定性的重要创新手段；开源是激励创新者群智协作的重要工具；开源是破除行业垄断的有效途径；开源是产业在“阳光”下安全发展的重要保障。20 世纪 90 年代，微软已经成为个人计算机软件行业的主导者，并试图利用其闭源垄断地位来继续垄断刚刚兴起的互联网产业。Google 作为挑战者，坚持采用开源创新的发展模式，成功地对抗了微软的企图。

其次，在智能化时代，开源创新是否能够继续成功？我认为，与互联网时代的开源成功相比，智能化时代的 4 个开源逻辑依然未变。第一，开源作为应对不确定性的重要创新手段的内在逻辑未变。有一种观点认为，自 ChatGPT 出现之后，人工智能大模型的主流技术路线已经确定，这似乎表明人工智能技术路线的不确定性已经消失，开源发展的成功生态土壤不复存在。然而，大模型解决问题的潜力仍然存在巨大的不确定性。即使经过了两年的发展，如何利用这些大模型引领产业进步，仍然具有很大的不确定性，多元化的生态产业实践模式将不可阻挡。现在看来，智能化时代将是一个更加不确定性的时代。第二，开源作为激励创新者群智协作的重要工具的内在逻辑未变。无论是在学术界还是产业界，大量的人工智能研究人员和开发者更倾向于开放自己的最新成果，以获得同行的关注和参与。第三，开源作为破除行业垄断的有效途径的内在逻辑未变。人工智能发展至今，产业界更加希望借助开源机制打破行业垄断。起初，OpenAI 以挑战人工智能垄断者的姿态出现，声称走开源开放的道路。然而，当它在 AIGC 领域取得领先地位之后，开始放弃这条路线。随后，Meta 等企业接过了开源的大旗，挑战那些采取闭源策略的企业，逐渐吸引了大量追随者。第四，在人工智能时代，开源作为事实上的“阳光”策略，保障其安全发展的手段的内在逻辑未变。相比于少数人声称由他们负责人工智能安全的观点，人们更加倾向于通过开源的方式，即依靠大众的眼睛和参与来确保人工智能的安全发展。因此，可以预见，在智能化时代，开源创新仍将是主流模式。

最后，在智能化时代，中国如何从开源的参与者转变为主导者？我认为，建立“有为政府”“有效市场”和“有机社会”三者相互作用的开源治理模式，是实现中国特色开源新生态、引领开源发展的关键。“有为政府”强调政府部门在推动开源发展和落地中的引领作用，包括指导成立开源创新联合体、发布与开源相关的政策和法规，以及进行开源发展的顶层设计。作为“有效市场”的主体，创新企业应逐步增强基于开源的创新能力，成为贡献开源、发起开源的引领者。“有机社会”则强调社会各界的积极参与，这既包括大学和科研机构，也包括学会、协会及开源基金会等社会组织，它们需要有序地参与到开源活动中来。通过这 3 种力量的相互作用，中国能够快速推进“蓄势引领”的趋势，持续推动中国开源创新向主导者转变，构建一个更加开放、共享与协作的开源新生态系统。

《开源心法》一书的显著特点在于，它在全球开源发展的大背景下审视中国的开源实践。这本书不仅涵盖了开源的基础知识，还汇集了华为在开源领域的治理与运营策略、项目经验案例，以及对开源底层逻辑的深刻思考。书中还展示了华为在推动开源发展方面的不懈努力。通过介绍 openEuler、OpenHarmony、MindSpore、KubeEdge 等项目，书中展现了中国在开源领域自主发展的实力与潜力。它不仅为读者提供了深入理解开源的机会，也为那些希望在开源领域作出贡献的人士提供了实用指南。

开源不仅是一种实践科学，更是一种文化和精神的象征。它涵盖了开源的开发、治理与运营，并鼓励创新、协作与共享。通过“有为政府”“有效市场”和“有机社会”三者的高效协同，我们见证着一个更加开放、协作的开源生态系统的形成。我们坚信，中国必将开拓出一条具有中国特色的开源道路，为全球开源事业贡献智慧。

王怀民

中国科学院院士

中国计算机学会开源发展委员会主任

推荐序 3

《开源心法》走出中国开源之路

软件“吞噬”世界，而开源“吞噬”软件。全球究竟有多少开源项目？截至 2023 年底，GitHub 上的开源项目数量已达到 2.8 亿个，几乎涵盖了所有商业软件和你能想到的各种工具。

全球数字经济和科技创新的基础是开源技术。从互联网到移动互联网，从大数据到云计算，再到深度学习与大模型，过去 30 年信息技术的发展很大程度上是由开源生态系统推动的。

长期以来，中国一直是开源技术生态的应用国。近十年来，随着中国科技巨头对开源创新的支持与投入，中国自主研发的开源技术项目取得了显著进步。华为在 Linux 内核贡献度方面已位居全球首位，阿里巴巴、百度、腾讯等公司也开源了成百上千个项目。然而，相较于美国，中国在关键开源生态和开源产业方面仍存在差距。

中国是否有必要发展自己的开源生态，或者在全球开源技术生态中争取更多的话语权？我的回答是非常有必要。原因有两点：第一点，开源同样受到地缘政治的影响，最近 Linus Torvalds 将俄罗斯贡献者从 Linux 内核维护名单中移除就是一个典型案例；第二点，掌握关键开源核心技术的话语权具有重要意义，例如 Google 通过掌握 Android 操作系统能够在该平台上更好地推广自家应用，又如英特尔长期致力于 Linux 内核的人力投入，以确保 Linux 操作系统能够更有效地支持其芯片产品。

中国该如何发展开源生态？开源生态发展的关键包括开源技术的核心开发者、头部企业及资本和市场。

中国从来不缺乏优秀的开源开发者，无论是数量还是质量，中国的顶尖开发者都不逊色于美国。然而，与美国相比，中国头部企业在开源生态的投入方面还有较大的差距。开源的发展壮大离不开头部企业的支持，例如 Linux 内核得益于 IBM、英特尔等的大力支持与投入。大数据关键技术如 Yahoo 的 Hadoop 和 Rackspace 的 OpenStack，以及 Meta 在大模型时代推出的 Llama，都是由头部企业推动的。

为什么美国的头部企业会大力发展开源生态？关键在于发展开源对企业具有战略意义。微软就是一个典型案例。在鲍尔默担任 CEO 期间，微软排斥开源，而纳德拉上任后重新规划了公司战略，向企业和开发者提供云服务，全面支持 Linux 操作系统和 PHP，后续更是收购了 GitHub，将开发工具 Visual Studio Code 和 .NET 框架开源，从而推动了微软云计算业务的大发展。

在中国，华为拥有清晰的开源生态战略。《开源心法》一书全面介绍了华为从使用开源、参与开源到发起开源的十多年历程。华为在大型企业内部建立了开源组织架构和系统性的行动框架，并推出了 openEuler、OpenHarmony、MindSpore 等重量级的开源项目，形成了开源生态的全面发展。这本书不仅展现了华为在开源决策和执行方面的经验与体系，而且包含了企业战略的高度、落地的方法细则及开源人的情怀。书中对开源的历史、文化、技术和商业进行了全面分析，对于当前中国发展开源生态具有极高的参考价值。

CSDN 作为国内推广开源文化的先驱技术社区，一直致力于将开源理念和技术普及给每一位开发者。书中提到的 GitCode 项目是 CSDN 自 2020 年起打造的新一代开发者代码平台，它结合了 AI 大模型工具链，旨在发展中国自己的“GitHub”。同时，也期望更多的头部企业能全面发展开源技术生态。

在开源产业的资本市场方面，中国相对落后，这实际上制约了中国开源技术创新的发展。

尽管开源文化的核心在于创新、共享和开放，但如果没有商业化的路径和体系，就不会有今天开源体系的全面繁荣。许多关键开源项目的创始人来自欧洲，例如 GitLab、Nginx、ClickHouse、Hugging Face 等，然而，由于欧洲缺乏成熟的开源技术资本市场，这些创始人大多在美国获得投资并成立公司，进而发展成为价值数十亿美元的企业。只有当人才、市场和资本三者有机结合时，才能实现大发展。

为什么资本要投资开源项目呢？这是因为开源已成为创新技术产品型企业发展的利器。《创新者的窘境》一书揭示了大企业内部进行颠覆性创新的难度，而开源技术企业往往从初创公司起步，其具备强大的创新能力，能够解决市场上某些关键技术痛点。通过开源，这些企业可以获得开发者的认可和客户的使用，这就是所谓的“开发者主导增长”（Developer Led Growth，DLG）技术产品商业化发展策略。借助资本的投资和DLG策略，许多优秀的开源独角兽企业应运而生。

然而，中国企业的决策者对采购开源技术的认知尚显不足，大多数企业的需求往往局限于对开源项目的定制化开发，导致开源开发模式成为低效的人力密集型交付方式，从而阻碍了中国开源技术企业的发展壮大。

随着中国电商、游戏和电动车产业走向全球，新一轮的技术革命正伴随着AI大模型的发展而展开，开源生态范式也在经历重大变革。大模型的成本将大幅降低，“人人都是开发者，行行都在智能化”的趋势愈发明显。所有软件工具都需要重构，各行各业的企业都需要进行数字化和智能化升级。

中国拥有丰富的开源人才资源，只要形成规模化、有组织的开源产业市场，并得到关键头部企业和耐心资本的支持，我相信中国的开源生态系统将走向全世界。希望更多的企业和人才能够通过《开源心法》这本书加入这一大潮，共同开创下一个开源新时代。

蒋涛

CSDN创始人、董事长

推荐序 4

近年来，我国在开源领域取得了显著进步，逐渐培养出自主创新的能力。我深刻体会到开源教育在培养软件产业人才、加速 AI 技术落地、推进科技可持续发展方面的重要作用。探索我国开源创新人才的培养路径，推动开源软件生态建设，以及提升软件人才与关键软件技术创新和供给能力，是当前的首要任务。

除了教育系统中的课程教学、实验实践和科研以外，如何将开源理念深入民间，使其成为科技工作者和从业者乃至现代科学技术思维的一部分，也是我近年来持续思考的问题。我认为，在面向现代化、面向世界和未来的教育中，开源思维的力量不可或缺。

当受邀为《开源心法》这本书作序时，我突然意识到，参与市场的企业主体正成为普及开源文化和教育的主力军。翻阅这本书，可以看到它涵盖了通识、实践和理论，无疑是一本全面了解开源的优秀普及读物。

作为教育工作者，我们也希望通过这样的普及性资料获得市场的反馈和声音，以便更有效地推动基于优秀国产开源成果的课程体系设计、师资队伍建设及培养计划制订，从而支持国产开源软件形成可持续发展的生态。同时，我们在培养计算机软件创新人才的过程中，也需要与企业共同探索开源文化，并不断提升开源技能。通过企业的带动，技术从业者可以在高校软件成果开源的评价机制和价值导向方面提供更多有价值的方向和有益的建议，从而促进更多原创性成果的产出。

开源作为一种创新的软件开发协作模式，一方面，对于国家的教育战略导向极为重要；另一方面，其构建还需要深入到每一位开发者的思维意识中，真正实现“从开发者中来，到开发者中去”。只有每一位开发者都从自身经验出发，通过对每段代码和每个产品的深入理解与思考，并与他人协作达成共识，才能真正体现开源的理念。

通过《开源心法》这本书，我们可以看到，一个更加开放、协作的数字世界正在形成，而中国在这个过程中正扮演着越来越重要的角色。同时，开源倡导的创新、协作和共享精神，在信息技术迅猛发展的今天显得尤为珍贵。这些价值的实现需要不断地积累、整合和重塑。因此，我们应当携手合作，共同创造并见证开源时代的未来。

夏树涛

清华大学教授

清华大学深圳国际研究生院计算机科学与技术研究所所长

自序

企业如何开源

软件仿佛是撬动现实世界的杠杆。自软件问世以来，物理世界就像被施了魔法一般，普遍受益于“摩尔定律”的神奇“法术”。在现实世界的每一个角落，但凡软件触及之处，都会变得更加美好、经济、高效及适应性强，并且对人类更加有益。互联网、云技术及人工智能的发展无不证明了这一点，而智能汽车和人形机器人的进步也将再次验证这一趋势。

随着全球数字化和智能化的不断演进，软件正在“吞噬”世界，而开源则在“吞噬”软件。开源的话题越来越受到重视。那么，开源究竟是什么？它与企业的关系如何？企业又该如何参与甚至发起开源项目？这些问题并没有标准答案。但毫无疑问，这些问题的答案影响深远：小至关乎企业产品的竞争力，中至影响企业在数字产业生态中的地位——是附属还是领导，大至涉及一个国家或一个产业在软件和生态布局方面的战略选择。因此，这些问题值得我们深入探讨和思考。

面对非同寻常的难题，我们需要非同寻常的答案，而这些答案必然源自非同寻常的洞见。

开源是全人类智慧的结晶和协作模式。华为一直积极拥抱开源，既是开源的使用者，也是贡献者和发起者。在华为，开源被视为一种产业发展手段，服务于商业，并通过商业的正向循环实现开源的可持续和健康发展。

自 2008 年起，华为有意识地参与到开源社区中，经历了从使用开源、参与开源到主动开源的不同阶段。特别是从 2015 年开始，华为主动开源并贡献了多个重量级项目。经过近十年系统化的主动开源探索，华为内部形成了一整套关于开源协作的思考、行动模式及框架，可以说基本形成了自身的企业开源文化、理念和方法论。经过二十余年的积累，华为从一个开源软件的用户和追随者成长为开源项目和社区的重要贡献者，成为开源生态建设中不可或缺的力量。在这个过程中，华为团队对开源的理解也在不断深化。

回到最初的问题：企业如何开源？作为开源生态系统中的重要成员，企业又该如何定义“开源”呢？基于多年在开源领域的从业经验和思考，我们逐渐认识到，要真正理解开源的本质，需要亲身投入开源生态中，不断深化、反思和重构对开源各个层面的认知。

我们希望通过华为在开源历程中的具体实践和不断落地的项目来回答这个问题。企业作为市场和创新的主体，不仅拥有广泛的开发者群体，还与社区和基金会紧密相连。同时，作为开源项目的主要发起方，企业必然成为推动开源生态建设的重要力量。因此，我们希望通过记录企业在开源生态中的参与过程，展示经过二十余年的努力完成的工作、获得的收获、经历的思考及积累的经验。本书的写作初衷是面向产业伙伴、软件企业，以及围绕开源生态和创新展开工作的高校、企业和各产业组织（如基金会、协会、联盟等）的相关从业者，分享我们的实践经验。以这样一种“开源”的方式，共同探索和思考中国的开源实践。

我们认为，在智能化时代，生态生产力 =（开发者 + 程序和算法 + 开发工具）^{开源指数} × 科技创新。除了科技创新的乘数效应以外，开源软件作为数字资产，在全球开发者和企业的推动下，其在数字空间中的开源代码流动性将为生产力的提升带来指数级效应，并成为衡量生态型产业生产力效能高低的重要指标。

伟大的时代往往就是这样开启的：当门被推开时，并没有引起太多注意，人们尚在沉睡，只有在光照进来之后，人们才被唤醒，发出赞叹之声。

作者

前言

近年来，“开源”已成为业界的热点话题，言必称“开源”似乎成了一种时尚。放眼全球，一方面，全球领先的企业如微软、Google、AWS 等不断加大在开源领域的贡献和投入，企业对开源的贡献达到了前所未有的水平；另一方面，随着云原生、区块链、元宇宙、生成式人工智能等新兴技术的迅猛发展，开源已经成为一种“必然”。

从国家层面来看，美国的开源体系较为全面，由高校、大企业、最终企业用户、开源基金会、开源基础设施企业及出版社、法务工作者等共同构成，在全球独树一帜。中国目前的开源发展也如火如荼，自“开源”被写入国家“十四五”规划以来，3 年间，越来越多的企业开始拥抱开源，使其成为服务商业和经济建设的重要力量。中国开源正从“全面参与”向“蓄势引领”过渡，国内对开源表现出前所未有的热情。

然而，尽管国内部分领先企业已经取得了显著成效，但由于开源土壤仍待开发、开源文化尚需要普及，以及开源开发者群体还有较大的成长空间等因素，开源在中国仍然缺乏根基。因此，我们迫切需要系统全面地梳理开源通识、分享开源设计，并介绍企业开源实践，以提高国内的整体开源水平。

以下是对中国开源体系建设的一些思考，供广大读者参考。

- 强化开源发展的引领作用。将促进开源发展纳入国民经济和社会发展、制造业高质量发展、教育发展、科技创新、数字政府建设等专项规划。
- 推进产业试点应用布局。在产业集聚地区，先行先试建设开源示范区，积极探索资产评估、人才培养、产融对接等方面的工作。围绕产业集群布局，遴选项目予以支持。

- 推动开源成果共享。在确保安全可控的前提下，推动软件产品或信息化项目尽可能开源共享。积极推动将开源及其衍生技术产品纳入采购目录和框架协议范围。
- 推进开源服务组织建设。加强与国家级开源基金会的对接，依托开源龙头企业、技术创新中心、高校院所等，打造开源发展产业服务平台。
- 积极培育优质开源项目。支持软件和信息技术服务业的龙头骨干企业，围绕人工智能、工业软件、云原生、大数据、操作系统、数据库、区块链等重点领域培育开源项目。
- 支持开源商业化企业发展。鼓励企业基于优势开源项目开发商业化的开源产品及服务。
- 加强开源教育和人才培养。加强与开源企业的合作交流，举办开源讲堂、开源社团、开源竞赛等活动，共建开源实训基地，实现产教融合，协同推进开源教育。
- 加强开源安全服务能力。依托第三方服务机构建设开源技术公共服务平台，建设可信开源组件库，统筹开源软件的评估、选型、应用、培训等工作。

开源，作为全人类智慧的结晶和协作的典范，为培育新质生产力提供了强大的动力。然而，当我们试图从企业的视角来学习开源时，发现市场上从企业视角介绍开源的图书资料寥寥无几。为何不借助开源的创造精神，创造一本新的呢？这也算是对国内开源发展作出的一份贡献。正是在这种“冲动”想法的推动下，这本书的编写工作开始了。

本书读者对象

本书旨在为开源技术开发者、从业者、企业管理者及对开源感兴趣的爱好者提供内容。本书内容涵盖了开源历史事件、理论新知和方法实践等，适合希望对开源领域有入门级通识性了解的读者阅读。

以下是可能从本书中受益的用户团体和个人：

- 企业开源团队的相关人员；
- 开源项目办公室的相关人员；
- 开源项目的运营人员；
- 其他使用开源技术、积极参与开源活动的团队和个人。

本书主要内容

本书内容分为5篇，下面分别介绍。

在第一篇“认识开源”中，以开源发展的历程为主线，分为“开源简史”“开源与现代化”和“开源企业概览”3章。其中，“开源简史”从开源概念的起源讲起，回顾历史上国内外发生的重大开源事件，并从历史脉络中深入梳理开源的底层逻辑；“开源与现代化”探讨开源与创新、商业模式、数字化转型等现代化概念之间的潜在联系与相互作用；“开源企业概览”则主要从“国际化标杆企业”以及“华为开源历程”的角度，介绍企业在开源领域的发展成就。

第二篇“拥抱开源”紧接第一篇，在简要介绍华为开源历程中的各个阶段后，详细讨论了华为在“使用开源、贡献开源、主动开源”3个发展阶段中的开源体系和平台建设、不同层次的贡献，以及在主动开源阶段形成的方法论和实践经验。这些内容包括开源原则、企业开源策略设计、面向开源社区的治理与运营，以及度量与评估，旨在解答企业为什么开源、开源什么以及如何开源的问题。同时，以华为开源的组织设计作为案例供其他企业参考。

第三篇“践行开源”在方法论指导下，介绍了华为开源的3个重点项目和5个明星项目。其中，openEuler、OpenHarmony在完成技术框架和运营基础设施建设后，项目被贡献给开放原子开源基金会，并分别建立了项目群；KubeEdge、Volcano、Karmada则被托管至CNCF。这一篇针对项目的阶段性特点，简要介绍了各个项目的技术架构、治理与运营，以及开源生态和社会价值等方面的建设情况。

第四篇“开源心法”分为“开源群像”和“开源之思”两个部分。“开源群像”部分呈现了华为开源历程中沉淀的一些开源建设的关键要点。这些要点包括开源安全、开源社区运营和数字化度量、开源人才培养与标准建设，以及在生态上游和企业内部的开源实践。同时，“开源之思”部分分享了华为在开源建设过程中的深入思考和价值理念。

在第五篇“未来已来”中，我们尝试从人类文明发展的时空维度寻找开源作为文明产物的逻辑线索，并剖析开源产业、生态及文化的未来走向。这无疑是一场充满想象力的开源之旅。

勘误和致谢

由于作者水平有限，加之编写时间紧迫，书中可能存在一些错误或者不准确之处，恳请各位读者不吝赐教，提出宝贵的批评和指正意见。

感谢开源社区中每一位充满创意和活力的朋友——感谢你们长期对社区的支持和贡献，正是你们的不懈努力和奉献，为开源带来了新的希望。

感谢人民邮电出版社的编辑团队，从本书的立项到最终付梓，是你们的努力使本书得以顺利完成。同时，也要感谢杨阳女士在图书写作过程中给予我们的支持与帮助。

希望本书能为国内正在推进的开源事业种下一粒种子。开源，这一伟大时代的大门刚刚开启，衷心希望本书能成为照亮开源大门的一束光。

谨以此书献给我们热爱的开源事业。最后，衷心希望本书的读者能够从中获得知识与启发。

作者

目录

第一篇　认识开源

第二篇 拥抱开源

第三篇 践行开源

第四篇　开源心法

第五篇 未来已来

第一篇　认识开源

从人类起源的更广阔视角观察，文明的根源可能就蕴含着开源的精神。正是协作与分享，赋予了原始人类以集体之力，在远古的蛮荒环境中得以生存。

要深刻理解任何事物，最有效的方法是追溯其历史。亚里士多德，被誉为人类历史上的首位百科全书式哲学家，提出了“四因说”，这是一种通过分析形式因、质料因、动力因和目的因来理解变化事物的方法。虽然乍一看似乎复杂，但其实质是指导我们从事物的外在表现、内在构成、驱动力量和终极目标 4 个维度去深入探究。而这种细致入微的洞察，往往需要我们从历史的角度进行细致的梳理和深入的挖掘。

同样，当我们试图全面理解开源时，也应当从其历史发展的脉络着手。开源的概念和定义是如何演化至今的？在这些概念和定义之下，又包含了哪些构成要素或内涵的扩展？开源的发展历程中，哪些关键事件推动了其前进，背后的深层逻辑是什么？开源如何成为现代化进程中的关键力量？此外，包括华为在内的国内外领军企业，在开源领域又经历了怎样的历史进程？本篇将对这些问题提供详尽的解析。

第1章 开源简史

1.1 开源概述

1.1.1 相较于“自由软件”，为什么是“开源”

在20世纪中期，互联网技术和电信网络的研究者们在一种互助的研究氛围中培养了开放和协作的精神。许多科技公司的软件也自由地分发。但很快，基于版权和限制性许可证的专有软件开始兴起，并逐渐成为行业的主流。面对自由精神的逐渐丧失，崇尚黑客文化的开发者们开始采取行动。1983年，Richard Stallman 启动了“GNU 计划”，这成为“自由软件运动”兴起的标志性事件。

然而，尽管自由的精神鼓舞人心，但“自由软件”（Free Software）中 Free 一词的双重含义——既指“自由”也指“免费”——却构成了对其理解的一个主要障碍。如果人们仅将 Free 理解为“免费”，这不仅可能偏离自由软件的初始精神，也可能给软件的商业实践带来挑战。

那么，如何让概念聚焦在“开放源代码”上？这一议题在1998年 Foresight Institute 的会议上被提出[①]。当时，与会者在探讨计算机安全问题时认识到，需要一个新术语来描述那些用户可以自由访问和修改源代码的软件。Eric S. Raymond 参与了会议，并根据讨论，他列出了3个可能的选项——Free Software（自由软件）、Open Source（开源）和 Sourceware（源软件）。最终，

① Christine Peterson，“How I coined the term ‘open source’”。

与会者决定采用 Open Source 这一术语。自此，“开源”一词开始在编程界、产业界和媒体中迅速传播，并逐渐被广泛采纳。

“开源”作为一个将自由软件的理念与现代商业实践相结合的概念，一方面，它界定了在开源框架下软件的生产和运营等业务活动；另一方面，它延续了自由软件所倡导的自由权利，即“用户自由查看源代码、自由修改、再分发，以及自由获取和使用源代码”。

1.1.2 开源定义的确定与许可证的发布

“开源”概念确立后，界定这一概念的任务变得迫切。这一任务由开放源代码促进会（Open Source Initiative，OSI）完成。OSI 基于 Debian 自由软件指导方针，制定了开源定义（The Open Source Definition，简称 OSD），其中包含 10 项基本原则（更多细节，请参见 6.1.1 节）。

基于上述定义，OSI 发布了首份正式的许可证清单，其中包括 GNU 通用公共许可证（General Public License，GPL）、GNU 宽松通用公共许可证（Lesser General Public License，LGPL）、BSD（Berkeley Software Distribution）许可证等。为了支持新兴的 Apache Web 服务器项目，Apache 软件基金会于 1999 年成立，并发布了至今仍广泛使用的 Apache 许可证。

此外，还有 MIT（The MIT License）许可证、MPL（Mozilla Public License）许可证等，这些许可证不仅促进了开源软件在产业中的广泛应用，也确保了开源基本原则在实践中得到贯彻。

2019 年，中国发布了首个开源许可证——木兰宽松许可证（Mulan Permissive Software License，Mulan PSL）。2020 年，木兰宽松许可证 2.0 版本（Mulan PSL 2.0）获得 OSI 的批准，正式成为国际化的开源许可证。

1.1.3 开源内涵的延伸

自开源概念诞生以来，其内涵不断扩展和深化。最初，开源主要关注软件领域，但随着时间推移，它逐渐展现出社会化特征。如今，开源已经涵盖了开源技术、开源项目、开源社区、开源基金会、开源商业、开源理念、开源文化、开源创新及开源生态等多个方面，共同推动了开源概念的扩展和深化。

- 开源技术：指的是源代码可以公开访问、查看、使用和修改的技术，如 Linux 操作系统、Python 语言、MySQL 数据库、Apache 服务器、Kubernetes 容器编排技术等。

- 开源项目：指的是那些源代码获得许可并公开可用的项目。在这些项目中，贡献的代码是非常重要的，它可以来自公司或个人。开源项目构成了开源社区的基础，其运营质量直接影响着社区的发展水平。

- 开源社区：由开源项目、项目发起者、维护者、贡献者、用户及项目周边的生态系统等组成。社区成员通过共享技术、知识、经验和资源，共同致力于开发、维护和推广开源项目。

- 开源基金会：指的是为了维护开源项目、托管代码，以及推广开源原则和标准等而成立的非营利组织。自早期的自由软件基金会成立以来，已经出现了 Apache 软件基金会、Linux 基金会、Mozilla 基金会、Eclipse 基金会、OpenInfra 基金会等数十个开源基金会，近年来，国内也成立了首个开源基金会——开放原子开源基金会。

- 开源商业：指的是基于开源软件和开源项目进行的商业运营和实践。这种模式包括在提供开源软件的基础上，通过付费支持、服务或者特定产品功能来实现盈利，从而成为开源服务提供商；或者将开源软件作为基础设施，以减少企业重复开发的成本；此外，还可以通过资助开源项目等方式支持开源生态系统的建设与发展。

- 开源理念：源于自由、共享和协作等理念。这些理念不仅是人类文明发展中的基因传承，也是自然界秩序的基本逻辑。

- 开源文化：包括开源价值观和行为准则。与开源理念相比，它更侧重于个体的主观价值判断，并强调集体品质。开源的价值观及准则包括奉献精神、感恩意识、开放精神等。

- 开源创新：指的是将开源的理念和文化作为推动技术进步的创新手段。例如，开源数字化治理就是利用开源所倡导的开放性、透明度和协作精神来推动数字化治理的一种实践方式。
- 开源生态：广义上，包括所有与开源相关的物理层面、社群组织及思想精神，它们共同构建了一个复杂的系统；狭义上，是指以开源项目为核心，通过开发者社区的协作，形成的日常运营的开源生态系统。

从自由软件的提出到开源概念的出现，再到开源定义的明确化，如今开源的内涵已经非常广泛，并形成了不断演化的生态系统。

1.2 开源大事记

开源从最初的萌芽到发展成为一个成熟的生态系统，已经走过半个多世纪的历程。它经历了缓慢的孕育期、早期的发展期、加速成长期，直至今日的稳定与繁荣期。在这个过程中，无数的开源贡献者为生态的繁荣贡献了自己的力量。其中，一些贡献者开发了具有深远影响的优秀开源项目；一些推动了开源文化运动的进一步发展；还有一些通过创建开源组织，为开发者提供了贡献代码、开放交流和组织活动的平台。这些努力共同塑造了如今繁荣的开源生态系统。

在 20 世纪 90 年代之前，对于中国，开源还是一个新兴的概念。那么，缺乏开源基因的中国产业界在这 30 多年间是如何不断克服自身的不足，以适应全球开源的潮流的呢？

1.2.1 开源的萌芽：从发布 UNIX 操作系统到启动 GNU 项目

开源的种子在 20 世纪 50 年代计算机发展的早期就已经播下。当时，计算机是研究人员和学者共享的大型设备，由于该领域良好的协作精神以及仍未形成商业化趋势，软件作为硬件的附带品能够自由地被分享。这一时期为开源的发展打下了坚实的基础。

UNIX 操作系统的起源可以追溯到 20 世纪 60 年代中期。作为开源软件运动的先驱，它为后续众多开源项目奠定了基础。

1969 年，互联网的前身 ARPANET（阿帕网）诞生。它的出现让开发人员能够更便捷地与全球的其他开发者合作，为今天广泛使用的国际互联网的形成奠定了基础。

20 世纪 60 年代和 70 年代，商业软件的兴起对这种开放方式提出了挑战，具有更严格许可的专有软件应用渐成常态。

20 世纪 80 年代，为了创建一个完全自由的操作系统，GNU 项目应运而生，旨在挑战如 MS-DOS（微软磁盘操作系统）等专有系统的主导地位。这标志着一个重要的转折点，它引入了 Copyleft 许可证的概念，该概念允许用户自由地修改和重新分发软件。

1985 年，支持 GNU 项目的自由软件基金会成立，并于 1989 年推出 GNU 通用公共许可证。这一许可证的推出进一步推动了开源软件的发展，确立了开源软件的自由使用、修改和分发的原则。

1.2.2 早期发展和中国开源的萌芽

1. 互联网兴起下的开源

在 20 世纪 90 年代，互联网的兴起为自由软件的协作与共享提供了一个理想的平台。1991 年，搭配 GNU 套件的 Linux 内核首次发布，迅速吸引了广泛的关注。随后，Linux 1.0 版本于 1994 年正式发布。此外，诸如 Apache Web 服务器和 Python 语言等自由软件项目陆续推出，自由软件项目的数量开始激增。

1998 年，“开源”这一概念应运而生。随后成立的 OSI 为开源软件提供了一套定义指南。OSI 的首要任务之一是起草开源的定义，并基于此创建了许可证列表。同年，Mozilla 开源项目也正式启动。2002 年，Mozilla 1.0 浏览器发布。2003 年，Mozilla 基金会成立，继续维护和支持该项目的进展。

1999 年，Apache 软件基金会成立，其项目涵盖了多个领域，包括 Web 服务器、数据库、编程语言、容器技术、人工智能和机器学习等。其中，Apache

HTTP Server、Hadoop、Spark、Kafka 和 Cassandra 等项目已广为人知。

2000 年，Linux 基金会的前身——开放源代码开发实验室（Open Source Development Labs，OSDL）成立。2007 年 OSDL 与自由标准组织（Free Standards Group，FSG）合并，共同成立了 Linux 基金会。

2. 中国开源的十年萌芽

1991 年，对中国开源来说是一个启蒙之年。在这一年，中国与 AT&T Bell Laboratories USL/USG 展开了合作，引进了 UNIX SVR 4.2 版本的源代码，并发布了其中文版本。紧接着的第二年，中方与 AT&T USG 合资，在中国成立了中国 UNIX 公司。

1997 年，在早期开源贡献者的引领和国家信息中心的支持下，“中国自由软件库”在中国经济信息网上建立。这为国内技术人员提供了一个了解、学习和使用 Linux 操作系统及相关开源软件的平台，极大地便利了他们。

1998 年，中国的早期开源贡献者分别开发了 Linux 虚拟服务系统（Linux Virtual Server，LVS）和嵌入式系统的图形界面系统 MiniGui。LVS 被 Linux 内核收录，成为搭载 Linux 操作系统集群服务器的重要核心软件组件。MiniGui 则在手机、数码相框、工业控制系统和工业仪表中得到了广泛应用。同年，中国首个开源社区——阿卡社区（AKA）成立，培养了中国最早的一批 Linux 操作系统开发人才，这标志着开源生态在中国的初步形成。

1999 年，红旗 Linux 操作系统和 RedOffice 的中文版研发工作正式启动，它们基于 Linux 操作系统和 OpenOffice 进行了本地化的开发工作。

2000 年，在“863 计划”的支持下，国内高校、研究院所、IT 企业联合发起成立了“共创软件联盟”（以下简称联盟）。联盟在开源许可证的规范下，对“863 计划”的软件成果进行了开源培育和孵化。联盟提出了“开放源代码协同创新模式”，为中国开源软件的发展探索了一条可行的路径。

2001 年，随着中国加入世界贸易组织，外资公司开始在中国设立开源技术中心，这进一步培养了大量开源领域的专业人才。

1.2.3 加速发展时期与中国开源生态塑造

1. 新技术风起云涌下的开源

2001 年，随着互联网泡沫的破裂，许多在纳斯达克上市的科技企业遭受了沉重打击。在这一背景下，免费的 Linux 操作系统逐渐成为企业级服务器和互联网基础设施的首选，这标志着开源操作系统在商业应用领域的突破。

2004 年，基于 Netscape Navigator 代码库的 Mozilla Firefox 开源浏览器开始挑战 IE（Internet Explorer）浏览器的市场主导地位，其成功展示了开源软件的巨大潜力。同年，Eclipse 基金会宣告成立。

2005 年，Git 版本控制系统发布，并迅速成为最受欢迎的分布式版本控制系统。它彻底改变了软件开发的方式。

2008 年，基于 Linux 内核的 Android 操作系统发布，这标志着移动开源软件发展的新纪元。同年，GitHub 网站上线，提供 Git 代码仓库托管和基本的 Web 管理界面。

2010 年左右，随着云计算的兴起和云原生概念的提出，加之云基础设施和容器技术的强大发展，催生了 Eucalyptus、OpenStack、Kubernetes 等开源云计算平台和容器化应用。

从 2014 年开始，一些原本闭源的系统软件开始转向开源。例如，.NET Framework 的核心部分在 Windows 操作系统下实现了开源，随后，SQL Server 数据库也被移植到了 Linux 平台。这些举措标志着开源生态开始向商业领域的更深层次扩展。

2015 年，Linux 基金会成立了云原生计算基金会（Cloud Native Computing Foundation，CNCF）。RISC-V 基金会也在这一年成立，致力于推广 RISC-V 这一开源指令集架构。在这一时期，TensorFlow、PyTorch 等开源机器学习框架陆续发布并迅速普及，极大地增强了人工智能技术的开放性和可访问性。

2018 年，GitHub 网站，作为全球最大的代码托管平台，以 75 亿美元[①] 的价格被收购。这一交易成为载入史册的开源交易之一，进一步凸显了开源在商业

① 2018 年，1 美元大约可以兑换 6.6 元人民币。

价值和战略上的重要性。同年，第一代生成式预训练开源模型 GPT（Generative Pre-trained Transformer）发布，该模型拥有 1.17 亿个参数，在自然语言处理领域表现出色。

2. **各方力量塑造中国开源生态**

2002 年，由中国 Linux 公社的社区会员和 Linux 爱好者共同制作的中文 Linux 发行版——Magic Linux 发布。这标志着中国首个由社区发行的 Linux 版本诞生。

2003 年，IBM 中国 Linux 解决方案中心在北京中关村软件园正式投入运营。

2004 年，中国、日本和韩国在北京签署了《中国信息产业部、日本经济产业省、韩国情报通信部开放源代码软件合作备忘录》，旨在促进 3 国在开放源代码领域的合作与发展。

2006 年，首届中国 Linux 内核开发者大会成功举办，并延续至今，成为中国开源领域重要的开发者交流平台，通过这一会议不断挖掘和培养开源领域的核心技术人才。

2008 年，Linux（Kernel）、Apache、OpenOffice 等国际知名开源社区在北京举办了全球技术峰会，这是国际开源组织首次在亚洲国家举办技术峰会。

2010 年，Linux 基金会在中国设立了首个分支机构，致力于推动 Linux 操作系统在中国的普及与应用。

2012 年，Tinker 作为 Android 热修复解决方案库被开源，为开发者提供了便利。

2013 年，Gitee 和 CODE 两个代码托管平台相继上线，为开发者社区提供了代码管理和协作的新选择。

2015 年，国务院在《关于积极推进“互联网 +”行动的指导意见》中提出，要大力发展开源社区，并鼓励企业自主研发，同时通过国家科技计划（包括专项、基金等）支持形成的软件成果，借助互联网向社会开源。

2016 年，分布式 SDN（Software Defined Network，软件定义网络）控制器项目 DragonFlow、网络级联项目 Tricircle、数据保护服务项目 Karbor 被托管至 OpenStack 基金会。同年，PB 级融合数据引擎项目 CarbonData 进入 Apache 孵化器，并在 2018 年成为顶级项目。

2017 年，国务院在《新一代人工智能发展规划》中强调了通过开源开放的方式推动人工智能的发展。同年，微服务架构项目 ServiceComb 被托管至 Apache 软件基金会，并在 2018 年成为顶级项目。由中国企业托管至 Apache 社区的开源项目 RocketMQ 正式毕业，成为国内首个达到 Apache 顶级项目标准的互联网中间件。

2018 年，中国人工智能开源软件发展联盟、中国 RISC-V 产业联盟、中国开放指令生态（RISC-V）联盟在政府和产学研各界的牵头下相继成立。同年，云原生边缘计算项目 KubeEdge 开源。开源镜像仓库 Harbor、开源分布式事务键值数据库 TiKV 及开源云原生镜像分发系统 Dragonfly 这 3 个源自中国的项目被 CNCF 接纳，这标志着中国在开源领域的影响力和贡献日益增强。

1.2.4 稳定繁荣时期与中国开源的贡献

1. 大模型时代的开源

2019 年，第二代生成式预训练模型 GPT-2 发布，该模型拥有 15 亿个参数，相较于 GPT-1，在文本生成、问答、机器翻译等任务上展现出显著的性能提升。在这一时期，得益于 Helmet、Flagger 和 Terraform 等智能工具的支持，容器化平台 Kubernetes 实现了高度自动化，极大地方便了依赖容器技术的开发者。

2020 年，第三代生成式预训练模型 GPT-3 发布，该模型拥有 1750 亿个参数。虽然 GPT-3 并未完全开源，其代码和训练模型权重未对外公开，但它在自然语言处理领域的影响力不容小觑。同年，CentOS 官方宣布停止维护 CentOS Linux，并于 2024 年 6 月 30 日结束对 CentOS 7 的支持，同时推出了 CentOS Stream 项目，作为 CentOS Linux 的替代。

2021 年，Log4Shell 漏洞成为开源历史上最严重的安全漏洞之一，影响了众多国内外公司。当年年底，Apache 团队发布了针对 Log4Shell 漏洞的修复程序。

2022 年，Linux 内核团队发布了 5.16、5.17、5.18、5.19 和 6.1 共 5 个版本，这些更新进一步增强了 Linux 操作系统的稳定性和性能。同年，PyTorch 正式加入 Linux 基金会，这标志着 PyTorch 项目的进一步发展和社区支持的加强。

2023 年，深度优化的开源库 TensorRT-LLM 推出，为机器学习模型的推理提供了更高效的解决方案。开源项目 Visual ChatGPT 发布，它结合了视觉和语言处理技术，为人工智能领域带来了新的应用场景。此外，Llama 2 项目成功开源了 3 种不同规模的预训练模型，为研究人员和开发者提供了更多的选择和资源。

2. 中国开源进入项目贡献期

2019 年，面向多样性计算的操作系统开源社区 openEuler 正式成立，这标志着中国在开源操作系统领域迈出了重要的一步。同年，中国首个开源许可证——“木兰宽松许可证”正式发布，为国内开源项目提供了法律框架和规范。

2020 年，全场景 AI 框架 MindSpore 和关系型数据库 openGauss 开源；Kubernetes 上的首个云原生平台构建引擎 KubeVela 开源；企业级分布式键值数据库 Tendis 开源。同年，中国首个开源基金会——开放原子开源基金会成立。开源操作系统 OpenHarmony 正式托管至开放原子开源基金会。

2021 年，开源操作系统 openEuler 正式托管至开放原子开源基金会；业界首个全开源 2000 亿个参数的中文预训练语言模型“盘古 α”发布；OceanBase 数据库开源；Echarts 正式从 Apache 毕业，成为顶级项目。

2022 年，中国首个桌面操作系统开源社区“开放麒麟”成立，为中国桌面操作系统的发展提供了新的平台。南京未来诉江苏云蜻蜓案成为中国首例根据 GPL 获得法院支持的生效判决，这一判决对国内开源许可证的法律效力和执行具有重要意义。

2023 年，中国的大模型开源生态迎来了蓬勃发展的时期。这一年，跨端、跨框架、跨版本的企业级应用前端组件库 OpenTiny 及高性能服务网格项目 Kmesh 开源。

通过梳理“开源大事记”，我们可以清晰地看到技术发展在开源历程中的推动作用。从大型机时代的初步孕育，到互联网时代开源定义的形成和逐步正规化、规模化，开源运动经历了重要的发展阶段。进入后互联网时代，随着数字化转型的推进，云计算、云原生、大数据、机器学习等领域的开源项目呈现爆发式增长。到了如今的 AI 大模型时代，越来越多的开源项目开始聚焦于 AI 大模型的开发，这标志着开源技术进入了一个新的发展阶段。

中国的开源发展虽然起步较晚，但经历了早期的个人探索到企业积极参与，社区联盟的建立，以及国家政策的持续支持的各个阶段，直至如今产业各界广泛参与开源项目和社区的贡献。这一系列发展不仅推动了中国开源生态系统的成熟，而且与国际开源社区的发展保持了同步，甚至在某些领域实现了引领。中国的开源社区和企业在全球开源生态中的影响力逐渐增强，为全球开源技术的发展和创新作出贡献。

1.3 开源的底层逻辑

1.3.1 运行基座：软件生态 + 现代软件工程

1. 软件与开源

在 2007 年的 D5 会议上，乔布斯和比尔 • 盖茨共同接受了访谈。在访谈中，他们提到了苹果公司的最大秘密——苹果自视为一家软件公司——可能已经不再是秘密。乔布斯认为，未来软件将无处不在，深入人们的日常生活；而盖茨则认为，软件将变得更加个性化，以满足每个用户的独特需求。

软件是连接用户和硬件的桥梁，用户通过软件来释放硬件的潜力，并通过多种应用软件实现面向不同场景的多样化应用。从需求提出的那一刻起，软件的生命周期就涵盖了设计、开发、测试、部署、维护，直至最终的废弃。与硬件单一、静态的生命周期不同，软件的生命周期是一个动态的过程，类似于生物的出生、成长、衰老和死亡。然而，软件的生命周期并不总是线性的，它可以通过更新、扩展甚至重新设计来延长使用寿命。一些软件可能会选择开源，由社区继续维护和开发，这不仅延长了软件的生命周期，还可能改变其生命轨迹。

此外，软件具有天然的生态属性——软件本身、开发人员、用户及其他利益相关者构成了一个相互依存的网络，形成了复杂且不断发展的生态系统。这个生态系统的特点是相互作用、合作和竞争并存。在这一生态系统中，开源协作为软件开发提供了一种新型的合作模式。它不仅降低了开发的门槛，还为用户提供了各种各样的软件选择，使软件更加易于获取和使用。

2. 开源模式助力现代软件工程

在传统的软件工程领域，“瀑布模型结合 CMM（Capability Maturity Model，一般译作软件能力成熟度模型）”定义了经典的工程模式。通过强化过程管理，这种模式使原本混乱无序的软件开发过程变得有序、可控，对于增强软件开发的过程能力和提高产品质量功不可没。同时，软件开发的规模化也满足了社会对软件产品日益增长的需求。

瀑布开发模式的出现是为了应对20世纪60年代的“软件危机”，由Winston Royce在1970年提出。尽管他没有使用“瀑布”这一术语，但他描述了一种线性顺序的开发流程，并指出了这种方法的潜在风险。随着瀑布开发模式成为软件开发的主流，其缺点也逐渐显现。最主要的问题是在开发阶段需要形成大量的反馈文档，这不仅极大地增加了工作量，也让开发过程变得过于烦琐和重复。

因此，从20世纪90年代开始，“轻量级”的开发方法逐渐兴起。1995年，Jeff Sutherland和Ken Schwaber联合发表了一篇论文。在这篇论文中，他们首次提出了Scrum的概念，后来这一概念逐渐发展成为敏捷开发的重要流派。Scrum定义了一个运作框架，重点关注项目流程、团队管理，包括需求收集、团队协作、项目运营等方面。最终，在2001年，《敏捷宣言》的发布标志着“敏捷运动”的正式开启。

从运作机理来看，相较于瀑布开发模式，敏捷开发模式更强调：个体和互动高于流程和工具；工作的软件高于详尽的文档；客户合作高于合同谈判；响应变化高于遵循计划。这种转变意味着传统工业中对细致计划和严格过程控制的依赖开始减弱，取而代之的是一种全新的思维模式：软件开发过程被视为类似于植物自然生长的过程，从底层开始，逐步有序地向上发展。这种方法不仅与软件开发过程中不断探索的特性相契合，而且能够尽早地交付满足客户预期的产品。

这种逻辑与开源协作的理念高度一致。自1998年Open Source一词被正式提出以来，随着软件工程中敏捷开发方法的发展，开源运动已经成为全球范围内不可阻挡的趋势，并为现代软件工程提供了新的范式。

随着开源软件从MVP（Minimum Viable Product，最小可行产品）版本开始发布，并通过后续版本的持续迭代和更新，用户被邀请参与软件的共同定义和开发过程。这种方式可以更快、更直接地满足用户需求。开源的这些特点与现代软件开发模式高度契合，并推动了软件工程的持续优化。

SaaS（Software as a Service，软件即服务）正逐渐成为软件交付的主导模式。这一模式的演进历程可追溯至大型机时代，当时软件主要解决特定的单一任务。随后，随着个人计算机的普及，软件开始满足个人办公信息化的需求。进入21

世纪，互联网和移动互联网的兴起带来了 APP 的革命，它们改变了人们的生产和生活方式，成为这一时期的软件交付主导模式。如今，在数字化和智能化浪潮的推动下，SaaS 正在重塑企业的商业模式和生产流程，确立其作为软件交付主要模式的地位，如图 1-1 所示。

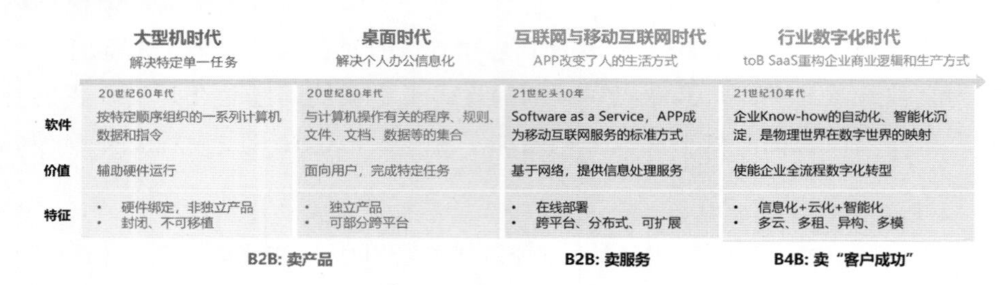

图 1-1　SaaS 正在成为软件交付主要模式

根据华为内部的调查报告，全球软件市场的 SaaS 订阅收入占比将从 2020 年的约 30% 增长至 2030 年的约 81%。这一增长趋势在美国市场尤为显著，尽管其市场化程度已经相当成熟，但 toB SaaS 领域的投资年增长率仍高达 40%。在中国，toB SaaS 市场也正处于快速发展阶段。展望未来，SaaS 不仅将成为推动产业数字化的关键力量，还将彻底改变企业的商业逻辑和生产方式。

在 SaaS 的交付趋势下，软件与开源之间的关系变得日益紧密，这已成为产业界关注的焦点。SaaS 提供的是全面的软件解决方案，而云服务则是这一解决方案中不可或缺的组成部分。开源软件通常可以通过云服务这一平台提供给用户，而云服务提供商在构建 SaaS 平台时，也普遍采用了开源架构和工具。因此，开源在构建 SaaS 生态系统时扮演着至关重要的角色。

尽管开源软件具有诸多优势，但要真正实现其增强软件企业核心竞争力的目标，仍需要克服一些挑战。企业不应持有“薅羊毛”的心态，仅仅将开源软件视为降低开发成本的廉价工具。开源是现代软件工程战略发展的重要一环，企业应当遵循这一战略的核心原则，建立自己的开源生态系统。

1.3.2　可持续发展：开源软件项目 + 商业价值实现

1. 开源软件项目与源代码公开

根据 OSI 的定义，开源软件项目是指源代码公开可见，并且允许自由修改、分发和使用的软件项目。这意味着任何人都可以查看源代码，对其进行修改和分发，而不需要事先获得授权或支付许可费用。

开源软件项目通常由社区或志愿者团队开发，他们在公共代码库中共享代码和文档。社区成员可以贡献代码和文档，通过协作改进软件。这种开放式的开发模式有助于加速软件的开发和迭代，提高软件的质量和稳定性。此外，公开源代码使开源软件项目能够吸引更多用户和开发者，形成一个庞大的生态系统，推动软件的发展和创新。

在开源领域的经典著作《大教堂与集市》（Eric S. Raymond 著）中，开源的理念被比喻为“集市”，它代表了一种低成本、开放式的协作方式，其特点是项目周期短，但品质可能参差不齐。与之相对的是闭源开发，它类似于“大教堂”的建设，品质控制更为严格，但成本较高，开发周期也较长。

尽管“大教堂”和“集市”的模式将长期并存，但由于技术研发的开放性和人才流动性，企业实现垄断变得不现实。竞争与合作才是永恒的主题。从这个角度来看，开源所带来的持续迭代与产品升级，以及基于开源构建的人才生态系统，能够为企业带来持久的活力。

然而，在以商业为主导的市场环境中，“源代码公开”似乎与技术专利保护的原则相悖。开源常常被贴上“共享智慧”“协作开发”和“免费”的标签，这引发了一些质疑。但事实上，免费并不意味着与商业化不相容，它通过模式创新，使商业运营变得更加高效和合理。

2. 开源运动下逐步走出的商业模式

从自由软件运动的兴起到开源概念的确定，再到开源定义和许可证的发布，以及不断涌现的各类开源项目，这一过程见证了从早期“自由精神”与商业看似冲突，到刻意避免 Free 一词的免费含义，进而确定“开放源代码”的内涵，使之与商业和谐共存，直至各种开源商业模式取得成功。

在开源运动的背景下，Linux 操作系统是一个典型的代表。Linux 操作系统拥有众多系统开发商，它开创了由多家公司共同主导一款开源产品的商业化模式。其中，最著名的开发商是 Red Hat，该公司在 2018 年被 IBM 以 340 亿美元的价格收购，这笔交易至今仍是开源领域最大的一笔收购交易。

此外，基于 Linux 操作系统开发的 Android 操作系统横空出世，迅速成为全球最广泛使用的智能手机操作系统。同时，全球最大的开源开发者社区

GitHub 被微软以 75 亿美元的价格收购……这些标志性事件不仅展示了开源产品的商业价值，也证明了在当今大企业主导的开源浪潮中，开源模式能够稳固地立足并持续发展。

1.3.3 生态繁荣：开发者贡献 + 个人英雄情结

在前面的内容中，我们从宏观角度分析了开源的产生和发展的底层逻辑。而从微观角度，即开发者的视角来看，正是开源社区所倡导的“能者治理，才配其位”的理念，使众多优秀社区开发者的贡献得以被认可和看见。当开发者的贡献被整合到开源项目中，并随着后续版本的发布被广大用户下载并使用时，他们将获得巨大的成就感和自豪感。

在开源社区中，顶尖开发者扮演着“仁慈的独裁者”的角色，他们并非传统意义上的独裁者，而是以一种更加温和、谦逊的方式领导社区。这些开发者通常具备卓越的技术能力和丰富的项目经验，能够解决技术难题，并对项目的发展方向做出明智的决策。这种领导风格在开源社区中非常有效，能够凝聚社区力量，推动项目的持续进步。因此，“仁慈的独裁者”在开源世界中被视作“英雄”。

开源社区中不乏这样的“英雄”人物，例如 Linux 内核的创始人 Linus Torvalds，他以开明和睿智的领导风格，以及个人魅力，吸引了全球顶尖开发者共同贡献力量，推动 Linux 内核的不断进步和发展；还有 Python 语言的创始人 Guido van Rossu，他一直致力于推广和普及 Python 语言，为 Python 社区的发展作出巨大贡献。这种“英雄”般的待遇和成就感是推动开源运动持续繁荣的内在动力。

正如中国工程院院士孙凝晖所说：“开源模式不仅仅是一种商业模式，它也是一种生态构建方法；开源是一种共享共治的精神；开源是一种打破垄断、开放创新的精神；开源是一种鼓励奉献的精神；开源不仅仅是公开源代码，更重要的是协作开发流程的建立与社区治理机制的建设。”正是开源的宏观正义性和微观成就感，以及商业和生态的共同支持，共同构成了开源的完整图景。

第 2 章　开源与现代化

现代化是一个宏观且多维的概念，目前尚无统一的定义。然而，生活在现代社会的人们都能深切感受到科学革命所带来的生产和生活方式的巨大变革。科学革命不仅塑造了现代化的特征，还催生了持续不断的科技创新、市场化驱动的商业模式，以及现代企业所经历的组织变革等。

那么，当开源与创新、商业模式和企业组织变革相互融合时，它们将如何共同推进现代化进程，并带来哪些积极的变革呢？

2.1　作为创新基石的开源

从蒸汽机时代到电气时代，再到信息时代，科技创新一直是经济增长的核心动力，其重要性日益凸显，不断推动社会的进步与发展。自现代化以来，创新范式经历了从熊彼特范式、新熊彼特范式到后熊彼特范式的演变。随着数字化和智能化时代的到来，开源创新作为后熊彼特创新范式的一种体现，已经成为一种广泛践行的创新范式，对各行各业的发展产生了深远的影响。

2.1.1　从亚当·斯密到后熊彼特的创新范式更迭

100 多年前，被誉为“创新理论”之父的约瑟夫·熊彼特首次阐释了创新在经济发展中的关键作用。他的这一理论是在两次工业革命的影响逐渐扩散至全球的背景下提出的，那时规模生产、机械化作业、科技创新、市场竞争和全球贸易等现代化自由经济的生产组织方式正在逐步稳固。

实际上，自亚当·斯密在《国富论》中提出“看不见的手”概念以来，创新的激励机制便开始通过公平竞争的市场环境和自由企业家的积极生产活动运作。一方面，生产组织方式从过去的手工作坊发展到大规模的分工协作，极大地提升了生产效率；另一方面，生产技术在降本增效的作用机制中不断推陈出新，引发了从蒸汽动力到电力，再到自动化和信息化的一系列技术革命。

进入20世纪，生产组织方式和技术创新成为经济增长和社会变革的重要推动力量。然而，无论是古典自由主义经济理论还是近现代政治经济学，都未能对“创新”这一经济发展中的新兴力量进行准确的分析和预测。因此，熊彼特接过了理论发展的接力棒，为理解创新在经济中的作用提供了新的视角。

《经济发展理论》一书通常被认为是“创新理论”的诞生标志。在这部著作中，熊彼特将其核心思想归纳为创新与创业、创新的破坏性、经济周期，以及制度环境的构建等几个关键方面。在关于“创新与创业”的讨论中，他不仅关注技术和产品的创新，还特别强调对生产方式、新兴市场及新型组织方式的探索，以实现“创造性破坏”，为新兴产业的发展创造更多的机会。

在熊彼特的理论基础之上，近几十年来，我们逐步进入了所谓的“新熊彼特时代”和“后熊彼特时代”。20世纪60年代，随着集成电路技术的迅猛发展，戈登·摩尔提出了著名的“摩尔定律”。与此同时，与技术创新的量化发展并行的是以弗里曼为代表的新熊彼特主义者，他们主张政府的科学技术政策在技术创新中应该发挥更加重要的作用，通过制度创新与技术创新的结合来推动经济的快速增长。

随着历史的车轮驶向新世纪，网络化的社交环境和消费者需求的多样化进一步激发了普通民众的创新潜力。这种变化为原本以企业家精神和制度化建设为核心的创新范式注入了新的活力。从那时起，“用户创新”“公共创新”等以非生产者为主体的新范式逐渐兴起，开放性、协作性及对等性成为后熊彼特时代创新的重要特征。

随着创新范式的持续演变，创新的公共性质愈加凸显，这促使“创新治理”成为公共领域集体行动中的一个重要议题。从纯粹的经济设计到社会制度设计，再到公共事务设计，一种基于创新的公共事务研究理论——“创新公地”理论逐渐形成。[①]

① 陈劲、李佳雪，《创新公地：后熊彼特创新范式的新探索》。

2.1.2 作为数字世界创新公地的开源社区

“公地”这一术语指的是具有非竞争性和非排他性特征的公共领域，它服务于每个个体。在“创新公地”这一概念被提出之前，已经存在“信息公地”和“学习公地”概念。

信息公地是指构建一个开放且共享的信息流动环境，目的是促进知识的普及和传播。学习公地则侧重于教材、课程内容等教育资源的共享，以及构建开放的学习环境和空间，使学习资源能够被更广泛地访问和利用。

经济学教授 Jason Potts 在信息公地和学习公地的基础上进一步提出了创新公地的概念。创新公地发生在创新过程的早期阶段，它涉及将知识、技术、信息等创新资源进行汇聚的过程。创新公地具备资源的无形性、非限用性、非排他性和非竞争性，这些特性与信息公地和学习公地所具有的特性相似。

从组织形式的角度来看，创新公地可以是为了促进创新而专门构建的平台网络，也可以是在现有组织基础上发展起来的，例如在用户平台上构建创新模块等。从存在形式上讲，创新公地既可以是实体，例如图书馆等知识公地，也可以是建构在互联网上的平台，例如开放式创新社区等。

根据 Jason Potts 的定义，开放式创新社区是由一群非正式工作的创新者自愿参与的组织，成员在社区内免费分享自己的创新过程，并努力将创新成果无偿传播出去。

开源社区的建设和运营完全符合“创新公地”的理念。除了少数专职人员以外，开源社区主要由来自不同领域的开发者及在校学生组成，他们利用业余时间参与贡献，并进行知识的免费共享。尽管全球有成千上万的开源社区，但开源精神是互通的：它包括开放创新、广泛共享、自由使用、民主协作和奉献精神等，这与创新公地的非限用性、非排他性和非竞争性的理念十分契合。秉承开源精神的开源社区的核心运营治理理念是共建、共享和共治，这也体现了创新主体的平民化与民主化特性。

开源社区与创新公地的契合特性主要表现在以下几个方面。

- 非限用性。社区中的资源，包括技术、代码、文档、工具等，都是无形的，可以被社区成员多次重复使用。开源社区的共享精神使这些创新资源得以最大化利用，为创新活动的持续开展提供了强有力的支持。

- 非排他性和非竞争性。开源社区对各类参与者都持开放态度，无论其专业背景或技能水平如何，都能在社区中找到自己的位置，并为开源项目的发展贡献自己的力量。

- 平民化与民主化。开源社区倡导民主化的创新模式，强调广泛的参与和共同的决策过程。在开源社区中，每个参与者都有机会提出自己的想法和建议，他们的贡献和意见都会得到充分的尊重和认可。这种平等、民主的氛围激发了参与者的积极性和创造力，推动了开源项目的持续发展。

综上所述，开源社区的共建、共享和共治理念充分体现了创新公地的核心特性。作为数字世界中创新公地的一种表现形式，开源社区提供了一种更有效的协调机制，为数字世界的创新活动提供了一个更加广阔的平台。

2.1.3 开源创新在创新中的独特优势

在开源模式下，开源贡献者自愿聚集在开源社区，为开源项目的发展贡献自己的力量。社区为这些贡献者提供了丰富的基础设施平台和协调决策机制，以支持他们的创新活动。同时，社区的成果按照既定的规则对所有人开放，允许任何人免费获取、使用和分发这些成果。这种运营模式使开源创新凭借其独特的优势，正逐渐成为推动技术创新和产业发展的核心动力之一。

1. 开源模式协同创新资源的高效整合

在数字世界中，开源创新模式通过开源社区实现了创新资源的高效整合。这一模式的运营基础在于开放和共享的原则，它打破了传统创新模式中的壁垒，使创新资源得以在更广泛的范围内流动和配置。

通过开源社区的平台，政府、高校、企业及众多开源贡献者等创新要素得以有机融合，形成了一个多元且高效的创新生态系统。在这个生态系统中，创新资源得以快速汇聚和共享，无论是技术、知识还是人才，都能够通过开源社区得到充分利用。这种高效整合不仅加速了创新进程，提升了创新效率，还使创新成果更具实用性和市场竞争力。同时，开源社区通过协同开发、协作生产等方式，促进了创新资源的优化配置，实现了创新效益的最大化。

以 Linux 内核为例，它的成功正是开源创新模式在创新资源高效整合方面的一个生动例证。自 1991 年首次发布以来，Linux 内核凭借开源的特性吸引了大量企业和开源贡献者的参与，包括几乎所有的大型科技公司，如 Red Hat、华为、Google 等。这些参与者通过开源社区的平台共享技术、知识和人才资源，共同推动 Linux 内核的发展。

在开源社区的高效协调下，Linux 内核不断进行创新，逐渐在各个领域得到广泛应用。从嵌入式操作系统到超级计算机，从数据中心到家庭桌面，Linux 内核都展现出了强大的竞争力。这种高效整合创新资源的模式，不仅加速了 Linux 内核的创新进程，也提升了整个生态系统的创新效率。

2. 开源模式激发创新机会的广泛发现

开源模式以其民主化的特性，鼓励并吸引了众多贡献者自由参与。在这里，无论个人的身份背景如何，每个人的智慧和资源都能得到充分的尊重与认可。这种平等、民主的氛围极大地激发了贡献者的积极性和创造力，使他们能够在开源社区中充分展现自己的才华。

同时，开源社区的包容性和多元化特点使贡献者群体呈现出丰富多样的特征，创新者层出不穷。这种多元化的创新力量叠加在一起，产生了更加强大的创造力，进而促进了创新机会的广泛发现。

例如，AI 大模型的开源创新浪潮便是一个例证。在 OpenAI 发布 ChatGPT 之后，大量开源 AI 大模型相继问世。这些开源大模型通过开放和共享机制，吸引了众多参与者的关注和贡献。在这个过程中，创新机会得以广泛发现，推动了人工智能技术的快速发展。开源模式使创新者能够获取更多的大模型反馈，进而进行更快的创新。尽管考虑到算力和安全问题，开源大模型的训练规模与参数量可能受到限制，但这并不妨碍通过开源开放模式加速人工智能研究与创新。

3. 开源模式促进创新生态的良性发展

开源创新模式在数字世界中促进了创新生态的良性发展。开源社区倡导开放、协作、共享的文化氛围，有效推动了创新生态的健康发展。在创新者层面，开源模式激发了更多创新者的积极参与，并增强了他们的创造力。同时，开源社区通过共享平台推动了技术难题的解决和经验成果的分享，加速了创新者个体的成长与创新群体的发展。这些共享平台不仅包括各种在线社区，也涵盖了峰会活动、社区日等形式。对于消费者，开源模式提供了免费、高质量的开源代码，降低了使用成本，促进了消费者的成长。更重要的是，在开源生态中，消费者也积极回馈开源社区，不仅提供了资金支持，还提供了宝贵的创新反馈和人力支持，为开源创新注入了新的活力。这种良性互动不仅增强了创新生态的活力，也提高了整体的创新水平。

例如，CNCF 作为全球性的云原生技术社区，通过举办各类活动，为创新者提供了面对面交流、学习以及推动创新的机会。CNCF 的组织和协调使创新者可以相互学习、支持，共同推动技术创新和产业发展。CNCF 在 2023 年组织了 3 次大型峰会，包括 KubeCon+CloudNativeCon Europe、KubeCon+CloudNativeCon North America 和 KubeCon+CloudNativeCon+Open Source Summit China。这 3 次峰会总计有 2000 多人次分享，吸引了近 30 000 人。同年，CNCF 还组织了 32 场 Kubernetes 社区日，吸引了来自全球 24 个国家和地区的 10 000 多名与会者。通过持续优化共享平台的建设，CNCF 吸引了越来越多的开源贡献者。图 2-1 展示了 CNCF 贡献者的增长趋势。

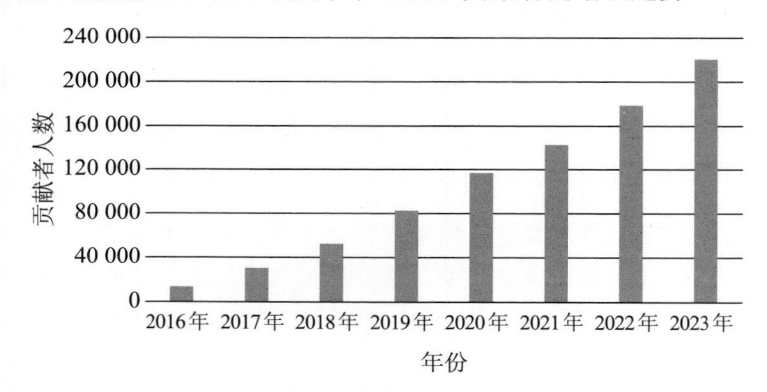

图 2-1　CNCF 贡献者的增长趋势（图片来源：CNCF 官方网站）

综上所述，开源创新模式在高效整合创新资源、广泛发现创新机会以及促进创新生态良性发展等方面展现出其独特优势。这些优势使开源创新模式成为数字世界中理想的高阶创新模式，为技术创新和产业发展提供了强大的推动力。展望未来，随着数字世界的不断发展，开源创新模式有望继续发挥其独特优势，催生更多创新成果。

2.2　开源价值及商业模式演进

近些年，开源与商业化的关系日益紧密，成为业界广泛关注的议题。从商业角度来看，主动开源并不直接等同于商业成功。商业模式的设计需要基于产品特性和企业对开源价值的定位，这与软件开发本身一样，都需要经过精心的规划和设计。

据不完全统计，截至本书撰写时，已有二十多种开源商业模式。表 2-1 展示了其中常见的 5 种开源商业模式。在这二十多种商业模式中，还包括了接受捐赠、销售周边产品，以及搭载广告等非主流的商业模式。这些模式体现了开源项目在商业化道路上的多样性和创新性，企业可以根据自身情况和市场需求，选择或创造适合自己的商业模式。

表 2-1　开源商业模式

开源商业模式	说明	典型案例
双授权（Dual-License）模式	代码同时拥有两种许可证——开源许可证和商业许可证	如 MySQL
Open Core 双版本模式	核心部分开源，增值功能闭源收费	如 HashiCorp、Redis
技术服务模式	基于开源项目，通过提供打包、技术支持、培训或项目咨询服务来收费	如 Red Hat
托管云服务模式	企业用户付费使用云端的开源服务，无须搭建和维护软件使用环境	如 Databricks、MongoDB 等
生态转换收益模式	通过开源获取生态流量并利用流量进行变现，或带动其他产品服务销售	如 Android

2.2.1　双授权模式

双授权模式是一种灵活的软件许可策略，它允许软件的开发者或版权持有者为同一软件提供两种不同的许可证选项，以满足不同用户群体的需求。其中一种是传统的开源许可证，例如 GPL，它允许用户自由地使用和修改软件，但要求任何衍生作品也必须在开源许可证下发布；另一种是商业许可证，它为用户提供了更多的使用灵活性，但通常需要支付费用。

以 MySQL 为例，它采用了双授权模式，允许用户在 GPLv2 下免费使用软件，同时，也提供商业许可证，使客户可以在购买后进行二次开发并销售其产品。

双授权模式的优势在于，它既支持了开源社区的持续发展，又为软件的开发者提供了通过商业许可获得收入的机会。这种模式不仅有助于促进开源软件的广泛传播，还满足了商业用户对灵活性和定制化服务的特殊需求。然而，这种模式也存在一定的争议，一些批评者认为它可能削弱了开源社区的纯粹性，甚至可能引发开源和商业利益之间的潜在冲突。但在实践中双授权模式已被证明是一种有效的策略。它为软件的开发者和用户群体提供了更广泛的选择和更大的灵活性，从而在维护开源精神的同时，为商业化运营提供了可行的路径。

2.2.2 Open Core 双版本模式

Open Core 双版本模式是开源软件领域中一种广泛采用的商业模式，它巧妙地结合了开源精神与商业利益。这种模式通过提供一个开源的核心功能版本来吸引用户，同时通过提供额外的商业版功能来实现盈利。这不仅确保了软件的开源特性，也为企业创造了收入来源。

在 Open Core 双版本模式下，软件的核心部分是开源的，用户可以自由地访问、使用和修改这些基础功能。这些功能虽然提供了软件的基本操作和主要功能，但在某些方面如易用性、性能和稳定性上可能存在局限。

与此相对，商业版则提供了更为全面和高级的功能与服务，以满足企业级用户的需求。这些功能与服务包括但不限于：

- 高级功能，如增强的可扩展性、安全性、可靠性和性能监控等；
- 用户友好的图形用户界面；
- 运维部署集成服务，可以帮助用户高效地部署和维护软件；
- 定制化功能，根据客户的特定需求，提供定制化的服务；
- 专业的技术支持和咨询服务等。

HashiCorp 是采用 Open Core 双版本模式并成功实现从开源到商业化转型的典型公司。作为基础设施软件服务商，HashiCorp 专注于开发云和 DevOps 基础设施自动化工具，其产品集开发、运营和安全性功能于一体。

HashiCorp 开源了包括 Packer、Terraform、Vault、Nomad 和 Consul 在内的多个明星级项目。这些项目不仅赢得了广泛的用户支持，还为公司积累了庞大的用户基础。在此基础上，HashiCorp 推出了功能更全面、服务更专业的商业版产品，这些产品为公司带来了持续的增长和显著的成功。

通过将开源项目与商业服务相结合，HashiCorp 不仅促进了技术创新和共享，还为用户提供了卓越的产品和服务，同时确保了公司在商业上的稳健发展。

目前，国内的很多数据库开源项目也采用了类似的模式。以 PingCAP 的分布式关系型数据库 TiDB 为例，它不仅提供了开源版本的 TiDB，还推出了基于该开源项目的企业版和 SaaS 服务。

2.2.3 技术服务模式

在开发完成开源软件后，企业通常会提供一系列的技术服务，包括运维、部署、咨询、升级等，以支持软件的持续运行和优化。在这种模式下，软件本身是免费提供的，但企业通过提供专业的技术服务来获得收益，其核心价值在于为企业提供全面的服务保障。

此类模式的代表企业是 Red Hat，它通过提供卓越的技术支持服务，成为首家实现年收入超过 10 亿美元的开源软件公司。在 Red Hat 的技术支持模式下，它维持了长达 20 年的市场领导地位，直到最终被 IBM 收购。Red Hat 提供了一系列基于开源软件的产品，包括基于 Linux 内核的稳定操作系统发行版、基于 Kubernetes 的云原生管理平台 OpenShift 和基于 Ansible 的自动化运维平台等。

除了提供这些高质量的软件产品以外，Red Hat 还提供包括软件培训和咨询服务在内的全方位支持，确保用户能够充分利用其产品，提升业务效率和系统稳定性。

2.2.4 托管云服务模式

随着云服务和 SaaS 模式的兴起，一种将开源项目与云服务模式相结合的新型收费模式——托管云服务模式诞生。在这种模式下，开源软件供应商将软件部署在云平台上，企业用户可以直接付费使用这些云上的开源服务，无须自行搭建和维护软件环境。这种模式的价值点在于云平台为软件提供了高效的分发渠道，使用户能够更加便捷地获取和使用软件。

选择这种模式的企业可以避免本地部署和运维的复杂步骤，从而节省大量的人力成本。同时，用户可以享受到按需付费、即用即付的灵活订阅模式，这为企业使用软件带来了极大的便利。这种模式具有巨大的规模化潜力，但同时也存在风险，因为服务构建在云服务提供商的基础之上，而云服务提供商可能会利用开源版本与开源公司形成直接的竞争关系。

此类模式比较典型的代表是Databricks。Databricks开源了Delta Lake、MLflow等广受欢迎的开源项目，并主要基于公有云提供这些项目的收费服务。在国内，各大云服务提供商纷纷推出了基于主流开源软件的云服务，覆盖了操作系统、中间件、数据库等多个领域。

2.2.5 生态转换收益模式

在当今的商业环境中，企业间的竞争已从传统的产品和解决方案竞争转变为全面和深入的生态系统竞争。在这样的背景下，生态转换收益模式在大型企业中得到广泛的实践和应用。

这种模式的核心在于，企业通过构建和维护一个强大的生态系统，来实现价值的创造和变现。一方面，大型企业借助其多样的产品和解决方案组合，可以设计出独特的价值变现方式；另一方面，大型企业的很多开源项目本身就是其生态系统建设的核心。通过开源项目，企业能够吸引开发者参与，培养用户习惯，进而推动其产品、服务和解决方案的销售。这种以开源软件作为流量入口，构建开源软件应用生态，从而获取利益的模式，已经成为一种新常态。

在这种模式下，开源主体通常是拥有高价值开源项目的行业巨头或活跃的开源社区。例如，Google的Android开源项目就是一个典型的例子，它不仅推动了移动操作系统的发展，还促进了相关硬件和应用生态的繁荣。同样，英特尔也参与了众多软件开源项目，通过这些项目，英特尔不仅推动了技术创新，还增强了其在相关领域的竞争力。

开源软件的开放性不仅促进了其广泛的使用和推广，也为企业带来了利用开源特性实现商业价值的机遇。然而，如何巧妙地设定开源的范围，确保项目的成功，并设计出具有竞争力的互补产品和服务，是中国以开源为商业模式的企业实现商业成功的关键路径。

展望未来，随着托管云服务模式的深入和人工智能等技术的快速发展，我们可以预见到新的开源商业模式将不断涌现。这些商业模式将变得更加精细化，能够更精准地衡量每个个体的贡献，并据此分配相应的收益。随着开源软件价值分配理论的完善和相关技术的进步，我们有望解决当前面临的挑战，实现每一个开源贡献者的劳动都能得到合理的回报，每一家开源企业的努力都能获得相应的商业回报。这可能是开源商业模式发展的终极目标。

2.3 开源与企业数字化转型

2.3.1 当开源成为数字化转型的助推器

近年来，数字化和智能化已成为全球共识，随着这一进程的不断加速，开源技术在企业数字化转型中扮演着越来越重要的角色。2022 年，我国将开源技术列入“十四五”规划，这标志着开源技术正式成为推动新一代工业数字化转型的基石，中国的开源事业正处在一个快速发展的新阶段。

开源创新的重要性日益凸显，它为开发者提供了广阔的想象空间和无限的创造潜力。这种创新模式不仅激发了开发者的创造力，而且通过业务创新推动新技术和工具的出现，从而促进了开源软件的持续进步和发展。

当开源技术与数字化转型相遇，它们之间将产生怎样的“化学反应”？

现如今，国内企业对数字化转型的需求愈加强烈。然而，数字化转型并非仅仅是技术的简单叠加或嫁接，它要求企业进行一场从内到外的全面数字化变革。传统企业在进行数字化转型时，往往通过软件来实现业务的数字化“嫁接”，但未来的数字化转型将要求企业转变为软件驱动的企业。这并不意味着企业要转型为软件供应商，而是要让企业的业务流程和创新能力从软件中自然生长出来，实现业务与技术的深度融合。

成为一家软件驱动的企业意味着企业需要拥有并能够持续迭代、改造和运维自己的代码库。这表明软件是企业数字化转型的必然基础。随着开源软件在全球范围内的普及，采用和拥抱开源软件能够帮助企业获得与生俱来的数字化基因。

然而，即便开源软件提供了这样的优势，企业想要将数字化融入各个业务环节中仍然充满挑战。这不仅需要企业打破传统业务模式的束缚，还需要培养一种拥抱创新和变革的文化。在这个转型过程中，开源协作成为企业拥抱创新的有效途径，它可以帮助现代企业加速数字化进程。

通常，人们可能会认为只有互联网公司才会积极参与开源社区，但实际上，许多传统企业也在积极组建专门的团队来开展与开源相关的工作，并在社区中作出贡献。

如今，数字化转型的目标已经超越了简单的资源优势、市场红利或人口红利追求，而是转向了技术创新。开源模式通过促进社区成员的共同创造和用户参与开发，极大地拓展了创新的可能性。

在过去的二十年里，中国在数字化领域不断追赶并逐渐超越世界先进水平，实现了在某些领域的局部领先。随着数字化基础设施的持续升级，中国在开源社区中采纳新理念和新方法的步伐也在不断加快。近年来，越来越多的开发者和企业开始意识到开源的重要性，并且部分企业已经成功掌握了利用开源来激励产业发展的策略，从而获得了显著的生态红利和商业利益。

2.3.2 开源创新决定了数字化发展的速度和高度

开源不仅是数字化转型的助推器，更是推动创新的关键力量。在某种程度上，开源创新决定了数字化发展的速度和高度。在数字化的新场景中，不同的代码或项目通过组合可以形成创新的解决方案，以解决具体问题。在这种模式下，开源与创新相互促进：开源为创新提供了丰富的资源和平台，而创新则为开源注入了新的活力和方向。

为什么说开源能够促进创新？传统闭源软件通常由个人或单一企业独立开发，其发展往往受限于开发者或企业的技术能力和视野。相比之下，开源软件可以汇聚成千上万开发者甚至企业的智慧，通过全球范围内的协作，共同迭代和完善，从而构建出满足各方需求的创新成果。

开源的连接性作用为何重要？社会学理论提供了一些解释。1974 年，美国社会学家马克·格拉诺维特提出了“强连接和弱连接理论”。强连接理论认为，人们通常会聚集在同质化的社区中，容易形成稳定的封闭组织，这种组织会导致创新能力的减弱。相较于强连接，弱连接则更能够提供多样化的信息和观点，促进交流和技术创新。在开源社区中，弱连接关系可以跨越不同行业，提高创新能力。尽管社区内部可能存在同质化的强连接，但不断有新的弱连接加入，社区之间也可以形成弱连接关系。这种弱连接关系可以激发点和点之间的互动，催生新的创意和想法。

当前，开源与企业之间的关系已经发展成一种双向互动的动态机制。随着开源文化的日益普及，企业需要构建一种模式来支持这种互动，以促进创新和业务发展。开源创新可以划分为两个主要阶段——原创技术创新和企业工程化创新。

在原创技术创新阶段，企业可以将研发的重点放在开源社区上，通过公开和分享创新技术，促进知识的交流和思想的碰撞。而在企业工程化创新阶段，企业需要将这些创新技术进行深入的工程化开发，确保它们能够满足商业级的标准和要求。

同时，开源社区的发散性、弱连接性等特点，为企业提供了一个丰富的创新源泉。社区中的多样化背景和视角可以激发突变型创新，这些创新可以被企业内部采纳，并进行工程化开发，从而形成良性的开源与数字化互动过程。通过这种方式，企业能够将产品打磨到极致，为用户提供无与伦比的体验。

2.3.3 拥抱开源，加速企业数字化转型

在现代社会，康威定律（Conway’s Law）是一个关键的组织发展原则，它指出：设计出来的系统结构往往反映了设计该系统的组织结构。这意味着，如果一个组织采用开源软件作为其发展战略，那么它的组织结构也应当与这种开源的发展战略相适应，以确保开源软件能够持续发展和繁荣。

开源软件的影响不仅局限于技术领域，还将对社会的生产方式和组织方式产生深远的影响。成功的开源项目依赖于大规模的协作和参与者的热情投入。在国内，虽然许多企业已经意识到开源的重要性，但能够深刻理解并有效利用开源的企业仍然不多。因此，如何更好地在国内推广开源技术，让更多的企业参与其中，使用创新的工具和平台，成为一个迫切需要解决的问题。

在推动企业基于开源技术的数字化转型过程中，人才是关键一环。无论是

数字化转型还是开源，最终都依赖于人。技术的发展以人为本，推动数字化转型和开源项目、社区、生态的建设也需要从人出发。在传统行业中，企业的人才梯队可能尚未完全适应数字化或开源的要求，但企业可以通过参与开源项目和应用来发现和培养人才，从而增强企业的开源创新能力。

同时，开源的发展还需要多方面的努力，包括教育培训、组织协作、政策支持、人才培养和引进，以及普及和宣传等。只有通过这些综合措施，开源才能真正在企业和社会中落地生根，发挥其最大的潜力。

此外，企业可以通过加入特定的平台或组织来加强企业与开源社区的联系，例如参与开源社区基金会的活动。在国内，组织如开放原子开源基金会正在积极推动企业参与开源社区，促进开源文化的发展。尽管国内的开源社区有很多爱好者，但在组织和管理开源项目方面缺乏经验。因此，中国需要依靠基金会等机构来有效管理和维护开源项目，同时为企业提供必要的支持和保障。

除了基金会以外，还应当鼓励更多的组织参与开源生态的建设，包括政府机构、地方组织等，以确保项目的长期可持续推进。通过整合各方的优势，组织优秀的开发者和企业用户，形成充满活力的社区，充分发挥中国开发者勤奋、热情、好学的特点，推动开源项目的发展。

综上所述，开源软件已经成为企业数字化转型和创新的重要基石。企业需要充分认识到开源的重要性，并且这种认识不应仅仅停留在意识层面，还需要通过加强与开源社区的联系，利用平台和组织的协助，更积极地参与开源社区。只有通过广泛的协作，才能实现知识的创新和传播，推动开源软件的繁荣发展。

同时，政府、基金会、企业和开发者等各方都需要积极参与开源社区，共同推动开源技术、开源创新和数字化转型的进程，为开源生态的发展作出贡献。

第 3 章　开源企业概览

3.1　国际化标杆企业

3.1.1　早期开源企业

1. IBM

IBM 是软件商业化的先驱，它开创性地将软件和服务从硬件业务中分离出来，并推出了首个软件许可协议，从而奠定了软件市场的商业模式基础。IBM 不仅塑造了软件产业的发展轨迹，还成功地将软件服务转变为公司的主要盈利渠道。

在路易斯·郭士纳的领导下，IBM 在 20 世纪 90 年代后期开始大力推广采用 Linux 操作系统的低成本服务器。随着时间的推移，IBM 不断深化其对开源的承诺和策略，逐渐成为全球开源软件和硬件运动的重要参与者和领导者。

IBM 的开源历程充满了如下里程碑式的事件。

- 对 Linux 操作系统的接纳与支持：IBM 做出了一个战略性的决策，全面支持 Linux 操作系统。这一举措是 IBM 向开源转型的重要转折点。IBM 投入了大量资源来开发和优化 Linux 内核，使其更加适应企业级计算环境，包括对大型服务器平台的支持。
- 开源工具与技术推广：2001 年，IBM 推出了 Eclipse 项目，这是一个开源的集成开发环境，极大地推动了跨平台应用程序开发工具的标准化。

除了 Eclipse 以外，IBM 还积极参与了多个 Apache 项目，通过贡献代码和工程师资源，对 Hadoop、Spark 等关键项目作出贡献。

- 开源建设和内部转型：IBM 逐步改变了其内部研发模式，鼓励员工积极参与开源项目，并将内部技术逐步开源。同时，IBM 调整了其知识产权策略，显著增加了对开源社区的专利授权，以支持开源项目的发展。
- 开源云计算与容器化：IBM 加入了 Cloud Foundry Foundation，支持 PaaS（Platform as a Service，平台即服务）的开源项目，帮助开发者更轻松地构建、部署和管理云原生应用。此外，IBM 还支持 Docker 容器技术及其生态系统，并成为 Kubernetes 项目的重要贡献者。
- 大规模收购：2019 年 7 月，IBM 完成了对 Red Hat 的收购，这笔价值 340 亿美元的交易标志着 IBM 在开源领域的又一重大投资。
- AI 与数据科学开源：IBM 在人工智能领域开源了多个项目，包括免费的机器学习平台 Watson Machine Learning Community Edition 和云服务模型 Deep Learning as a Service（DLaaS），这些项目为数据科学家和开发者提供了强大的工具和资源。

2. Red Hat

自 1993 年成立以来，Red Hat 一直致力于为 Linux 操作系统提供专业的商业支持和服务。通过企业版 Linux 产品，Red Hat 重新定义了操作系统的商业化模式。Red Hat 的开源解决方案涵盖混合云基础架构、中间件、敏捷集成、云原生应用开发，以及管理和自动化等领域。自从被 IBM 收购后，Red Hat 获得了 IBM 强大的企业资源的支持。

Red Hat 的开源历程充满了如下里程碑式的事件。

- 推出 Red Hat Linux 发行版和企业版：1995 年，Red Hat 推出了自己的 Linux 发行版，即 Red Hat Commercial Linux，这是 Red Hat 的第一个稳定版本。随后，Red Hat 不断推出升级版本，以满足市场的需求。2002 年，Red Hat 发布了面向企业的 Linux 操作系统——Red Hat Enterprise Linux 2.1 AS（Pensacola），并持续每年更新，直至 2024 年 5 月推出了

Red Hat Enterprise Linux 9.4，展现了其在企业级 Linux 操作系统市场的持续领导力。

- 通过收购布局中间件和云：2006 年 6 月，Red Hat 收购了开源中间件供应商 JBoss，这一举措不仅扩展了 Red Hat 的产品线，也加强了其在中间件市场的地位。同年，Red Hat 推出了集成 JBoss 技术的 Red Hat Application Stack，进一步巩固了其在企业级应用开发和集成领域的影响力。2012 年和 2014 年，Red Hat 分别收购了云管理软件厂商 ManageIQ 和云计算服务提供商 eNovance，展开了在云计算领域的战略布局和扩张。
- 为开发者推出云平台 OpenShift：2011 年，Red Hat 推出了 OpenShift，这是一个为开发者设计的云平台，提供了一系列工具和服务，可以帮助他们构建、部署和扩展应用程序。2013 年，Red Hat 支持 Docker 开源项目，推动了容器技术的标准化和普及。2015 年，随着 OpenShift v3 的推出，Red Hat 进一步明确了其在容器化和云原生技术领域的发展方向，确立了 Linux、容器和 Kubernetes 作为项目的核心基础。
- 被 IBM 收购后仍保持独立运营：2019 年，Red Hat 被 IBM 收购，这一事件标志着 Red Hat 进入了一个新的发展阶段。在 IBM 的支持下，Red Hat 不仅能够利用 IBM 庞大的商业网络和客户资源，还保持了业务的独立性，继续在开源领域发挥独特的价值和影响力。

3. Netscape

网景通讯公司（最初名为 Mosaic 通讯公司）是美国的一家知名计算机服务企业，其开发的网景网络浏览器（Netscape Navigator）一度在市场上占据领导地位。然而，在互联网早期的浏览器大战中，网景通讯公司面临着激烈的竞争，尤其是与微软的 IE 浏览器等对手的竞争。

面对竞争压力，网景通讯公司采取了一项具有里程碑意义的举措：开源其浏览器的源代码，并在此基础上组建了 Mozilla 社区。

网景通讯公司在开源历程中的标志性事件如下。

- 推出开源浏览器项目 Mozilla：1998 年 1 月，网景通讯公司做出了一个划时代的决定，将其 Netscape Communicator 浏览器软件免费提供，并开源其源代码，这个项目被命名为 Mozilla。这一举措不仅为 Mozilla 项目吸引了全球众多开发者和志愿者的参与，而且形成了一个充满活力的社区，共同推动了浏览器技术的发展。
- 成立 Mozilla 基金会：2003 年，为了确保 Mozilla 项目的长期发展和独立性，网景通讯公司的母公司 AOL 宣布将 Mozilla 项目转移到一个新的非营利组织——Mozilla 基金会。这一举措为 Mozilla 项目提供了稳定的支持，使其能够更加专注于技术创新和社区建设。
- 推出 Mozilla Firefox 浏览器：2004 年，Mozilla 社区推出了 Mozilla Firefox 浏览器。这是一款由社区驱动的开源浏览器，Firefox 浏览器的推出，标志着 Mozilla 项目从开源社区走向市场的成功转型。此外，Mozilla 基金会还孵化了众多开源技术，如 Rust 语言、JavaScript、Gecko 引擎等。

3.1.2 新世纪以来的开源企业

1. Google

Google 的开源历程是一段充满创新与合作的旅程。自公司成立之初，虽然 Google 并未立即成为开源运动的中心力量，但随着其业务的扩展和技术需求的日益增长，Google 逐渐认识到开源在推动技术创新、促进技术传播以及构建活跃社区方面的重要作用。

随着时间的推移，Google 开始积极投身于开源项目和活动，其贡献不仅限于资金和资源的支持，还包括技术专长和开发者的积极参与。

Google 的开源历程是其技术创新和社区贡献的重要体现。以下是 Google 开源历程中的一些标志性事件。

- 初期开源贡献：尽管 Google 最初并未将开源作为核心策略，但自 21 世纪初以来，它就开始对一些开源项目作出贡献，例如对 Python 语言的持续支持和改进。

- 推出 Android Open Source Project（AOSP）：2005 年，Google 收购 Android 项目，并于 2007 年开源了这一操作系统。Android 项目的目标是提供一个开放、免费的移动操作系统平台，允许任何人查看、下载和修改源代码。在苹果推出智能手机的初期，Android 成为唯一可以与 iOS 竞争的操作系统。智能手机市场的快速增长，加上众多手机制造商对智能终端操作系统的需求，使开源的 Android 迅速成为全球流行的智能手机操作系统之一。

- 开源 Kubernetes：2014 年，Google 将内部已经运行多年的集群管理系统 Borg 的设计理念和技术实践开源，并命名为 Kubernetes。Kubernetes 提供了自动化的部署、扩展以及管理容器化应用的能力，使开发者能够专注于构建应用程序，而无须担心底层基础设施的复杂性。Kubernetes 发布后迅速获得社区的广泛支持，为容器技术的发展提供了新的动力。为了推动 Kubernetes 的发展并确保其开放性，Google 将该项目托管至 CNCF。

Google 还开源了许多其他有影响力的项目，包括但不限于 Chromium、Closure Library、Guava、Protocol Buffers、Go语言、AngularJS、Flutter、QUIC、TensorFlow 等。其中，Go 语言和 TensorFlow 等项目因其广泛的应用而备受瞩目。同时，许多著名的开源项目，如 Hadoop，也受到了 Google 发表论文的启发而选择开源，进一步推动了大数据技术的发展。

2. 微软

微软的开源历程是一个从保守到拥抱的转变故事，它展示了一个行业巨头如何适应技术变革并最终成为开源领域的重要贡献者。

在开源运动的早期，微软作为商业软件的领军企业，对开源软件持有一定的保留态度。公司曾将开源，尤其是 Linux 操作系统，视为对其商业模式和市场地位的潜在威胁。

随着 21 世纪的到来，移动互联网、云计算、大数据等技术的兴起使开源软件在技术行业中的重要性日益增加。微软逐渐认识到，与开源社区合作，采用和贡献开源技术对于维持其产品的竞争力和技术领导地位至关重要。

2007 年，微软迈出了战略转变的重要一步，首次加入开放源代码促进会，这一行动标志着微软对开源态度的积极转变。

在随后的几年中，微软不仅开始积极参与各种开源项目，还逐步将其内部的一些关键技术开源，以促进更广泛的技术交流和合作。

近年来，微软的开源贡献变得更加广泛和深入，该公司在 GitHub 上的贡献度位居前列，开源了包括 .NET Core、Visual Studio Code、TypeScript 等在内的多个重要项目。此外，微软还收购了 GitHub，进一步强化了其在开源社区中的地位。

以下是微软在开源领域的一些具有里程碑意义的事件。

初期开源贡献：2006 年，微软推出了 CodePlex，这是一个代码托管平台，旨在为开源项目提供托管和共享服务，尽管该平台在 2017 年关闭，但它标志着微软对开源社区的初步贡献。2008 年，微软发布了 ASP.NET MVC 框架，并将其许可为开源项目，这是微软在开源领域的又一重要步骤。

纳德拉推进开源进程：2014 年，萨提亚·纳德拉成为微软 CEO 后，微软宣布将 .NET 框架开源，并将其移植到 Linux 和 Mac OS X 平台上，这一举措极大地扩展了 .NET 的生态系统，并促进了跨平台开发。

2015 年，微软发布了 Visual Studio Code，这是一个功能强大的开源代码编辑器，由于其支持多种编程语言和开发环境，迅速成为开发者社区中的热门工具。与此同时，微软的云计算平台 Azure 整合了开源技术，支持多种开源操作系统（如 Linux）、数据库（如 MySQL、PostgreSQL）、容器技术（如 Docker、Kubernetes）等。同时微软积极参与相关开源社区的建设与发展。

2018 年，微软以 75 亿美元收购了全球最大的代码托管平台 GitHub，这一举措不仅强化了微软在开发者社区中的影响力，也体现了其对开源承诺的坚定。

创建基金会：微软创建了 .NET Foundation 等开源基金会，以支持开源项目的健康发展和社区的协作。

3. Meta

Meta（原 Facebook）作为全球领先的社交媒体平台和技术公司，一直是开源社区的积极参与者和重要贡献者，Meta 的开源项目覆盖了多个技术领域，包括前端与移动端开发、后端服务、数据库、人工智能、数据分析、基础设施、编程语言、开发工具等。

Meta 在开源领域的发展史是技术创新和社区贡献的典范。以下是 Meta（包括 Facebook）在开源历程中的一些标志性事件。

关键开源项目：2013 年，Facebook 将内部项目 React 开源，这是一个用于构建用户界面的 JavaScript 库，极大地改变了前端开发的方式。基于 React，Facebook 推出了 React Native，这是一个跨平台移动应用开发框架，允许开发者使用 JavaScript 编写原生移动应用，进一步扩展了 React 生态系统。2015 年，Facebook 推出了 GraphQL，这是一种用于 API（Application Programming Interface，应用程序接口）的查询语言和运行时环境，提供了更高效、灵活的数据获取方式，允许客户端精确请求所需数据，减少冗余传输。2016 年，Facebook 人工智能研究院基于 Torch 推出了 PyTorch，这是一个广泛使用的开源机器学习库。2018 年，Facebook 推动 PyTorch 应用普及，使其成为增长速度极快的开源项目之一。此外，Facebook 还推出了 React VR、Create React APP、Flow、Docusaurus、Horizon 等开源框架和工具，进一步丰富了开发者的工具箱。2011 年，Facebook 联合多家科技公司发起并成立了 Open Compute Project（OCP）开源硬件组织，公开了服务器、存储、网络设备等设计规范，推动了数据中心硬件行业的创新与标准化。

关键开源大模型项目：Meta 在 AI 大模型上的开源动作成为近期业界关注焦点。2024 年 4 月，Meta 发布了开源大模型 Llama 3，该模型具有 80 亿和 700 亿个参数的预训练和指令微调，支持广泛的应用场景。Llama 3 在超过 15 万亿的 token 上进行预训练，相较 Llama 2 的训练数据集大了 7 倍。Massively Multilingual Speech（MMS）是 Meta 推出的开源语音技术项目，为超过 1100 种语言提供了语言转文本（语音识别）和文本转语音（语音合成）服务，且支持大量未标记口语数据，推动了多语言语音技术的发展。

4. AI 大模型下的开源

OpenAI，作为人工智能领域的一支新兴力量，因其开发的先进语言模型而在全球产业界引起了广泛关注。自 2015 年成立以来，OpenAI 一直致力于通过开放的研究和合作来推动人工智能技术的发展，并确保其安全、负责任地被应用。

在 GPT-2 项目初期，OpenAI 出于对潜在滥用的担忧，限制了模型的开放获取。但在2019年11月，OpenAI最终开源了GPT-2语言模型的完整版本，这一举措体现了其对社区开放性和透明度的承诺。对于后续的GPT-3项目，OpenAI选择通过API提供模型的使用，而没有公开其源代码。

虽然公司名称中有Open一词，但在大型模型是否开源的问题上，OpenAI采取了较为谨慎的策略，以防止技术被滥用。不过，OpenAI也开源了一些与AI大模型相关的项目，影响比较大的有Whisper（一种自动语音识别模型）、Gym（用于开发和比较不同强化学习算法的工具）和CLIP（基于对比学习的大型图文预训练模型）。

Mistral AI，成立于2023年4月，是一家在人工智能领域迅速崛起的新兴企业。该公司推出了备受瞩目的Mixtral 8x22B模型，并已将其开源——包括源代码、模型权重、训练数据集（若有的话）及详尽的使用指南和接口文档。这一举措使全球的研究者、开发者和企业都能够自由地访问、下载、使用、修改和重新分发这些资源。Mistral AI还开源了其他几个大型模型，如Mistral 7B和Mistral Large 2，进一步巩固了其作为全球极具影响力的人工智能初创公司之一的地位。

Technology Innovation Institute（TII），位于阿联酋首都阿布扎比，是一个专注于多个技术领域的科研中心。在人工智能领域，TII展现了其广泛的研究兴趣，并且开源了几个关键项目，其中最为人所知的是Falcon系列的大语言模型。为了进一步推动开源生成式人工智能模型的发展，TII还成立了Falcon Foundation，这标志着其在推动技术创新和开放合作方面的决心。

放眼全球，开源的商业探索起初是由IBM和Red Hat等先锋企业所引领的。进入21世纪，众多新兴的互联网科技公司逐渐崛起，成为推动开源在商业领域发展的核心力量。随着大模型技术的兴起，这些新兴科技公司有望为开源事业注入新的活力和创新精神，进一步拓展开源技术的边界和应用前景。

3.2 华为开源历程

3.2.1 华为开源概述

作为开源理念的坚定支持者和重要贡献者，华为积极倡导包容、公平、开放、团结和可持续的原则，通过不断的努力和贡献，与合作伙伴共同构建世界级的开源社区。华为致力于加速软件创新的步伐，推动共享生态的繁荣发展。

华为在开源产业的组织建设中发挥着重要作用，是全球开源组织中的关键力量。目前，华为已经成为 Apache 软件基金会、Linux 基金会、Eclipse 基金会、开放原子开源基金会、OpenInfra 基金会、CNCF、PyTorch 基金会等二十多个国际开源基金会的顶级成员或创始成员。在这些组织中，华为担任了数十个董事席位，以及数百个技术指导委员会委员、项目管理委员会委员、项目技术负责人、维护者、核心提交者等核心职位，在全球 200 多个开源社区中作出贡献。

在积极参与开源社区的同时，华为长期专注于基础软件领域的深耕，发起了多个重量级的开源项目，为数字基础设施的生态建设打下了坚实的基础。华为坚持“深耕基础软件开源，使能千行百业创新”的核心理念，围绕软件的“四梁八柱”战略，不断探索和创新“根技术”。通过开源的方式，华为与全球开发者共同打造了一个坚实的软件基础。

面向四大基础软件组件（操作系统、数据库、中间件和编程语言），华为致力于构建 8 个关键技术领域的核心竞争力（调度与编排、并发与协同、形式化方法、抽象与解耦、数据与存储、时延与互联、服务与智能、开发与体验），确保软件技术的长期领先性。华为以“根深”促“叶茂”的策略，为软件产业的持续发展和创新提供了强有力的支撑。

华为在开源领域的步伐坚定而有力，先后开源了 KubeEdge、MindSpore、Volcano、openEuler、openGauss、OpenHarmony、Karmada、openGemini、Kuasar 等多个平台级基础软件项目。这些项目不仅获得了众多厂商、开发者、研究机构和高校的积极参与，而且在全球范围内被广泛接受和应用。

其中，openEuler 和 OpenHarmony 等项目已经成功托管至开放原子开源基金会，而 KubeEdge、Volcano、Karmada、Kuasar、openGemini 等项目则托管至 CNCF。华为通过开放合作的模式汇聚了全球参与者的智慧和力量，共同推动了行业数字化的进程。

华为通过与行业伙伴的紧密合作，共同推进了基础软件生态系统的建设。在开放原子开源基金会的指导下，截至 2024 年 6 月，OpenHarmony 社区已经汇聚了 7900 多名共建者和 70 多家共建单位，累计贡献了超过 1 亿行代码。同样，openEuler 社区也吸引了 1600 多家头部企业、研究机构和高校的加入，汇聚了 19 000 多名开源贡献者。截至撰写本书时，openEuler 的各版本下载量超过了240万次，覆盖了150多个国家和地区，并且与合作伙伴推出了二十多个商业发行版本，累计商用超过680万套。

华为正在积极构建一个可持续发展的可信开源社区。首先，面对日益严峻的安全挑战，华为联合软件安全领域的产业力量，共同打造开源生态系统的安全环境；其次，华为深度参与了OpenChain、SPDX等全球主流软件供应链安全标准与规范的制定和推广。通过这些行动，华为不仅为构建全球可信的开源生态承担了社会责任，也为创造社会价值作出积极贡献。

3.2.2 华为开源的各个发展阶段

虽然并非“开源原生”企业，但华为选择开源是公司战略和商业考量的结晶。在开源软件蓬勃发展的大潮中，自2000年起，华为开始逐步融入开源的世界，积极参与国际开源生态的建设。经过24年的不懈努力，华为已经实现了从单纯使用开源代码到共同培育生态系统的华丽转变。在持续为全球主流开源社区贡献力量的同时，华为也在基础软件领域加大了开源创新的力度，从一个开源的参与者逐渐成长为开源生态的主要贡献者。具体来看，华为在开源领域的探索可以分为以下4个发展阶段。

阶段一（起始至2009年）：专注于开源软件的规范使用，实现从自发到有序的转变。

华为在开源领域的探索始于对开源软件的规范使用，以预防潜在风险。2008年，华为成立了开源能力中心，致力于规范开源软件的使用和管理。到了2009年，华为完成了公司内部规范使用开源的流程机制和平台建设，同时开始探索建立一个可信的开源社区体系。

在开源软件使用的初期，华为开源团队着重从合规性角度出发，确保使用的所有开源软件都符合国际认可的许可协议。此外，华为在公司内部建立了一套开源软件合规体系，将开源软件的运用融入企业的开发流程中，确保了开发活动的合规性和安全性。

随着开源软件使用的稳定，华为持续关注其安全性问题。通过构建安全治理平台，华为实施了精细化的安全治理措施，包括详尽的软件物料清单、推进安全漏洞的扫描和评估，以及建立防投毒治理机制。在这些措施的基础上，华为进一步发展了一套开源软件全生命周期管理体系，涵盖了“供、选、用、维、馈”等关键环节，确保了开源软件在企业中的高效和安全使用。

阶段二（2010年至2014年）：积极参与开源社区，构建开源战略管理体系。

自2009年起，开源软件成为华为开放创新战略的核心组成部分，华为开始积极投身于主流开源社区，并加大了对这些社区的贡献和回馈。2010年，华为加入了Linux基金会，并在短短3年内，其在Linux基金会旗下主要贡献的开源项目数量超过10个。到了2015年，华为进一步升级为白金会员（顶级会员）并成为董事会成员，这标志着其在Linux社区中的重要地位和影响力。

2012年至2014年，华为继续扩大其在开源领域的参与，先后加入了Apache软件基金会、OpenStack基金会、Linaro基金会等重要组织，并持续为Linux内核项目作出规模性的贡献。

2014年，华为正式建立了公司级的开源战略管理体系，成立了开源战略委员会，负责制定和执行开源战略决策。同时，华为启动了关于建立开源组织、人才及激励机制设计的专项咨询项目。

阶段三（2015年至2017年）：持续深化开源贡献，构建对外开源管理体系及团队，积极探索主动开源。

2015年，华为启动开源战略管理咨询项目。同年，华为建立了开源战略管理流程，并开始推广实施。

2016年，华为发布了《对外开源管理工作的指导意见》，明确了参与主流开源社区的策略和责任主体。同年，华为在7个主流社区完成了OSDT（Open Source Development Team，开源发展团队）的筹建，并启动了对重点领域主动发起开源机会的评估。

在主动开源的探索方面，华为在2015年作为初创成员参与了CNCF的成立，并获得了董事会席位。同年，华为参与了OCI（Open Container Initiative，开放容器计划）章程的制定，并在OCI会议上多次发言，为OCI认证提供建议和维护者支持，持续在开源治理方面作出积极贡献。

2016年，华为主动开源了LiteOS，并在随后的时间里，在Apache软件基金会和Linux基金会发起了CarbonData、ServiceComb等开源项目。此外，华为还参与了OpenSDS（后升级为SODA基金会）、ONOS、Open-O等开源项目的发起。

阶段四（2018年至今）：坚持积极贡献，不断优化开源机制，加速重量级开源项目的孵化。

2018年，华为明确了开源战略的分层决策机制，并整合了OSDT，从“基于社区”向“基于领域”转变，逐步启动了多个重量级开源项目的主动开源策略评估及孵化。2020年，华为内源基金会以社区化方式运营，进一步推动了开源协作方式及开源文化在公司内部的普及。

在项目贡献方面，自2018年起，华为陆续开源了KubeEdge、Volcano、openEuler、MindSpore、openGauss、openLooKong、EdgeGallery、OpenHarmony等项目，ServiceComb、CarbonData项目也成功晋升为Apache顶级项目。

2019年至2021年，华为正式将重量级开源项目OpenHarmony、openEuler托管至开放原子开源基金会。同时，将KubeEdge、Volcano、Karmada托管至CNCF。这标志着华为主导的开源社区发展模式，逐步转变为产业共建、社区自治的新模式。

2022年至2024年，openGemini、Kappital、Kurator、OpenTiny、Cantian、openHiTLS、openInula等项目陆续开源，进一步丰富了华为的开源生态。

通过在开源领域的各个阶段的实践，华为逐步将发展重点集中在3个核心方面——使用开源、贡献开源和主动开源。立足当下，华为开源团队在这3个方面的探索上并行不悖，持续使用开源、积极贡献开源和完善主动开源。展望未来，华为将继续秉承开源理念，与全球开源组织、开发者共同努力，构建更加开放、多元的全球开源社区，共建智能生态底座，推动技术创新和产业发展。

第二篇　拥抱开源

古之欲明明德于天下者，先治其国；欲治其国者，先齐其家；欲齐其家者，先修其身。

——《礼记·大学》

在中国传统文化中，修身、齐家、治国、平天下的理念强调了从个人修养到家国治理的递进关系，体现了一种由内而外、由微观到宏观的思考方式。企业在拥抱开源的过程中，同样应遵循这一理念，从内部的“修身”和“齐家”做起，即先在企业内部使用和推广开源，使其与企业文化和发展战略相融合，然后逐步向行业贡献开源成果，进而通过主动开源推动开源业界的发展。

本篇基于华为二十多年的开源实践经验，探讨了公司在不同阶段——从使用开源、贡献开源到主动开源——所积累的深入见解和有效方法。

第 4 章　使用开源

开源文化的核心是促进合作与共享，它鼓励不同组织共同开发新技术和解决方案。开源软件可以为企业带来多样化的技术选择和创新机遇，使它们能够利用开源软件的灵活性和可定制性，迅速开发出具有市场竞争力的解决方案。同时，开源软件可显著减少企业在软件采购上的开支。因此，开源软件已成为现代软件开发中不可或缺的一部分，其开发模式已经完全融入数字化时代的软件开发周期。

此外，开源软件背后通常有一个庞大的用户和开发者社区，这为企业使用开源软件提供了强大的支持网络。社区成员积极参与讨论，提供帮助，分享经验，形成了一个资源丰富的交流平台。这种社区支持对于减少企业的运维成本、节省许可费用以及降低人力和物力的投入尤为重要，对于中小型企业，这些优势更加显著，因为它们可以借此获得与大型企业相媲美的技术资源和支持。

随着开源软件的广泛使用，其安全性问题也成为业界关注的热点。根据 Synopsys 发布的《2024 年开源安全与风险分析报告》，在对 1067 个代码库进行分析后发现，96% 的代码库含有开源代码，其中 77% 的代码库中的代码主要来自开源软件。报告还指出，84% 的代码库至少存在一个开源漏洞，并且高风险漏洞的数量正在不断增加。这些数据表明，如果企业不对开源软件进行有效管理，其产品可能面临潜在的安全威胁。

为了避免开源软件可能带来的风险，企业在使用这些软件的同时，可以通过多种方式为开源社区作出积极贡献。例如，企业可以提交错误报告、改进代码、编写文档等。这些贡献不仅能够提高软件的安全性和质量，还有助于企业在开源社区中建立起良好的信誉和声誉，扩大其项目的影响力。

那么，企业在使用开源软件时需要做哪些准备呢？接下来介绍一些关键步骤。

4.1 建立合规管理体系

在使用开源软件的过程中，确保合规性是企业首要关注的问题，这涉及是否遵循了开源软件的许可协议。为此，企业需要建立一套完善的开源软件管理措施，以跟踪和管理所使用的软件，确保其合法使用，并规避潜在的法律风险。此外，有效的管理还有助于保护企业的知识产权，防止无意中的侵权或信息泄露。

开源许可证规定了用户使用、分发和修改开源软件的具体规则。企业需要深入理解并遵守这些规则，包括详尽了解许可证的具体条款，并严格按照许可证的要求行事。这意味着企业在使用开源软件前需要进行充分的研究，确保所有涉及开源软件的员工都能够完全理解并遵守许可证的所有规定和限制。

因此，企业应优先建立内部的开源软件合规体系。这需要法务、技术、产品、服务等不同专业领域的管理者和专家共同参与，成立专门的管理委员会或办公室，负责制定开源软件的使用管理办法。同时，还应开展广泛的合规性宣传，提高员工对合规使用开源软件重要性的认识。

开源软件的使用必须与企业的开发流程紧密结合。通常，企业内部使用开源软件的流程包括使用申请、法务评审、技术评审、使用记录等关键环节。首先，使用部门须提交使用申请，详细描述拟使用的开源软件及其许可证类型、使用场景和方式；其次，法务部门负责对申请进行法律审查，评估潜在的法律风险，并提供相应的使用建议；然后，技术评审团队对申请进行深入的技术评估，重点关注开源软件在业务和技术层面的适用性、可行性和必要性，并提出是否批准使用的最终建议；最后，使用部门和技术评审团队应共同维护开源软件的使用记录，详细记录和归档开源软件的相关信息及其使用情况。在出现分歧时，可以邀请业务仲裁组织介入，以确保问题得到公正合理的解决。

此外，企业在使用开源软件时应遵循一些基本原则：始终以遵守开源软件的许可证规定为前提，对于无法遵循许可证条款的软件，应避免使用；在使用开源软件前，确保其权利状态明确无误，对于权利状态不明确或存在争议的软件，建议谨慎使用；优先使用那些提供清晰版权声明和使用许可文件的开源软件，对于缺乏这些文件的软件，应避免使用，以减少法律风险；对于那些历史上频繁涉及法律纠纷的开源软件，应进行特别的风险评估，并在必要时寻求专业法律意见。

4.2 构建安全治理平台

随着软件供应链安全事件的增多，确保软件供应链的透明度和安全性已成为业界的热点关注和共同诉求。企业正在积极构建安全治理平台，以应对在使用开源软件过程中可能遇到的安全挑战。其中，开源软件的构件组成、潜在漏洞和恶意攻击是关键问题。

在当前的软件开发环境中，企业越来越重视提供一种基础性文档——SBOM（Software Bill of Materials，软件物料清单）。SBOM 详细列出了软件所包含的所有组件，以及这些组件的相关信息和相互之间的依赖关系。通过精确识别和记录这些组件及其关系，SBOM 显著提高了软件的透明度，成为加强软件供应链安全治理的关键工具。

目前，越来越多的企业开始意识到维护软件供应链安全的重要性，并在 SBOM 技术、工具和实践方面进行积极探索和创新。企业可以利用现有的开源 SBOM 工具，构建符合标准协议的 SBOM 体系，并开发内部可用的 SBOM 服务软件平台，以进一步提高软件供应链的安全性和可靠性。

开源软件因其广泛的应用而备受青睐，但存在开发者编码质量参差不齐以及开发团队在使用过程中往往缺乏必要的安全审查等问题，这些问题都可能导致漏洞的引入和扩散。面对开源软件漏洞数量的持续增加和攻击事件的频繁发生，企业需要建立安全治理平台，以实现对漏洞的实时扫描、评估和分类。此外，企业还应采取措施，如及时补丁升级或标记规避，以应对这些安全风险。

在开源软件领域，诸如投毒、恶意删除代码库以及利用开源软件漏洞进行网络攻击等恶劣事件频繁发生。为了有效降低这些恶意行为对软件产业造成的负面影响，企业必须在使用开源代码前建立防投毒治理机制，并运用软件扫描工具进行处理，同时设立严格的准入控制机制。

因此，为了推动开源软件的健康发展，企业必须构建和维护一套包括版本控制、代码审查和安全检测修复在内的 IT 平台和安全工具。这些工具对于追踪代码变更、确保代码质量以及解决安全问题至关重要，是企业有效利用和开发开源软件的关键。

在此基础上，企业的安全治理平台还应评估所使用的开源软件的安全风险。首先，通过生成 SBOM 进行资产化管理，明确开源软件的组成成分。同时，一旦发现安全漏洞，能够迅速评估受影响的产品组件，并进行全面的安全风险评估。

综合上述分析，国内领先的企业在安全治理平台的支撑下，已经建立了不同层次的开源软件可信合规体系。这些企业通过制定严格的规范，引导员工安全合规地使用开源软件，并建立了一套完整的标准和作业流程。以企业自建的开源软件中心仓库为核心，集中管理所使用的开源软件，确保其作为产品的唯一可信来源。同时，这些企业还建立了包括责任机制、恶意软件扫描和完整性校验在内的风险控制机制。

此外，企业应在开发团队内部指定负责人，由其领导产品开发团队集中管理中心仓库中的开源软件，并及时处理社区披露的开源漏洞。在确保开源软件来源和使用合规的基础上，有效地进行开源软件漏洞管理和安全治理，从而显著提高开源软件使用的合规性和安全性。

4.3 奉行生命周期管理

开源软件的生命周期管理对企业至关重要，它不仅要求企业投入资源和精力建立完善的管理体系和流程，还要求培养开放的文化和理念。企业应该认识到，开源不仅仅是一种技术选择，更是一种推动业务增长的战略思维。

在使用开源软件时，企业需要构建一套全面的开源软件生命周期管理体系，实现“供、选、用、维、馈”全周期管理，以更有效地控制开源软件的使用效率和安全性。

在“供、选”阶段，即供应和选择开源软件时，企业需要进行深入研究，比较不同开源软件的可供应能力、特性和优劣，并根据实际业务需求及技术能力，选择最合适的软件。虽然此阶段可能需要投入大量时间和精力，但选择最适合自己的软件将在后续使用和维护中节省成本和时间。

在“用、维”阶段，即使用和维护开源软件时，企业需要建立有效的监控和审计机制，以确保开源软件的安全合规使用。这包括定期进行安全检查、追踪使用情况，以及定期更新和维护软件，以确保其性能和稳定性。在这个阶段的持续投入可以最大化软件的价值，同时有效减少潜在风险。

在“馈”阶段，即回馈社区时，企业在遵守开源软件许可证的基础上，将代码更新和改进贡献回社区。这不仅有助于提高企业在开源社区中的声誉，也能促进开源软件的持续发展和完善。同时，企业应根据软件的发展趋势和业务需求的变化，做出合理的升级和淘汰决策。这要求企业具备前瞻性视角，准确把握开源软件的发展趋势和业务变化，以做出最符合企业利益的决策。

此外，企业还需要有效管理软件供应链，深入了解软件的来源及其依赖关系。通过建立开源软件管理措施，企业能够跟踪和管理所用软件的版本，确保及时接收到更新和安全补丁。这不仅有助于维护软件的稳定性与兼容性，还能减少因版本不一致导致的问题。

如果产品线众多，企业可能会遇到不同产品选择同一开源软件的不同版本的情况，这无疑会增加管理和维护的成本。因此，实施“开源软件归一化”策略显得尤为重要。企业应选择那些成熟稳定的开源软件版本，并持续进行生命周期管理，以降低维护成本和复杂性。

4.4 培育开源文化

对于希望充分利用开源优势的企业，培育开源文化是必不可少的一步。开源文化不仅是一种理念，更是一种实践，它倡导创新、协作和透明度，助力企业更好地融入开源社区，更高效地利用开源资源。

开源文化鼓励员工积极参与开源社区的活动，包括提供必要的培训和指导，帮助员工更好地了解开源软件及其社区的运营模式。企业可以设立一套奖励机制来认可员工对开源社区的贡献，以此激发员工参与开源社区的热情和积极性。

企业还应制定开源友好的企业政策，这些政策应涵盖使用开源软件、贡献开源项目和处理开源许可证等问题。这些政策应明确且易于理解，以便员工遵循。明确的政策有助于员工在使用和贡献开源软件时避免出现问题，同时也让员工更好地了解企业对开源的态度和期望。

建立开源文化应从教育和培训着手。企业应提供专门的开源教育和培训，帮助员工深刻理解开源的价值和原则，以及如何有效地参与开源社区。这些教育和培训可以通过内部研讨会、工作坊或培训课程等形式进行，旨在增强员工的开源意识，同时提升他们参与开源项目的技术能力，为开源文化的建立打下坚实的基础。

企业应积极鼓励员工参与开源项目，无论是使用开源软件还是贡献代码，都有助于员工深入理解和体验开源的精神。员工的参与不仅能够提升企业的技术实力，也能够增强企业在社区中的声誉。此外，这种积极参与有助于企业在社区中树立良好的形象，吸引更多优秀的开源人才。

为了激励员工参与开源，企业可通过建立奖励机制来促进员工的积极性。奖励可以是物质的，如奖金、礼品等，也可以是精神的，如公开表扬、职位晋升等。这样的奖励机制不仅可以促进员工参与开源活动，还能推动开源文化在企业内部的建立和发展。同时，鼓励员工之间的信息分享和知识交流，开放透明的沟通有助于建立信任，增强团队协作。

企业应当为员工参与开源项目提供必要的时间和资源支持，这包括但不限于为开发和维护工作分配时间、提供必要的设备和资金支持，以及为员工提供参加相关会议和活动的机会。这种支持不仅能够让员工感受到企业的认可和重视，还能有效激发他们的参与热情和创造力。企业还可以通过推广开源项目的成功案例来鼓励员工参与，这些案例可来自企业内部或外部，它们能够直观地展示开源项目的实际效果和价值，从而提升员工参与的积极性。

建立开源文化是企业用好开源的基础，它需要企业全面而深入地参与和投入。这包括理解并接纳开源的原则和价值，鼓励并支持员工参与，建立开源友好的政策和奖励机制，以及推行开放透明的沟通方式。这需要企业从战略层面进行系统性的考虑和实施，确保开源文化的建设能够真正融入企业文化，从而利用开源的力量推动企业的业务发展和技术创新。

第 5 章　贡献开源

企业参与开源贡献，其核心目标是加速技术的迭代进程，并构建一个可持续的商业闭环。在决定投身于开源贡献之前，企业应明确开源在其战略中的位置，以及它与企业的商业价值和业务闭环相辅相成。一旦决定投身于开源贡献，企业需要开始周密准备。贡献开源并非一时兴起的短期行为，而是一个需要长期规划和持续投入的过程。

5.1　消除认知误区

企业在考虑是否参与已有开源社区的贡献时，可能会有一些疑虑。例如，为何要在他人的社区中投入资源？这样的贡献能否为企业带来实际的好处？会不会削弱企业的竞争优势？

首先，开源社区汇聚了全球的开发者，他们不受企业内部资源的限制，能够全天候地参与项目的迭代和创新。企业通过贡献开源项目，可以快速获得来自社区的反馈，加速技术的成熟和优化。通过贡献高质量的代码和项目，企业不仅可以展示其技术实力和前瞻性思维，还能增强其在行业中的技术领导地位。此外，开源项目可以作为企业市场推广的有效工具，通过社区的传播力量，提高产品的知名度和影响力，推动某些技术或标准成为行业的标准，从而在市场竞争中占据有利位置。

其次，开源项目鼓励采用开放的标准和接口，这有助于不同系统之间的兼容和互操作性，使企业的产品在设计上能够更加模块化和灵活，增强产品的可扩展性，降低集成和维护的成本。

最后，开源项目也是企业发现和培养人才的平台。企业在开源社区中的活跃表现可以吸引到更多志同道合的开发者，同时，参与开源项目也可以让企业员工在实践中学习和成长，增强他们的技术能力和解决问题的能力，为企业的长期发展储备关键人才。

5.2 前期准备

当企业决定为了商业回报以及建立长期技术影响力而投身于开源贡献时，需要进行周密的准备工作。

1. 开源团队配置

一个高效的开源团队通常包括项目负责人、开发者、社区经理和技术支持等关键角色。

- 项目负责人是开源项目的核心和灵魂，他们需要具备深厚的技术背景、项目管理能力和战略规划能力。他们负责制定项目的长远规划，协调内部团队和外部社区的资源，确保项目按既定目标发展。
- 开发者是开源项目的基石，他们不仅需要具备高超的编程技能，还要熟悉开源文化和协作流程。企业应配置一定数量的专职开发者，以保证项目的持续开发和维护。
- 社区经理是项目与外部世界联系的桥梁，他们负责维护社区关系，组织线上线下的活动，收集社区的反馈，并促进项目在社区中的传播和扩大影响力。
- 技术支持负责解答用户的疑问，帮助用户解决使用过程中遇到的问题，提升用户体验。他们需要长期在社区中工作，确保用户和开发者的各类问题能够快速得到反馈。

除了专职的开源团队以外，企业还可以鼓励内部员工在业余时间参与开源项目，贡献他们的专业知识和技能。这不仅能够丰富开源项目的多样性，还能提升员工的技术水平和团队协作能力。

2. 技术资源配置

开源团队在开源社区中作出贡献时，必须配备完善的开发工具、测试资源、文档管理系统和项目管理工具、协作平台等。

- 开发工具包括但不限于代码编辑器、版本控制系统、代码审查工具等，这些都是确保代码质量和开发效率的基础工具。
- 测试资源包括测试框架、测试服务器和测试数据。这些资源确保每次代码提交都能通过严格的测试流程，保障软件的稳定性和可靠性。
- 完善的文档管理系统和项目管理工具对于项目的长期成功至关重要。使用 Markdown 编辑器、JIRA、Trello、GitHub 等工具或平台，可以有效地跟踪项目进度、管理任务，并促进团队成员之间的协作。
- 协作平台可以确保项目文档得到及时更新、易于查找和共享，这对于维护开源项目的透明度和社区的参与度至关重要。

所有这些工具的选择和使用都应该遵循开源社区的最佳实践，以确保团队能够高效地协作，并与社区保持同步。

3. 法律资源配置

开源项目因其开放性和协作性，确实涉及复杂的知识产权问题。因此，企业在参与开源项目时，应配备专业的知识产权律师，为项目提供法律咨询，确保所有活动都遵守相关法律法规。选择合适的开源许可证对于项目的健康发展至关重要，企业需要充分了解不同许可证的条款和适用场景，为项目选择最合适的许可证。此外，在贡献开源社区的过程中，遵守社区原有的许可证要求，按照许可证许可范围进行，是避免超越许可证范围事件发生的关键。

4. 综合资源配置

综合资源配置也是企业进行开源贡献的重要方面，涉及以下几个方面。

- 提供项目资金：用于支付必要的服务器费用、开发者薪酬、市场营销成本等，确保项目顺利进行。
- 提升项目知名度：企业可以通过赞助开源会议、竞赛、黑客马拉松等活动，提升项目的知名度和吸引力。

- 支持开源基金会：通过支持开源基金会的运营，促进整个开源生态的发展。
- 提供教育培训资源：企业应定期举办内部培训，教育员工关于开源项目的运营方式、贡献流程和社区规范，提升员工的参与能力和贡献意愿。同时，与高等教育机构、职业培训机构合作，开设与开源相关的课程和研讨会，培养潜在的开源项目贡献者。

这些关键点构成了企业进行开源贡献的策略基础。在制订开源贡献计划时，企业需要深入分析自身的发展逻辑，明确开源在其中的角色，并据此制定战略。根据华为的实践，开源贡献战略可划分为代码级、项目级和产业级 3 个层次，每个层次都对应不同的贡献方式和战略考量。

5.3 代码级贡献

当讨论企业对开源的贡献时，人们往往会首先想到参与开源项目和社区治理。但归根结底，代码贡献才是开源的基石。

Linux 内核的创始人 Linus Torvalds 的名言“Talk is cheap. Show me the code”（废话少说，放码过来）深刻地体现了技术极客们对代码贡献的重视。这不仅是开源文化的核心，也是企业在进行开源贡献时必须遵循的原则。

那么，企业可以通过哪些路径进行代码贡献呢？

对于刚刚踏入社区的开发者，面对这样一个充满智慧与创造力的广阔领域，他们可能会感到既兴奋又谨慎。在开始贡献之前，细致地研读社区的文档，学习前辈们留下的宝贵知识是至关重要的第一步。初入社区的开发者通常会从报告并修复文档中的细微错误开始，这是他们在开源世界中的初体验，也是成长的起点。

随着时间的推移，开发者的参与不再局限于简单的文档修正。他们开始尝试为开源项目作出更实质性的贡献，例如提交代码补丁和修复漏洞。在日常使用中，开发者可能会遇到或发现开源项目的 Bug 或安全漏洞，通过修复这些问题并提交给上游项目，他们实现了对开源社区的进阶贡献。每一次提交都是他们技术成长和社区参与的足迹。

在经历社区的代码提交和贡献之后，开发者逐渐熟悉了社区的运行规则，也会遇到许多志同道合的伙伴。他们一起探讨技术问题、争论解决方案、分享经验、共同守护他们所珍视的开源项目。这个过程不仅提升了开发者的技术能力，也加深了他们对开源文化和社区精神的理解。

随着开发者在开源社区的不断成长，他们将逐渐进入代码审查和提高代码质量的阶段。企业为了确保业务的安全性，在使用开源软件时会进行严格的代码审查，这包括确保代码的合规性、安全性和可靠性。同时，通过编写和执行测试用例，企业能够确保开源项目的每个模块及其相互之间的正常运营。这样的审查和测试不仅保障了企业自身的业务安全，也为开源代码的安全性和可用性作出了积极贡献。

之后，开发者将进入开发新功能和性能优化的阶段。此时，他们已经成长为社区中的资深成员，能够熟练处理复杂的代码问题。在使用开源软件的过程中，企业开发者可能会发现某些缺失的模块或功能，这时他们可以开发新的模块或功能，并将其贡献给开源项目。此外，开发者也可以对现有功能进行深入的改造和优化，以提升性能和用户体验。

当企业通过这些方式进行代码贡献时，应考虑优先参与核心项目，如Linux 内核。作为历史悠久、广泛应用的开源项目，Linux 内核的源代码对所有人开放，允许查看、使用和修改。通过为 Linux 内核贡献代码，企业不仅可以享受更大的灵活性和自由度，还能将技术成就与全球开发者社区共享。通过参与 Linux 内核的开发和决策，包括提出改进建议、修复漏洞、引入新功能等，企业能够对项目的未来方向和技术创新产生积极影响。

5.4 项目级贡献

5.4.1 对开源项目进行贡献

当企业不仅仅满足于贡献代码，而是希望更深入地参与开源项目的维护、治理和运营时，它们进入了项目级贡献的更高层次。在这个阶段，企业内部对开源项目作出贡献的角色变得更加多样化，包括核心贡献者、维护者、项目经理等。

华为的 Linux 内核专家吴峰光自 20 世纪 90 年代就开始了他的 Linux 内核

之旅。他注意到Linux内核的文件预读算法在磁盘I/O性能方面存在缺陷，于是着手对其进行改进。他的努力使他成为国内对Linux内核贡献最多的开发者之一。作为核心代码贡献者，吴峰光拥有自己的独立代码库，并能够直接向Linus Torvalds提交补丁。此外，他每年都会受邀参加Kernel Summit，这是一个Linux内核开发者的顶级会议。

2020年，吴峰光加入了openEuler操作系统团队，并在其中担任openEuler社区技术委员会的委员。在EulerMaker统一构建服务的开发过程中，他发挥了至关重要的作用。展望未来，吴峰光致力于推动openEuler全场景操作系统的持续发展和创新。

吴峰光的开源贡献历程标志着他从核心代码贡献者向项目管理者的转变，他不仅在技术层面上有所建树，更在领导开发团队进行更深层次的开源贡献方面展现了卓越的领导力。

此外，华为的众多杰出开发者也在多个开源社区中扮演着重要角色。他们在OpenStack基金会、CNCF、Apache软件基金会和Linux基金会等旗下的多个项目中担任贡献者、维护者和项目管理者等关键职位，积极地为开源社区的发展贡献着自己的力量和智慧。

5.4.2 企业主动发起开源项目

企业为了满足市场需求或紧跟技术发展的步伐，可能会从战略层面选择主动开源其项目。

2003年，Google的一个小型团队与搜索引擎团队携手，共同开发了Borg——这是一个用于管理大规模内部集群的系统。到了2014年，Google将Borg的开源版本Kubernetes介绍给了全球。随后，微软、Red Hat、IBM、Docker等众多公司的加入，使Kubernetes的生态系统迅速扩展。这一势头在2015年促成了Google与Linux基金会合作，共同成立了CNCF。

Google推出Borg的初衷是为了应对公司内部管理和运行大规模分布式系统的挑战。鉴于Borg在内部的成功应用，以及它与产业技术发展趋势的契合，Google决定将其开源，以期与更广泛的社区共享创新成果，并推动整个行业的技术进步。

Meta 推出 Llama 模型则是顺应大模型技术趋势的一次战略性开源举措。继 OpenAI 推出闭源的 ChatGPT 之后，Meta 在 2023 年 2 月发布了 Llama 模型，并迅速跟进，推出了 Llama 2 以及专注于代码生成的 Code Llama 模型。2024 年 4 月，随着 Llama 3 加入开源行列，这一家族得到进一步丰富。

华为在 2018 年 11 月推出了云原生开源项目 KubeEdge，并于 2019 年 3 月将其托管至 CNCF，遵循开放社区的治理模式。KubeEdge 成为 CNCF 首个将云原生技术应用于边缘计算的开源项目，其发展成果符合预期。

截至 2024 年 6 月，KubeEdge 吸引了全球超过 1600 名开发者参与代码贡献。在 GitHub 上，项目累计发起了近 600 个 Issue，获得了 1700 多次 Fork 和 6500 多个 Star，显示出其在开源社区中的活跃度和受欢迎程度。KubeEdge 已被广泛应用于智能交通、智慧园区、工业制造、金融、航天、物流、能源、智能 CDN（Content Delivery Network，内容分发网络）等行业，为解决这些领域的技术难题提供了重要的支持和创新解决方案。

MindSpore 是华为推出的开源深度学习框架，自 2020 年 3 月正式开源以来，它通过提供 TinyMS 工具包和昇思大模型平台，极大地简化了人工智能领域开发者的工作流程。MindSpore 还建立了国内首个人工智能开源社区的开发者认证体系，并成立了 MSG（MindSpore Study Group，昇思学习小组），这一举措不仅促进了人工智能开发者生态的繁荣，也为人工智能技术的交流和合作提供了平台。

5.5 产业级贡献

参与基金会的治理与运营是企业在产业级贡献中极为关键的一环。华为作为国内最早制定并实施开源战略的企业之一，不仅在开源领域内积极贡献，还深度参与了多个国际开源基金会的治理工作。华为已经成为二十多个国际开源基金会的顶级成员或创始成员，并且在这些基金会中担任了数十个董事席位和数百个核心席位，其影响力遍布全球 200 多个开源社区。

华为云云原生开源的负责人王泽锋，因其在云原生技术领域的卓越贡献和领导力，被选为 CNCF 2024 年技术监督委员会的一员，成为该委员会 11 位技术领袖之一。王泽锋作为 CNCF 的中国大使，已经在 KubeCon+CloudNativeCon 的程序委员会中服务多年，并且在 2023 年担任了 KubeCon+CloudNativeCon+Open Source Summit China 的联席主席，这进一步证明了他在推动开源社区发展和国际合作方面的重要作用。

2015 年至 2018 年，王泽锋作为国内最早的 Kubernetes 维护者之一，不仅主导了 Kubernetes 社区多个关键特性和子项目的设计研发工作，还在华为内部组建了专门的开源工作团队，成为 Kubernetes 开源社区在国内的首批企业化贡献力量。华为云随后将 KubeEdge、Volcano 和 Karmada 三大项目开源并托管至 CNCF，这不仅填补了云原生技术在相关领域的技术空白，还持续拓展了 Kubernetes 和云原生技术的应用场景和落地行业，将云原生技术带入了交通、能源、制造、汽车、工业、园区、卫星等多个行业领域，实现了技术创新和场景落地的突破，帮助越来越多的企业通过这些项目取得了业务上的成功。

自 2018 年起，王泽锋联合策划并推动了包括 Cloud Native Days China 和 Cloud Native Lives 在内的多个业内活动，这些活动极大地促进了数以百万计的中国开发者学习和采用云原生技术。在他的引导和激励下，众多开发者在 CNCF 的多个项目中成长为关键贡献者，为开源社区的发展注入了新的活力和创造力。

华为作为开源社区的积极参与者和支持者，也是多个国际基金会举办的重要活动的赞助商。这些活动包括面向开发者和用户的年度盛会，如 KubeCon + CloudNativeCon 和开放原子全球开源峰会等。

5.6 开源贡献没有止境

贡献开源是企业战略规划中的关键一环，一旦企业决定投身于开源领域，就需要进行周密的前期准备工作。在掌握开源贡献的基础知识之后，企业应该逐步制定出从代码级贡献到项目级贡献，再到产业级贡献的战略路径。

在实际的贡献过程中，不同贡献级的界限可能并不是那么清晰。例如，开发者最初可能通过提交补丁和修复漏洞来参与项目，但随着时间的推移，他们可能成长为项目的维护者，并最终可能成为项目管理者，其贡献也从代码级提升至项目级。

对于那些决定主动开源的企业，可以从社区运营和全生命周期管理的角度入手。在更高层次的产业级贡献中，企业不仅可以参与基金会的治理，为基金会贡献力量，还可以通过组织开源产业活动或开发者峰会，进一步丰富开发者社区的生态系统。

第 6 章　主动开源

企业选择主动开源，不仅是促进技术创新与知识共享的有利手段，还是构建生态系统的重要方式。在参与社区建设与合作的过程中，企业还能扩大自身的品牌影响力。因此，主动开源是企业的重要战略构成。本章将从开源原则、企业开源策略设计、面向开源社区的治理与运营，以及面向开源社区的度量与评估 4 个方面探讨企业如何主动开源。

6.1　开源原则

近年来，开源领域经历了一系列引人注目的事件，如 Red Hat 对 RHEL（Red Hat Enterprise Linux）源代码访问的限制，MongoDB、HashiCorp 和 Redis 等公司对其开源项目许可证的调整，以及 OSI 对 Meta 的 Llama 2 许可证的讨论等。这些事件在产业界引发了广泛的思考和讨论。

开源的核心本质和原则是什么？从企业主动开源的角度来看，其核心原则可以概括为以下几点：遵循 OSI 定义，确保软件开放性与共享精神；秉持开源治理，促进决策过程的透明与社区的广泛参与；以商业成功为导向，平衡企业目标与开源贡献；追求产业共赢，构建一个多方受益、协同成长的健康生态系统。这些原则共同构成了开源生态系统持续繁荣和发展的基石。

6.1.1　遵循 OSI 定义

“开源软件”是指那些根据符合特定标准和特征的许可证发行的软件，这些标准和特征由OSI发布的《开源定义》（OSD）所明确。真正的开放性意味着严格遵循OSI所维护的OSD。OSI的角色不仅限于维护这一广泛认可的开源定义，它还负责维护一系列符合该定义的开源许可证规范。

任何软件，如果其许可证没有得到OSI的批准，根据定义，就不能被视为开源软件。OSD包含如下10个关键原则。

原则1：支持自由分发，主要是再分发，无须支付任何费用。

原则2：提供可用于持续开发的源代码。

原则3：支持衍生作品，允许在源代码基础上进行修改和开发工作。

原则4：必须尊重作者源代码的完整性。

原则5：不存在针对特定人或群体的差异性限制条款。

原则6：不存在针对软件使用领域的限制。

原则7：衍生产品发行时不施加更严格的使用许可限制。

原则8：许可证不得特定于产品，软件许可证在每一个组件生效而不是仅限于整个产品。

原则9：许可不得限制其他软件，软件许可证不扩散到同介质上发行的其他软件。

原则10：许可证必须是技术中立的，软件许可证不附带影响技术中立的条款。

遵循OSD的开源许可证极大地降低了学习、使用、共享和改进开源软件的门槛，确保了每个人都能从开源软件中获益。这种开放性正是遵守OSD的许可证所带来的直接结果。

近年来，随着人工智能技术的飞速发展，开源人工智能系统取得了显著的进步。2024年4月，Meta发布了开源AI大模型Llama 3，随后在7月发布了Llama 3.1。其中，405B模型在通用常识、可操纵性、数学、工具使用和多语言翻译等高级功能方面，已经能够与顶级的闭源AI大模型相媲美。

相比传统软件，人工智能系统有其独特的特点。它的构成不仅包括预训练代码、推理代码、评估代码、调优工具等，还涉及高质量的数据集、研究报告、日志文件，以及模型架构与参数等。由于人工智能系统的特殊性，传统的OSD在某些方面可能难以完全适应其独特需求。开源界已经意识到这种挑战，并正在积极寻求解决方案。

2024年3月，学术界发表了一篇关于模型开放框架（Model Openness Framework，MOF）的重要文章，同时LF Data & AI基金会在其官方网站对这一框架进行了详细解读。简单来说，MOF是一个评估和分类系统，它根据机器学习模型的完整性和开放性对其进行评级。这一评级遵循开放科学、开源、开放数据和开放访问的核心原则。

对于模型中的特定组件，MOF要求采用适当的标准开放许可证。例如，对于代码，推荐使用Apache 2.0、MIT等开源许可证；对于数据集和模型参数，则推荐使用CDLA-Permissive、CC-BY等开放数据许可证；而对于文档和内容/非结构化数据，则推荐使用CC-BY等开放内容许可证。这些许可证的选择旨在确保人工智能项目的各个方面都能在开放和协作的环境中发展。

MOF是众多热衷于推动人工智能发展的研究人员、工程师、伦理学家和法律专家共同努力的结果。它代表了在人工智能领域推进开放性和透明度的初步尝试，为未来的进一步发展奠定了基础。

面对人工智能开源领域的挑战，OSI进行了大量的研究和探讨。2024年10月，OSI发布了开源人工智能定义（Open Source AI Definition，OSAID）的1.0版本。在这个版本中，OSI针对OSAID提出了以下3个关键考量。

- 4项基本自由。OSAID的核心在于强调用户应有权自由地使用、研究、修改和分享AI系统，而无须获得额外的许可。这一考量与OSD的原则相一致。

- 透明度要求。开发者需要提供他们开发的AI系统的完整源代码，以及有关数据处理和训练方法的详细规范。尽管OSAID并不要求完全披露训练数据集，但它鼓励开发者对数据来源和处理方法保持透明。

- 社区参与。OSI已明确表示，OSAID只是一个起点。他们致力于根据社区的反馈和AI领域内的持续讨论，逐步完善和改进OSAID。

尽管OSI关于开源人工智能的定义尚未达到完全成熟和广泛认可的阶段，但这些初步的指导原则已经为开源人工智能的发展提供了一个框架。

6.1.2 秉承开源治理

开源界虽然非常关注开源许可证的重要性，但社区中项目的运营治理，如项目路线图的决策者、决策过程的透明度、社区讨论和会议的开放性、合规要求及其执行方式，往往超出了开源许可证的范畴。

开源项目通常遵循一套规则、惯例和流程，这些构成了项目的“治理模式”。这些规则和惯例规定了哪些贡献者可以执行特定任务以及如何执行。开源项目的治理模式不仅影响其透明度和效率，还直接关系到社区的吸引力和影响力，对于项目的成功至关重要。

开源治理的核心在于建立透明、包容及协作的机制，确保项目的发展方向、决策过程、资源分配及问题解决均能在广泛的参与和充分的讨论中进行。这种治理模式不仅遵守开源许可证的法律层面，还强调社区内部的社会契约与共识建设，促进知识的自由流动与创新。开源治理鼓励所有利益相关者（包括开发者、用户、贡献者及潜在参与者等）积极参与项目治理，通过对话、协商与共识，共同推动项目的可持续发展。

开源治理涉及项目管理的多个层面，从代码审查、版本发布到社区文化的塑造，再到与外部生态的互动与合作。在代码层面，它意味着代码库的开放访问与共享，确保技术决策的透明性和可追溯性；在社区层面，它要求建立开放和包容的沟通环境，促进多元观点的交流与融合；在生态层面，则强调与上下游项目、企业、研究机构的合作，共同推动技术创新与生态繁荣。

开源治理对于开源项目的长期成功至关重要。首先，它增强了项目的透明度与公信力，使项目更容易获得外部贡献者和用户的信任与支持；其次，通过广泛的参与和讨论，可以集思广益，提高决策的科学性与合理性，减少因单一视角或利益驱动导致的决策失误；然后，开源治理有助于构建积极的社区文化，激发成员的归属感和责任感，增强社区的凝聚力和创新能力；最后，面对快速变化的技术环境和市场需求，开源治理确保项目能够快速响应变化，持续迭代进化。

开源治理模式包括实干模式、创始人领导模式、自我任命的理事会或董事会模式、主选举模式、企业主导控制模式和基金会治理模式 6 种。这些模式各有特点，没有绝对的优劣之分。特定开源项目的治理模式选择受多种因素影响，如项目的历史背景、规模、竞争环境、产业环境和发展阶段，甚至包括项目创始人的愿景等。然而，对于大型基础软件的开源项目、开创新产业和新机会的项目，以及需要社区广泛智慧协同创新的项目，开源治理应该成为优先考虑的治理模式，它是项目长期稳定发展和成功的关键。

6.1.3 以商业成功为导向

从企业视角来看，企业作为商业实体，其核心目标是实现商业成功。在开源领域，企业的商业目标同样占据着至关重要的位置。对于企业，开源不是一种目的，而是一种手段，一种为了实现商业成功而采取的策略。

企业将开源视为一种战略工具，用以实现其商业目标，而非仅仅作为技术展示或慈善行为。这意味着企业在决定开源的策略、选择开源的内容以及管理开源项目时，必须综合考虑商业利益和市场需求，确保开源活动能够有效地支持企业的商业成功。企业在开源过程中，不仅要重视技术的开放性和共享性，还要注重商业模式的创新和优化。通过开源，企业可以推动技术创新、扩大市场影响力、提升品牌知名度，最终实现商业成功。

企业开源项目的持续繁荣离不开商业成功的支撑。企业只有在开源项目中获得足够的商业回报，才有动力持续投入必要的资源，如资金、人力和技术等，以确保项目的健康发展。反之，如果开源项目不能为企业带来商业成功，企业可能会因为缺乏足够的动力和资源而减少或停止对项目的投入，这可能导致项目的衰退甚至消亡。因此，坚持商业成功导向的开源原则，对于保障开源项目的长期繁荣至关重要。

商业成功导向的开源原则是企业在开源实践中的一项重要准则，这方面有很多优秀的案例值得参考。例如，Red Hat 通过基于开源的 RHEL 提供软件订阅服务，成功地将开源技术转化为商业优势。Red Hat 通过提供高质量的技术支持和维护服务吸引了大量企业客户，并通过持续的研发投入和社区参与，保持了 RHEL 在市场上的领先地位。这种商业模式的成功不仅确保了 RHEL 项目的稳定发展，也激励了更多企业参与开源项目，共同推动技术进步。

Google 的 AOSP 也是一个典型例子。Google 通过开源 Android 核心代码，吸引了全球开发者的参与，构建了一个庞大的生态系统。同时，通过提供商业化的服务和专有扩展（如 Google Play 服务、Android Studio 等），Google 实现了对 Android 生态系统的有效控制和盈利。这种模式不仅加速了 Android 技术的普及和创新，也为 Google 带来了巨大的商业成功，形成了良性循环。

2.2 节提到，开源商业模式有二十多种。企业在开源时可以根据具体的开源策略进行多样化的商业模式创新。

综上所述，企业在主动开源时，应坚持商业成功导向的原则，这对于开源项目的长期发展和持续成功至关重要。通过精心设计商业模式和开源策略，企业可以将开源技术转化为商业优势，实现商业成功与开源项目的双赢，确保开源项目的稳定性和质量。

6.1.4　追求产业共赢

开源治理和商业成功是开源项目持续成功的基石，而产业共赢则是开源项目发展壮大的关键。开源项目的成功不仅体现在技术层面的先进性和创新性上，更在于其能否构建一个包含多方利益相关者的共赢生态系统。这一生态系统的健康与活力直接决定了开源项目能否持续壮大，并在更广泛的领域内产生深远影响。产业共赢，正是这一生态系统构建的核心原则，也是开源项目做大做强的关键。

首先，产业共赢有利于促进资源的汇聚与优化配置。开源项目的生命力在于其开放性和协作性，而产业共赢则为这种开放协作提供了强大的动力。当项目能够展现出对各方利益的兼顾与平衡时，自然能够吸引更多的资源。这些资源包括但不限于技术人才、资金、用户基础、品牌影响力等。在产业共赢的框架下，资源得以在项目内部及其生态系统中自由流动并优化配置，从而推动项目不断向前发展。例如，通过合理的利益分配机制，项目能够吸引并留住优秀的开发者，他们带来的不仅包括精湛的技术能力，还有对项目未来发展的无限可能。

其次，产业共赢有利于增强项目的可持续性与稳定性。开源项目的长期发展离不开稳定的用户基础和持续的社区支持。产业共赢模式通过保障所有利益相关者的利益，有效增强了项目的可持续性和稳定性。用户能够在项目中找到满足自身需求的解决方案，并通过参与社区讨论、提交反馈意见等方式，为项目的改进和完善贡献力量。这种深度的用户参与不仅提升了项目的用户体验，也增强了用户对项目的忠诚度和归属感。同时，商业组织的参与为项目带来了稳定的资金支持和市场反馈，有助于项目及时调整方向，更好地适应市场需求。

然后，产业共赢有利于推动技术创新与产业升级，这是开源项目核心价值的体现。在产业共赢的驱动下，开源项目能够汇聚不同领域的智慧与资源，形成强大的创新合力。这种动力不仅加速了新技术、新方法的产生与应用，还推动了整个产业链的升级与重构。例如，企业可以通过参与开源项目，以较低成本获取前沿技术，快速进行产品迭代，提升市场竞争力。同时，开源项目也为行业标准的制定与推广提供了平台，促进了行业的规范化与标准化。

最后，产业共赢有利于构建良好的行业生态与社区文化。产业共赢不仅关乎经济利益的分配，更关乎行业生态与社区文化的建设。在开源项目中，各方利益相关者因共同的目标与价值观而紧密联系在一起，形成了独特的社区文化与行业生态。这种文化与生态增强了社区的凝聚力，促进了知识共享与经验交流。在产业共赢的框架下，各方都愿意为社区的繁荣与发展贡献力量，从而形成良性循环。这不仅有利于开源项目的持续发展，也为整个行业的健康奠定了基础。

综上所述，产业共赢是开源项目做大做强的关键。它通过促进资源的汇聚与优化配置、增强项目的可持续性与稳定性，推动技术创新与产业升级，以及构建良好的行业生态与社区文化，为开源项目的长远发展提供了有力保障。因此，在推动开源项目发展的过程中，必须始终坚持产业共赢的理念与原则，携手共创一个更加繁荣、健康的开源生态。

开源的四大核心原则是紧密相连的。企业在主动开源时，首先要确保符合OSI的定义，这是开源软件开放、协作和共享的基础；其次，通过透明机制促进多方参与，秉承开源治理精神，这是项目持续成功的关键；然后，坚持商业成功导向，将开源作为实现商业价值的手段，确保企业目标与开源贡献的和谐共生；最后，追求产业共赢，构建利益相关方共同成长的生态系统，这是开源项目做大做强的必由之路。这4个原则相辅相成，从基础定义到治理机制，再到商业导向与产业共赢，层层递进，共同推动了开源软件的繁荣与发展。

6.2 企业开源策略设计

企业如何将开源与商业有效结合？如何基于开源构建商业模式？如何通过

开源实现商业成功？这些问题的答案往往归结于一个核心要素：制定一个恰当的开源策略。

那么，什么是开源策略？简而言之，策略是为了实现特定目标而设计的方案集合。开源策略可以被理解为企业将商业目标与开源实践相结合的规划，它旨在开源环境中保护和促进商业利益，同时确保开源项目能够带来商业成功。

不同的企业、不同的项目可能需要不同的开源策略。然而，制定一个成功的开源策略，可以参考一些通用方法，其中首先应回答 3 个问题，即为什么开源，开源什么内容，以及如何开源。

6.2.1 为什么开源

通常，开源需要慎重决策，因为这不仅涉及企业内部代码免费向公众开放，还要求企业投入大量资源进行代码维护和社区运营。因此，明确为什么开源对于确保后续的持续投入和发展至关重要。

我们可以从多个角度回答为什么开源，例如开源可以加速生态建设、降低新技术的使用成本、分摊研发成本、形成行业标准、避免供应商锁定等。然而，对于企业，最关键的是如何将开源和商业相结合，并通过开源实现持续盈利，否则开源团队可能会因为成为成本中心而面临不确定性。

开源之后，由于软件几乎以零成本进行分发，其本身的价值可能会降低。因此，开源的“变现”通常并不直接依赖于代码和软件本身，而是通过模式转换来获得收益。这种趋势在版权保护严格的电影行业（内容的分发几乎受到严格控制）也很明显。例如，迪士尼在 2023 年的票房收入为 48 亿美元，而主题乐园的收入则超过 250 亿美元。这一现象启示我们，开源的盈利模式可以多样化。

- 通过硬件盈利。随着开源软件的普及，硬件公司支持开源软件变得越来越重要。这些公司通过社区贡献提升软硬件的协同效率，为客户提供更好的整体解决方案。从而在客户选择中占据优势。例如，英特尔通过支持 Linux 内核和各种开源软件库，使其指令集在各种用户场景中均得到支持，从而使自己的处理器成为客户的首选。

- 通过服务盈利。尽管开源软件是免费的，但使用它仍然有成本，如兼容性、升级和维护、安全补丁等。例如，Red Hat 等通过提供商业发行版软件，帮助客户解决上述问题，降低使用开源软件的综合成本。
- 通过软件盈利。一些公司将基本功能开源以吸引用户，然后通过闭源的特性或功能收费。例如，Databricks 在开源的 Apache Spark 基础上提供高级功能，吸引用户付费。
- 通过云服务盈利。尽管开源软件是免费的，但作为 SaaS 时需要向用户收费。这种服务不仅仅是提供虚拟机或容器镜像，而是与云服务的账户管理、监控、计费等深度集成的托管服务。例如，Red Hat 在云上提供 OpenShift 服务，AWS 提供 Amazon EKS 服务。

这些开源盈利路径为企业提供了一些参考，但每家企业都需要根据自身情况设计商业模式，避免仅为开源而开源。

6.2.2 开源什么内容

在明确主动开源的动机之后，企业需要进一步界定“开源范围”，即确定开源哪些内容。这一过程包括对开源项目的业务设计进行规划，旨在将企业的商业和产业目标转化为可实施的技术方案和架构。

开源项目通常涵盖源代码、文档、工具和设计资料等关键组成部分。源代码的公开应包括项目功能实现的全部代码及其依赖的第三方库和工具。企业应根据商业目标和设计考量来决定哪些部分开源，哪些部分闭源。

在文档方面，应包括用户手册、开发者指南、API 文档和安装部署指南等关键文档，这些文档有助于用户和开发者理解并使用项目。同时，项目的设计和架构资料，如架构设计图，以及其他对新贡献者理解项目至关重要的内容，也应考虑纳入开源范畴。根据项目的目标和受众，还应考虑文档的国际化和多语言支持。

此外，测试代码、自动化测试脚本、构建和部署工具，以及示例和教程等，均应考虑在开源的范围内，以促进项目实施和开发者贡献。

在推进开源项目的过程中，企业必须慎重考虑源代码的开源范围。这一决策不仅关乎技术层面的开放性，更与企业的长期商业战略紧密相连。在制定开源策略时，企业应基于自身的核心竞争力，审慎地评估哪些技术资产应该公开，哪些应该保留。

企业必须识别并界定其核心竞争力所在的核心技术。这些技术往往是企业保持市场优势的关键，可能涉及专利、商业秘密或独特的创新点。对于这些高价值的核心特性，企业可以选择闭源策略，以维护其技术优势和市场地位，确保能够从其创新中获得最大的商业利益。

同时，对于那些虽然重要但并非核心竞争力的部分，或者与行业标准和通用需求相符合的特性和功能，建议倾向于采取开源策略。开源不仅促进了社区的广泛参与，还能激发更广泛的技术创新和协作。通过开源这些部分，企业可以吸引更多的开发者和技术爱好者参与项目，共同推动技术的发展和完善。

开源策略还能有效提升企业的行业影响力和品牌认知度。当企业在开源社区中积极贡献，分享知识和经验时，能够建立起行业领导者的形象，增强与客户和合作伙伴的信任关系。

此外，开源项目往往能够更快地适应市场变化和技术演进，因为社区的集体智慧可以加速问题的发现和解决。开源的软件开发及测试人员数量对提高软件开发质量意义重大，正如林纳斯定律所指出的:“足够多的眼睛，就可让所有问题浮现。”因此，开源方式有助于提高软件代码的质量。

在实际操作中，企业还需要考虑开源与闭源的平衡，以及如何在保护自身利益的同时，最大化开源带来的潜在价值。这可能涉及对开源许可证的选择、对社区治理架构的设计，以及对开源项目与企业内部研发流程的整合。

业界知名的开源项目在开源之初都进行了科学合理的设计和规划，以确定开源范围。

以网络控制器项目 Open Daylight 为例，其首次开源的重点放在了服务抽象层（Service Abstraction Layer，SAL）。这一层面的开放支持了多样化的终端和硬件，通过模型驱动的方法对硬件功能进行抽象，满足了不同规模网络的需求。此外，该项目还开源了一个分布式数据网格平台，以支持控制器集群。这样的开源范围设计均基于 Cisco 的技术优势和市场定位，以及当时的产业环境。

在硬件行业，领先企业常采取开源操作系统的策略，以此将价值链延伸至其芯片、硬件业务。通过深入参与如 Linux 社区等，这些企业不仅弥补了自身在闭源操作系统领域的不足，也提升了产业影响力，促进了硬件产品的销售。

总之，企业在确定开源范围时，应综合考虑内部对项目的技术需求、商业目标的考量，以及外部产业趋势和社区协同潜力，以制定合理的开源策略。公开且明确的开源范围和有序的执行计划能够吸引目标开发者和用户的积极参与，推动技术共享与创新，构建充满活力的社区生态。

确定开源范围后，一般通过开源项目任务书与相关产品团队进行版本级和代码级的对齐，确保宣布开源后，后续的执行任务能够分解到相关团队，实现价值理解到位、范围清晰可操作、节奏和方式明确。此阶段包含 3 个关键部分：明确开源项目的价值和期望实现的目标、明确产品版本代码和开源项目代码的关系，以及明确开源项目与产品版本的协同关系。

1. 明确开源项目的价值和期望实现的目标

开源项目应明确其为用户和企业带来的具体价值。这包括对产品定位和使用场景的分析，以展示项目如何解决现有问题或满足市场需求。例如，一个开源的大数据项目可能通过提供更高效的数据处理能力，帮助企业降低运营成本，同时提高决策的质量。

在特定领域，开源项目可以解决网络运维的痛点，提升运营效率。在 5G 边缘计算领域，开源项目能够释放 5G 网络的能力，使其在边缘服务器上得以充分发挥，从而促进相关网络产品的部署和落地。总之，这一部分需要详细阐述项目的市场定位、目标用户群体、预期的商业价值以及对社会或产业可能产生的潜在贡献。

在云计算领域，OpenStack 是一个开源云计算管理平台项目，由美国国家航空航天局和 Rackspace 公司合作研发并发起。它不是单一的软件，而是一系列开源软件的集合，旨在提供易于实施、可大规模扩展、标准化的云计算服务。OpenStack 支持私有云和公有云的部署，为企业和服务商提供类似于 Amazon EC2 和 S3 的云基础架构服务。OpenStack 的核心目标是管理数据中心资源，简化资源分配过程。它管理的资源包括计算资源、存储资源和网络资源。通过抽象化数据中心的这些资源，OpenStack 使用户可以通过 Web 界面或 API 申请、管理和释放资源。与虚拟化技术不同，OpenStack 作为云计算的控制层面，其核心功能在于管理和调度各种计算、存储和网络资源，将其抽象成资源池，并通过提供一系列面向用户的控制服务，实现对资源池内逻辑对象的高效管理。在技术从虚拟化向云化转型的过程中，OpenStack 已经取得了巨大的成功。

2. 明确产品版本代码和开源项目代码的关系

明确开源项目涉及的商业产品版本和范围至关重要。这要求对产品的不同版本和模块进行细致的梳理，以确定哪些部分将被开源，以及这些开源部分如何与现有产品相互补充。

例如，如果一个软件项目决定开源其前端界面，那么需要明确这一策略将如何影响后端服务的安全性和性能，以及如何确保开源部分与闭源部分的兼容性与集成性。

在硬件领域，与开源项目相关的驱动、API 及配套代码需要与产品版本开发节奏保持同步。开源项目可能还会涉及硬件的固件更新。项目团队需要确保固件的更新与硬件的发布周期同步，以便用户能够在获取新硬件的同时获得必要的固件支持。例如，一个开源路由器项目可能在其新型号路由器上增加对最新无线标准的支持，项目团队就需要提供相应的固件更新，以确保路由器能够充分利用这些新特性。

如果部分代码可能已有开源项目，可以考虑优先使用业界已有的项目。如果涉及商业版本中的高价值竞争力特性，也可以考虑将代码降级后再开源。部分项目也可以考虑开放架构或框架、特性代码，以及生态组件，从而实现在开源社区中的持续共建。

在某些情况下，开源项目还需要考虑长期的兼容性和向后兼容性。这意味着，即使在产品版本迭代过程中，也需要确保旧版本的硬件和软件能够继续工作，或者至少能够通过某种方式升级到新版本。例如，一个开源操作系统项目在发布新版本时，需要确保旧版本的应用程序能够在新版本中运行，或者至少提供迁移路径。

3. 明确开源项目与产品版本的协同关系

开源项目与产品版本的协同关系需要提前进行明确的规划。这包括开源项目在不同开发阶段与产品版本的对应关系，以及双方在协同开发过程中的输入和输出要求。例如，一个操作系统的开源项目可能需要与硬件制造商的产品发布周期同步，以确保操作系统的更新能够及时适配新硬件。一个硬件驱动的开源项目需要匹配根操作系统及内核开源项目的版本发布节奏，同时均衡考虑芯片、硬件、板级及整机的版本节奏和上游项目节奏的匹配。此外，还需要考虑如何通过社区版本的反馈来促进产品迭代，以及如何将社区的创新融入产品开发中，形成正向的反馈循环。

社区版本和商业版本的开发需要保持适当的节奏。商业版本既不能脱离社区版本太多，以致无法与上游社区版本对齐，也不能落后社区版本太多，从而错失社区协同开发的红利。同时，过于陈旧的社区版本可能存在未修复的漏洞等问题，这可能会影响商业版本的稳定性。

通过系统地思考这些问题，确认项目的开源范围，以及后续的执行落地节奏，可以吸引目标开发者和用户的参与，最终建立一个繁荣的开源生态系统。

6.2.3 如何开源

在设计开源策略时，企业需要考虑项目如何开源，这通常包括开源项目的治理方式、许可证选择、运营策略和投资等方面。企业的开源项目往往是为商业服务的，因此在开源策略的设计阶段，需要考虑如何使开源项目既能支持企业的商业目标，也能为社区用户和开发者带来价值。这样的开源项目更有可能实现持续、健康和稳定的发展。以下是对开源策略设计中需要重点关注的 4 个方面的详细说明。

1. 开源项目的治理方式

在设计开源项目的治理方式时，应该从项目的托管、治理架构和伙伴选择这 3 个方面考虑和规划。

首先，需要决定开源项目是托管至基金会还是自行建立社区。如果通过基金会运营开源项目，可以复用基金会的基础设施，如邮件列表、运营平台、wiki 等，这对项目初期的发展有很大的帮助。但同时，如果项目需要遵守基金会的规定，那么治理架构设计也应通过基金会的相关评审。在基金会统一的指导下，治理架构包括董事会、技术评审委员会、社区开发组织和社区运营组织。如果自行建立社区，则需要投资建设社区的各种基础设施，这样的话，项目初期的投入会比较大，但可以根据社区的发展需要，在经过社区公开讨论后自行设计项目的治理架构，拥有较大的自主权。

其次，在设计项目的治理架构时，需要考虑开源社区整体的治理策略，并根据项目规模和产业合作伙伴来规划。是否设立董事会，以及何时设立，应根据项目规模和产业合作伙伴数量来考虑。项目初期可以只设立技术评审委员会来决策技术方向，待社区发展到一定规模后再设立董事会。此外，还应根据需要设计用户发展组、运营组和开发组等组织。业界比较流行的项目治理模式有如下 3 种。

- BDFL（Benevolent Dictator For Life，仁慈的终身独裁者）治理模式：在这种治理模式中，一个人（通常是项目创始人或社区选举的领导者）拥有所有最终决策权。较小的项目通常采用 BDFL 治理模式，因为这类项目通常只有少数维护者。例如，Python 项目是 BDFL 治理模式的一个经典例子。
- 精英（Meritocracy）治理模式：在这种治理模式中，活跃的项目贡献者（被认为是“精英”）拥有正式的决策权，通常基于投票一致性。精英治理模式的概念最早由 Apache 软件基金会提出，所有 Apache 项目都基于此治理模式。贡献者代表个人，而不是公司。
- 自由贡献治理模式：在这种治理模式中，最有影响力的人通常是做最多工作的人，基于当前工作而不是历史贡献。项目的重大决策基于共识而不是纯粹的投票，努力囊括社区的多样观点。Node.js 和 Rust 是采用此治理模式的流行项目。

最后，在设计开源项目的策略时，要考虑选择哪些伙伴来共建社区。在项目初期就要考虑好伙伴的选择策略，对伙伴进行分类。第一类伙伴是目标用户群体，他们对项目有使用需求，愿意共建开源项目；第二类伙伴可能不是项目的直接用户，但他们愿意基于项目开发商业发行版本，对项目有商业诉求，可能直接对项目的某些模块进行贡献；第三类伙伴是对项目感兴趣的个人开发者，他们愿意与项目共同成长。在这 3 类伙伴中，前两类伙伴是早期拓展的重点，可以在项目发布前就联系头部伙伴，共同讨论社区的成立和发展。企业可以与头部伙伴组建社区筹备小组，作为开源项目的发起单位，在合适的时机和平台进行项目的对外发布。在项目成立后，可以通过运营与第三类伙伴建立合作关系。

2. 开源项目的许可证选择

选择适合的开源许可证对于项目的成功和可持续性至关重要。开源许可证，也称为授权（或许可）条款，是开源软件项目中不可或缺的法律文件。它们规定了软件的使用条件、责任限制，以及用户和参与者的权利与义务。开源许可证确保了开源软件可以自由地使用、修改和分发，不针对任何人或团体设置限制，也不禁止商业用途。此外，它们还要求任何修改后的版本或衍生作品必须附带原始许可证的条款，以维护开源软件的透明度和社区的开放性。

常见的开源许可证包括但不限于以下几种。

- GNU 通用公共许可证（GNU General Public License，简称 GPL）：GPL 要求任何使用或修改受保护软件的个人或实体在发布时必须公开其源代码，且不得限制代码的再分发。Linux 内核采用 GPL，这使众多免费的 Linux 发行版和软件得以存在和发展。

- GNU 宽通用公共许可证（GNU Lesser General Public License，简称 LGPL）：LGPL 是为类库设计的开源许可证，它允许商业软件通过类库引用方式使用 LGPL 类库，而不必开源其商业代码。但如果对 LGPL 的代码进行了修改或衍生，则所有修改的代码都必须采用 LGPL。

- 伯克利软件分发许可证（Berkeley Software Distribution License，BSD 许可证）：BSD 许可证是一种宽松型许可证，它允许自由使用、修改源代码，并将修改后的代码作为开源或专有软件再发布。在使用基于 BSD 许可证发布的代码时，需要在源代码中包含原始 BSD 许可证，或在二进制类库 / 软件的文档中包含 BSD 许可证。

- Apache 许可证（Apache License）：Apache 许可证是 Apache 软件基金会发布的自由软件许可证。类似于 BSD 许可证，它鼓励代码共享、允许源代码修改和再分发。当采用 Apache 许可证时，需要提供 Apache 许可证副本给代码用户，并在衍生代码中包含原始 Apache 许可证和其他必要的声明。

- MIT 许可证（MIT License）：MIT 许可证与 BSD 许可证类似，也是一种宽松型许可证。它允许自由使用、修改和再发布代码，唯一的条件是在修改后的代码或发行包中包含原作者的许可信息。许多知名项目，如 jQuery 和 Node.js，都采用 MIT 许可证。

- Mozilla 公共许可证（Mozilla Public License，MPL）：MPL 允许免费再分发和修改，但要求修改后的代码版权归软件的发起者所有。这既维护了商业软件的利益，也允许无偿使用和修改。

此外，开源许可证还涉及商业使用、分发、修改、专利使用、私人使用等方面的权限，以及必须开源、附带许可证和版权声明的要求。这些规定不仅保护了开发者的权益，也促进了开源社区的健康发展和项目的持续贡献。因此，开源许可证不仅是技术上的规范，也是法律上的保障，对于开源项目的成功和社区的繁荣具有不可替代的作用。

3. 开源项目的运营策略

开源项目的持续运营依赖两个关键方面的支撑：一方面是供给侧，需要有大量的开发者贡献代码；另一方面是需求侧，需要有大量用户使用这些开源项目。这两方面是相辅相成的。用户通过使用项目可以发现改进点，并将这些反馈回开源社区。社区中的开发者根据这些反馈对项目进行迭代开发，从而形成一个健康的正向循环。那么，如何运营开源项目以吸引更多的社区用户呢？通常可以从以下几个方面进行考虑。

- 明确项目目标和愿景。清晰的项目目标和愿景对于吸引用户和开发者至关重要。通过在项目文档、README 文件和社区网站中明确说明项目的目标、用途和愿景，可以帮助目标用户更准确地发现项目。

- 积极回应社区用户的问题。及时反馈用户和开发者的问题，包括在 GitHub、Stack Overflow、Gitee、GitCode 等平台上参与讨论、解答问题，展示项目成员的专业知识。

- 高效运营开源社区。这主要包括建立活跃的沟通渠道，定期组织社区活动，确保决策过程透明，鼓励多样性和包容性，以及建立社区奖励机制和维护社区合作伙伴关系等方面。

4. 开源项目的投资

开源项目的成功不仅建立在技术实力之上，还需要精心规划的持续投资。在项目策略设计阶段，就需要考虑多方面的投资，包括基础设施建设、运营投入和人力投入等。这些投资构成了项目成功的基础，并且需要从战略层面进行考虑。主要的战略决策如下。

第一，确定项目负责人（Owner）的角色和责任。在企业内部，需要指定一个清晰的项目负责人——对开源项目的成功负有端到端的责任。项目负责人不仅要负责技术方向，还要负责项目的运营、社区建设和商业发展等方面。项目负责人的角色至关重要，他们需要具备战略眼光，能够协调企业内外的资源，推动项目向前发展。

第二，完善开源社区的共投共建。一旦项目正式对外开源，就需要考虑产业层面的共投共建。开源项目的成功不能仅依赖单一企业的投入，而应由多家企业和个人共同参与。这就需要精心设计开源社区成员单位的责任和权利，确保他们能够从开源社区中获得应有的收益。这些收益可能包括发布基于开源项目的企业发行版、降低研发成本、构建生态解决方案等。

第三，确保社区治理的公平性和公开性。对于托管和贡献开源社区的成员单位，必须确保他们能够公平、公开地参与社区的治理，涵盖社区发展方向、版本迭代节奏、技术架构等关键决策。此外，社区的年度运营活动和相关费用支出也应保持透明，让所有成员都能够了解并参与其中。

第四，组建与商业团队协同的开源团队。除了上述要点以外，发起开源项目的企业内部还需要建立一个能与商业团队协同工作的开源团队。这个团队应配置以下关键角色。

- 社区规划代表：作为社区和产业趋势把握的重要责任人，同时也是社区和商业团队需求的关键责任人。这个角色需要对社区的长期发展有清晰的规划，并能够将社区的需求与企业的商业目标相结合。
- 社区运营代表：作为社区科技外交的负责人，需要理解社区的目标，并在社区治理架构和技术创新方向上进行提前规划和布局。这个角色需要具备良好的沟通能力和战略规划能力，以引导社区的健康发展。
- 社区开发代表：作为社区项目群管理的负责人，需要充分理解企业的商业诉求，规划社区版本，并负责社区版本的开发和项目管理工作。这个角色需要具备强大的项目管理能力和技术洞察力，以确保社区版本的质量和进度。
- 技术架构代表：作为相应领域的技术专家，负责洞悉开源社区的技术走向，与社区技术专家对话，制定开源技术架构、技术规格和开源版本路线图。这个角色需要具备深厚的技术背景和前瞻性思维，以引领社区技术的发展方向。

第五，确保开源项目的持续投资和运营。开源项目的投资和运营是一个长期的过程，需要持续关注和投入。这包括但不限于如下这些。

- 基础设施建设：持续优化和升级项目的基础设施，如代码托管平台、持续集成系统、文档管理系统等，以支持项目的高效运营。
- 运营投入：定期组织社区活动，如线上研讨会、线下 Meetup（聚会）、黑客马拉松等，以增强社区的凝聚力和活跃度。
- 人力投入：不断吸引和培养开源人才，如开发者、设计师、文档编写者等，以保证项目的持续创新和发展。

第六，推动开源项目的商业价值和生态构建。开源项目不仅是技术创新的成果，也是商业和生态系统构建的重要工具。通过开源，企业可以降低研发成本、加速产品上市、构建行业生态等。因此，开源项目的投资和运营应与企业的商业战略相结合，实现技术与商业的双赢。

综上，开源项目的成功需要多方面的考虑和投入。通过这些策略和投资，开源项目可以吸引更多的参与者，形成一个健康、活跃和创新的社区，推动项目和行业的持续发展。

6.3 面向开源社区的治理与运营

开源社区秉承“共建、共享、共治”的理念，通过“开源治理”手段实现社区的开放成果。这些开放的成果又反过来促进社区的多样化，形成一个有原则、有路径、有结果的实践过程。华为在采用开源之初就成立了开源能力中心，逐步构建了一个完整且可信的开源体系。这不仅保障了华为在主动开源过程中积累有效的社区治理与运营经验，也推动了相关标准的建立。

首先，华为以开源理念文化为底座。

其次，华为构建了一整套开源基础设施与合规工具链，使开发者能够更高效、合规地进行开发和贡献。同时，制定了完善的规范运营保障机制。

然后，华为面向社区建立了社区治理、社区运营、社区开发 3 个专项领域。在开放的前提下，公开流程、透明运营，对成员、文档、组织实施系统化管理。

最后，打造端到端（End to End，简称 E2E）可追溯的开发平台。以 CHAOSS（Community Health Analytics in Open Source Software，开源软件中的社区健康分析）指标为基线，推动共建开源生态评估体系的 SaaS 平台 OSS Compass（开源指南针）。结合人工智能技术，不断优化开发者体验，持续保障开源生态的繁荣，以价值驱动促进社区的健康发展。

2023 年 11 月，中国信息通信研究院发布了《可信开源社区评估规范 第 1 部分：通用要求》标准。华为携手 40 余个国内主流社区共同参与了这一标准的制定。该标准以“人 + 项目 + 基础设施平台”为核心理念，全面梳理了开源社区建设的关键要素，旨在构建一个健康的开源生态系统，从而扩大项目的影响力。

该标准特别强调了社区治理与运营的重要性，确立了“开源治理、流程公开、组织透明”的开源治理基本原则，以及“以价值驱动、提升体验为目标”的开源运营策略。该标准构建了图 6-1 所示的可信开源能力框架。

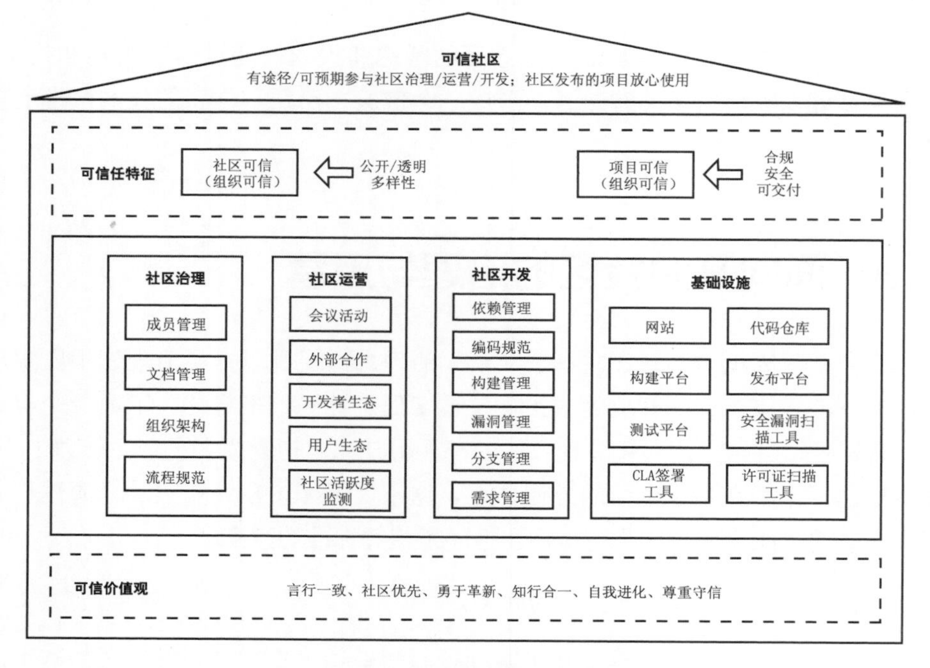

图 6-1 可信开源能力框架

6.3.1 治理机制与实践

在当前开源生态的快速发展背景下，“开源治理”这一概念通常涵盖了开源软件的风险管理、企业内外的开源治理、上游组织的治理以及开源社区的治理等多个维度。为了避免在治理范围上产生混淆，接下来将主要聚焦于开源社区，探讨如何构建一个健全的社区治理机制。

1. **成员管理**

成员管理是开源社区治理的核心组成部分，它包括社区成员的资格审核与授予、角色与职责的划分、沟通与协作机制的构建，以及行为规范的制定与执行等方面。通过实施有效的成员管理策略，开源社区能够维持秩序和稳定运营，确保来自不同背景的成员能够高效协作、优化资源配置，并让每位贡献者发挥其专长，从而推动社区的持续发展。

对于个人或组织，良好的成员管理有助于增强价值认同、提升技术能力、增强影响力。华为倡导的“Upstream First”（上游优先）策略正是遵循上游社区成员管理机制并积极参与社区贡献的体现。

按照《可信开源社区评估规范》，良好的成员管理应包括：明确包容的行为准则，以规范或约束社区用户行为，营造积极健康的社区环境；清晰的CLA（Contributor License Agreement，贡献者许可协议），阐明项目采用的开源协议，并划分个人与企业的签署版本，确保贡献授权及版权保护；多样化的贡献者类型及贡献方式，保证社区的活力和健康度。

以MindSpore社区为例，该社区在代码仓库中提供了详尽的行为准则和贡献者许可协议。这两份文档基于上游社区CNCF的标准进行了项目化调整，并提供了中英双语版本。这种规范性和本地化的设置降低了参与门槛，为社区初步构建了版权风险的防护，并在很大程度上规避了社区规模增长后可能出现的成员管理问题。

为了丰富社区贡献者类型和贡献方式，MindSpore社区建立了特别兴趣小组和昇思学习小组，面向不同的技术领域、地缘范围、知识层次、成员属性组织多样化活动，如城市行、暴走校园、Women in Tech等。这些活动增强了社区的开放性、包容性，并打造了一个具有吸引力和“归属感”的开源技术社区。

2. 文档管理

文档管理不仅能够提升软件的可用性和可访问性，还为社区成员提供了统一的理解标准，并确保了项目历史记录的完整性。一个高效的文档管理系统至少应具备以下 3 个关键要素。

- 易于访问的最终用户文档。这增强了开源软件的可靠性和用户友好度，使用户能够轻松理解和使用软件。
- 高可用性的开发者指南。这些指南可以帮助贡献者高效地参与项目开发，确保他们能够快速上手并贡献代码。
- 详尽清晰的变更日志。变更日志保证了项目信息的透明性，便于进行版本控制、安全性管理等必要措施。

这里以华为贡献给开放原子开源基金会的 openEuler 项目为例进行介绍。openEuler Docs 网页提供了包括流程规范、工具使用、学习教程以及支持和归档版本在内的系统化、流程化文档。关键及热门文档的置顶设计，使常用信息能够被快速获取。

面向开发者，openEuler Docs 提供了深入的指南，全面覆盖了内核结构、应用程序接口、代码重构及新增功能等领域。这些精心配置的资源有效加快了开发者熟悉项目的速度，使他们能够迅速投入开发工作。同时，文档紧密结合了 openEuler 的生态系统，为硬件、软件、服务和应用的集成提供了详尽的指导。

openEuler Docs 提供了清晰的结构和易于理解的内容，借助图文、培训课程和直播宣讲等多种形式，有效提升了用户体验，降低了学习成本，提升了开发效率，并增强了系统的稳定性。对于企业，openEuler Docs 不仅便于系统的部署和维护，还降低了运营成本。

openEuler 的文档管理能力展现了其对用户体验的高度重视和专业性实践。这不仅凸显了其作为数字基础设施开源操作系统的定位，也体现了其在推动开源社区发展和技术创新方面的承诺。

3. 开源组织架构及分工

作为开源社区的“神经系统”，一个复杂而精巧的组织架构对于控制庞大的组织体至关重要。“大脑智力水平、中枢传输能力、神经元反应度”是确保项目成功和持续发展的关键因素。那么，开源社区应如何构建组织架构以保障“开源生命体”的健康运转呢？

核心开发者和广泛的贡献者构成了开源社区组织的基石。对于初期或规模较小的项目社区，可能只需要面向开发治理的组织设计就能实现项目的有效运转。然而，对于像openEuler这样成熟的开源社区，需要更精细化的组织设计来管理众多的SIG（Special Interest Group，特别兴趣小组。截至2024年12月，openEuler管理着109个SIG）。

因此，成熟的开源社区通常由多个专业团队组成，包括决策层（如理事会）、项目管理委员会、品牌委员会、用户委员会、技术团队及法律与合规团队等。这些团队各司其职，共同推进项目的战略规划、日常管理、技术实现、社区交流和合规性建设。

在《可信开源社区评估规范》中，项目管理、代码审查和安全管理被特别强调为关键要素。这些要素对于维护社区的健康和项目的可靠性至关重要。

- 项目管理：负责制订战略运营计划和规章制度，确保项目目标的实现和社区的有序运营。
- 代码审查：专注于提高代码质量，同时确保代码的法律合规性，维护项目的安全性和稳定性。
- 安全管理：致力于识别潜在的安全漏洞并及时处理，保障社区和项目免受安全威胁。

在开源基础设施领域，华为积极推动并发起了如OpenHarmony、openEuler、openGauss等社区，这些社区的治理架构均严格遵循上述标准。通过这样的治理模式，社区确保了开源治理的透明性、流程的公开性和组织的明晰性。

随着社区的持续发展，这些社区将持续完善和优化其治理结构。这将帮助社区适应技术进步和组织规模增长所带来的更复杂的治理挑战，确保社区的长期健康和项目的持续成功。

4. 开源流程规范

开源流程规范对于指导社区成员进行有效协作、贡献和维护项目至关重要。

根据《可信开源社区评估规范》，应在以下 6 个层面建立明确机制，以确保流程的规范性。

- 决策机制。社区应明确决策机制，并维护一个公开的有决策权的贡献者列表，以确保管理团队的多样性和决策过程的公正性。
- 投票机制。需要规定项目发展和关键成员选举的投票流程，确保投票结果的文档化和透明度，让社区成员能够清楚地了解决策结果。
- 审批机制。项目发布前必须经过开源许可证、法律合规、代码安全和质量的审核，确保发布的产品符合社区标准和法律法规。
- 反馈机制。应建立公共沟通渠道，确保社区的公开透明，并及时响应用户和贡献者的反馈，以持续改进项目和社区环境。
- 辅助机制。应设立辅导机制，帮助成员成长，创造包容的环境，促进社区的健康发展。
- 发布机制。应确立明确的产品发布流程，包括测试、验证和部署等步骤，以保障发布的安全性和可靠性，减少潜在的风险。

关于决策和投票机制，开源社区的组织架构与治理原则决定了其本质的差异。例如，Apache 软件基金会的开源社区采用“精英治理模式”运营，决策结构基于成员的贡献度，决策层由通过扁平选举产生的个人会员组成。而 Linux 基金会的决策机制则是“BDFL 治理模式”，由项目的创始人和主要资助者主导。

关于反馈机制，华为发起的开源社区通过邮件列表、GitCode/GitHub/Gitee Issues、Slack、微信群、微信小助手等线上渠道，确保社区成员能够即时沟通、参与线上会议、反馈建议及诉求，从而实现分布式协作的高效运行。

关于辅助机制，如 OpenHarmony、MindSpore 等社区官方网站提供了详细的社区成长路径说明，包括角色定义、晋升路径、晋升等级、退出流程等，帮助成员了解如何在社区中成长和贡献。

关于发布机制，OpenHarmony 项目群要求所有贡献的代码以源代码形式提供，并基于开源许可证发布，确保安全合规。此外，项目还专门设置了重视版本和产品安全性的“社区安全”专栏，展现了项目对安全性的承诺和专业的安全治理机制。

6.3.2 运营分类及案例

《未来的社区》一书提到，人类社区中自由与关联的动态平衡是通过成员共同关心社区事务来维系的，并不依赖于社区的形式结构。社区成员之间的身份关系不是固定不变的，社区的建立基于共同的愿望，而非命令。

开源社区的运营同样注重成员的内在价值和精神追求。它在维护社区秩序、健康和开放性的基础上，通过发现人与人之间的技术联系，激发持续的创造力，促进技术进步和社区的繁荣。面对众多的开源社区，有效的运营策略是使项目和社区脱颖而出的关键。

接下来将从活动、外部合作、开发者生态、用户生态和社区活跃度监测等关键运营角度，探讨它们如何提升用户体验和构建社区生态。

值得注意的是，尽管企业的开源战略可能以商业化为最终目标，但开源社区的运营不应仅仅聚焦于短期商业指标，相反，它是一项长期的生态建设工作，需要时间的沉淀和对技术联结的深入理解。

1. 活动运营

Dawn Foster 在研究 Linux 社区的协作方式时发现，社交网络（基于过去的互动）和为同一组织工作是影响贡献者互动水平的两个关键因素。面对面的交流对于构建强大的社交网络至关重要，这强调了开源社区定期举办线上线下活动的重要性。这些活动有助于促进成员间的交流、共识的形成，并鼓励内外部贡献者积极参与。

1）社区活动运营的目标

开源社区活动的策划应面向社区伙伴、共建企业、上游社区及组织、高校和企业开发者等不同群体。活动设计应确保高参与度，并围绕知识共享、软件质量提高、生态系统构建、开发者培训、社区关怀和职业发展等目标进行。

2）开源社区活动的类型

开源社区活动的形式多样，不受线上、线下及成员范围的限制。活动类型包括但不限于如下这些。

- 常规线上技术会议：面向技术探讨的最小单位，促进技术交流和问题解决。
- 线下 Meetup：增强社区成员间的联系，提供面对面交流的机会。
- 直播课程、黑客马拉松、工作坊及训练营：帮助个人成长，提升技能。
- 产业峰会：面向合作伙伴、企业、上下游社区和广泛的开发者，推动产业合作和技术交流。

在开源社区多元化的背景下，我们可以看到更多面向不同领域和人群的活动。例如，面向高校的校园行、面向地域的城市会议、面向女性的女性论坛等。这些活动的目标是连点成面、汇聚技术人才，通过多样化的活动形式和内容，吸引和培养更多的贡献者，推动开源社区的繁荣发展。

3）开源社区活动运营质量评估

在许多活动场景中，人们常会问："你们社区为何要费心费力地举办这场活动？你们的目标是什么？"实际上，评估开源活动的成功并非基于单一指标，而是一个多维度的过程。除了品牌提升、产业构建等长期效益以外，通常还包括以下评估标准。

- 参与度：衡量参与者的广泛性和互动频率，这反映了活动的吸引力和参会成员的满意度。
- 内容质量：评估活动内容的开源相关性、深度和实用性，以及它们对参与者技能和知识提升的贡献。
- 品牌影响力：考察活动对开源社区品牌认知度和社交媒体活跃度的正面影响。
- 生态建设：评估活动是否促进了新的合作机会，以及是否有助于人脉网络的扩展。
- 新成员加入：观察活动能否吸引新的开源社区贡献者和开源项目使用者。

- 活动流程：评价活动的组织效率和时间管理是否让社区成员产生了良好的参与感。
- 文化建设：分析活动对开源文化和社区价值观的贡献。
- 项目贡献：考量不同开源项目的阶段性指标，如代码托管平台上 Watch、Star、Fork 的新增情况。

综合这些标准，可以全面评估开源活动的成效。然而，鉴于不同活动的目标和重点各异，评估时应根据具体情况灵活调整评估方法。

2. 外部合作运营

开源社区的繁荣发展离不开组织间的开放协作。通过与各类组织的外部合作，社区能够构建一个多元化和充满活力的生态系统。合作组织包括但不限于高校、企业及其他开源社区。开源社区在外部合作中的一些实践如下。

- 面向高校：2021 年 11 月发布的“openEuler & openGauss 人才发展加速计划”，旨在围绕操作系统方向，从智能基座首批落地的 72 所高校向应用本科进一步深化合作；2023 年 2 月 25 日启动的 OpenHarmony 高校技术俱乐部“星光计划”，以“开展创新工作，成就一流人才”为宗旨，致力于培养顶尖人才。
- 面向企业：OpenHarmony 社区汇聚了 70 家企业和 6700 多名贡献者的力量，通过《OpenHarmony 商用案例集》展示了 43 个跨行业的应用案例（截至 2024 年 6 月），推动了开源技术在金融、教育、交通等多个领域的实际应用。
- 面向其他开源社区：openEuler 社区已经与九大海外头部开源基金会开展深入合作，为 150 多个国家和地区提供服务（截至 2024 年 6 月），这不仅扩大了社区的国际影响力，也促进了全球技术交流和合作。

3. 开发者生态运营

作为组织机器的实际动力，不同参与程度、不同角色的开发者的工作及需求都应受到关注。成功的开发者生态运营策略需要从开发者的角度出发，构建流程、简化参与方式、量化项目贡献，并提供激励措施，以吸引和维系开发者的长期参与。开发者生态的关键要素包括以下几点。

- 培训认证：应建立与社区匹配的开发者培训认证体系，以增加社区贡献者的储备，并更系统性地培养人才。
- 降低贡献者门槛：社区应降低参与门槛，吸引更多贡献者参与。
- 利益驱动：社区应通过利益驱动的方式，鼓励参与者积极贡献。

以 MindSpore 社区为例，它提供了保姆级的新手贡献指引，帮助开发者快速入门，并建立了一套完整的开发者成长激励体系。这一体系不仅帮助开发者在社区内成长为优秀贡献者和资深布道师，还激励了 5000 多名开发者在社区作出贡献，影响遍及 155 个国家（地区）和 2800 座城市。通过以开发者为中心的运营策略，MindSpore 社区展示了如何通过关注开发者的需求和动机，来增强社区的活力和创新能力。

4. 用户生态运营

按照使用方式不同，开源软件用户可以分为 3 个主要类别：第一类是终端用户，他们主要关注产品的功能、使用体验和感受；第二类是开源使用者，他们利用开源代码进行业务开发，主要关注开发者生态系统，致力于实现与自身业务或服务相关的应用；第三类是软件厂商或集成服务商，他们将开源软件集成到自己的产品或解决方案中，并向终端用户分发和销售，更关注开源项目的发展、社区权益和治理。

在运营过程中，社区需要积极识别并联系不同类型潜在的行业用户，利用实际生产环境中的反馈和优势场景分析，形成并推广用户的最佳实践。例如，OpenHarmony 和 openGauss 等开源社区通过用户委员会专门收集用户的声音，并将这些用户反馈纳入社区的发展决策中。

开源社区还应致力于提升产品的易用性。例如，提供直观的操作流程和友好的 API，确保产品能够进行持续且稳定的升级，这是社区用户长期使用的基础。云原生开源项目 KubeEdge、Volcano、Karmada 的用户不断通过云原生技术能力产生应用案例，以支持行业和企业的数字化转型和智能化升级。

5. 社区活跃度监测

社区活跃度监测是提升社区透明度和开放性的有效手段，它允许社区以一种包容的方式接纳成员，并帮助潜在用户深入了解社区的内部动态。例如，

openEuler 社区提供了用于实时监测和更新关键指标的数据看板，如图 6-2 所示。

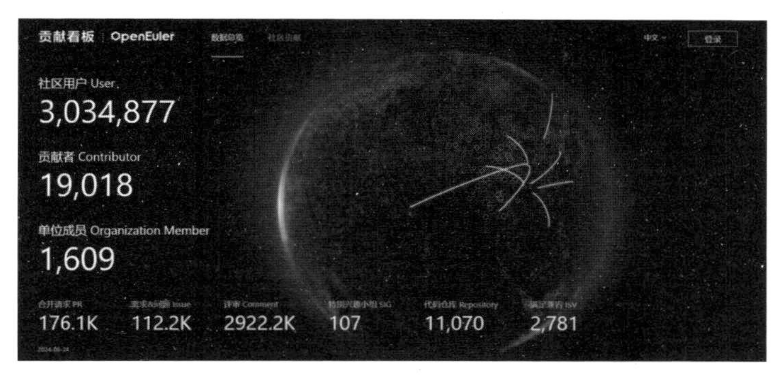

图 6-2　实时监测和更新关键指标的数据看板

社区活跃度监测涵盖的指标如下。

- 贡献者（Contributor）：贡献者的数量和活跃度，这是社区参与基础的直接体现。
- 合并请求（Pull Request，PR）：合并请求的活动，指示代码贡献的频率和社区的技术交流的活跃度。
- 需求或问题（Issue）：问题跟踪，显示社区面临的挑战和需求，是社区互动的重要部分。
- 评审（Comment）：评论互动，反映社区讨论的活跃度和成员间的沟通质量。
- 特别兴趣小组（SIG）：特别兴趣小组的活动，体现社区在特定领域的专注和进展。
- 代码仓库：代码仓库的更新和维护情况，这是衡量项目开发进度和健康度的关键指标。
- 独立软件供应商（Independent Software Vendor，ISV）：独立软件供应商的参与，反映社区的产业影响力和合作潜力。

除了数据看板提供的直观数据以外，openEuler 社区还优先试运营了 CHAOSS 社区评估指标，以支持更深层次的长期运营。其中包括：贡献者推荐度，以开发者打分为标准，反映社区的友好程度和受欢迎程度；转化率，以代码仓库由浅入深的参与程度为评判标准，评估社区核心贡献者的留存能力。

通过这些数据，openEuler 社区能够持续评估和优化其运营策略，确保社区的健康发展和项目的持续创新。

6.3.3 小结

总体而言，开源社区的治理与运营是一个复杂且持续的过程。它涉及众多不同的参与者和目标。尽管如此，其核心目的始终是最大化地发挥社区成员的作用，并促进社区的繁荣发展。

截至 2024 年 5 月，华为主导的开源项目社区，包括 KubeEdge、Volcano、Karmada、openEuler、openGauss、MindSpore 和 openLooKeng，均已通过了可信开源社区评估，并荣获了先进级评级。华为为这些社区的建设提供了全面的指导，确保了社区在提供代码使用和参与其他开源活动方面的充分准备。

此外，华为还成立了专门的社区治理与运营筹备委员会，集合了公司内部和社区的主要贡献者，这一举措共同推动了社区在治理、运营和开发等方面的高效运营，展现了华为对开源社区长期健康发展的承诺和对社区成员贡献的重视。

6.4 面向开源社区的度量与评估

6.4.1 开源评估与度量发展方向

在过去 30 多年中，随着开源社区的不断发展，在学术界和开源产业界，对于面向开源社区的评估和度量，主要形成了 3 个主流研究方向——开源软件、开源项目和开源生态。

1. 开源之初，解决有无问题

开源软件作为最终面向用户的产品，是开源价值的具体体现。在对开源软件进行开发实践的过程中，逐渐形成了基于“开源”和“成熟度”为关键词的评估框架，例如 Open Source Maturity Model（开源成熟度模型）。这类模型可以根据不同的成熟度层次评估开源软件在开发和发布过程中的质量。

这类评估首要关注的是软件质量，这一点不会因为软件的开源特性而有所改变。评估软件质量的标准通常包括功能性、兼容性、安全性、可靠性、易用性、效率、可维护性和可移植性 8 个关键方面。

此外，评估还特别关注开源软件的特定问题，包括安全漏洞处理、法律合规性和开源供应链管理等。

随着近年来开源软件在各行业的广泛运用，软件质量成为业界普遍关注的焦点。高质量的开源软件不仅能够提升用户的信任度，还能促进开源社区的健康发展和项目的长期成功。

2. 开源思想逐步成熟，开源特征显现

自 21 世纪初以来，学术界对开源领域的研究逐渐从单纯的开源软件本身扩展到开源项目，评估和度量的重心也转移到开源项目的整体表现和社区动态上。在这个研究方向上，Eric S. Raymond 的《大教堂和集市》和 Jono Bacon 的《社区的艺术》等著作不仅对开源项目的评估产生了深远影响，还为实践提供了重要的指导。

具体来说，对开源项目的评估主要集中在两个核心方面：首先是开发者在项目中发挥的作用，这涉及对开发者特性的深入分析，评估他们在项目中的持久贡献能力、团队成员的多样性，以及利用帕累托原则（80/20 原则）来确定不同开发者对项目的相对贡献比重等；其次是项目的持续发展能力，这包括考量项目的活跃度、社区服务的优质程度以及社区信息的公开透明性等指标，这些因素共同决定了项目的长期健康和成功。

同时，开源项目也将开源软件的部分度量考虑在内，其中比较有代表意义的是 Apache 软件基金会的 Apache Project Maturity Model（Apache 项目成熟度模型）。该模型提供了一个框架，用于评估项目在社区建设、代码管理、项目管理等方面的成熟度。

总之，这个研究方向更侧重于开源项目自身的发展情况，包括社区的构建、项目的组织结构，以及项目如何吸引和维持开发者的参与。

3. 生态效应凸显，开源“吞噬”软件

随着开源产业的蓬勃发展，开源软件已成为互联网、大数据、云计算和人工智能等行业不可或缺的一部分，开源更是成为一种商业战略。

1993 年，James F. Moore 在《哈佛商业评论》上发表了一篇开创性的文章“Predators and Prey: A New Ecology of Competition”，首次定义了商业生态系统（Business Ecosystem）的概念，推动了相关商业生态系统理论和应用的广泛传播。2004 年，Iansiti 和 Levien 在《哈佛商业评论》上发表文章“Strategy as Ecology”，首次提出了从生产力、稳健性和创新力 3 个维度评估商业生态的思想。这一思想对开源学术界产生了深远影响，使整个开源生态系统的健康和可持续性成为开源评估的重要关注点。

自 2010 年以来，开源生态系统已成为一些顶级学术期刊论文的研究焦点。例如，Slinger Jansen 在 2014 年发表的论文“Measuring the Health of Open Source Software Ecosystems: Beyond the Scope of Project Health”中，首次提出了一个评估开源生态系统健康状况的模型。该模型通过生产力、稳健性和创新力 3 个维度来衡量生态系统的健康，为开源生态系统的评估提供了新的视角。

此外，一些组织和机构已经开始研究评估开源生态系统的指标和方法。例如，Linux 基金会的 CHAOSS 社区就是一个致力于开发和推广开源项目与社区评估工具和指标的组织。

6.4.2 多维空间的开源社区评估体系

开源的本质在于促进协作，这一理念应当成为设计评估体系的核心。一个有效的评估体系应具备的特征包括：能够准确识别开源社区中的具体问题，为社区提供改进的方向；帮助发现具有潜力和价值的开源社区，促进资源的优化配置；预见行业发展趋势，为社区和企业提供战略决策支持。

重要的是，评估体系的设计应以实践为基础，提供实际的、可操作的价值，而不仅仅停留在理论上的分析。同时，考虑到开源社区生态系统的复杂性，不可能仅通过单一的指标或维度来全面评估。因此，评估体系的设计需要综合考虑多方面因素，以确保其准确性和有效性。

为此，华为开源团队与多个组织、企业联手发起了 OSS Compass，共同构建了一个评估开源社区的多维空间。

第一维：开源生态

开源生态作为评估开源社区的第一个维度，与商业生态紧密相连。商业与开源的协同已成为当前的发展趋势。为了全面揭示开源社区的发展成熟度，可以通过以下 3 个视角来衡量开源生态。

- 生产力：指的是开源生态系统通过其独特的社区协作方式，降低原始创新的成本，并将其转化为新产品和新功能的能力。这体现了开源项目持续产出高质量软件产品的能力。

- 创新力：指的是随着时间推移，开源生态系统能够持续广泛地吸引致力于共同建设社区的参与者，不断增加多样性和创新的能力。这反映了开源项目与合作伙伴和谐相处、可持续发展的动力。

- 稳健性：指的是开源生态系统在面对冲击、扰动和中断时，展现出的自我恢复和维持稳定性的能力。这显示了开源项目在应对内部挑战，如安全漏洞和开源治理，以及外部竞争时的自我调节和恢复能力。

第二维：协作、人、软件

通过对开源本质的思考，并结合开源软件与开源项目两个主流研究方向的核心要素，我们可以形成评估开源社区的第二个维度，它涵盖了以下 3 个核心要素。

- 协作：用于衡量开源项目中的协作程度和深度，涉及团队成员之间的合作方式及合作效率。协作是开源项目持续发展的基石，它直接影响到项目的生产力和创新力。

- 人：用于考察项目中的关键人物，包括对技术领袖、核心开发者、关键贡献者、维护者等关键意见领袖的影响力分析，以及他们对社区的贡献。同时，从第三方视角评估用户和开发者对项目的评价。基于人的影响力评估从侧面反映了社区在更大范围内是否具有技术影响力。

- 软件：用于度量软件本身，包含软件的使用价值和持续创新能力。

第三维：评估模型

评估模型作为评估开源社区的第三个维度，位于前述两个维度的交会处。每个评估模型不仅融合了“开源生态”和“协作、人、软件”这两个维度的属性，而且各评估模型之间存在内在的逻辑联系。它们既彼此独立，又相互支撑，共同构成了一个多维空间的评估体系。

1）模型的构成标准

遵循“若无目标，则度量无意义”的原则，评估模型必须为实现特定评估目标而精心构建。每个模型由一系列度量指标组成，这些指标是构成评估体系的基础单元。为实现评估目标，必须识别与该目标直接或间接相关的指标集合，即特征。这些指标应满足以下条件。

- 可量化性：能够被准确度量，确保评估结果的客观性和可比性。
- 时间属性：应具备时间维度，便于观察趋势变化，从而进行动态评估。
- 比率优先：应避免使用简单的计数指标，而更多地考虑使用比率，以揭示项目或社区的相对表现。
- 弱相关性：应保证指标间的低相关性，以避免信息的冗余和评估结果的混淆。
- 全面视角：尽可能从多个数据源获取信息，以减少偏见和潜在的误导，确保评估的全面性和准确性。

2）评估模型的量化方法

在评估模型的量化方法上，重点关注如何量化评估模型，并确定各指标的权重。推荐通过归一化公式来计算。该公式以多个基础度量指标作为输入，通过 AHP 算法确定每个指标的权重，最终输出一个在 0 到 1 之间的归一化分值，并通过时间维度对其进行趋势观察。

此外，业界还有许多其他优秀的模型量化方法。例如，机器学习算法可以提供更为精细和动态的评估结果。

3）评估模型介绍

（1）“开源生态”与“协作”的评估模型。

在“开源生态”与“协作”的融合空间中，包括 4 个关键的评估模型，它们共同构成了一个全面的框架，用于深入分析开源项目的协作程度和社区的健康状况。如图 6-3 所示。

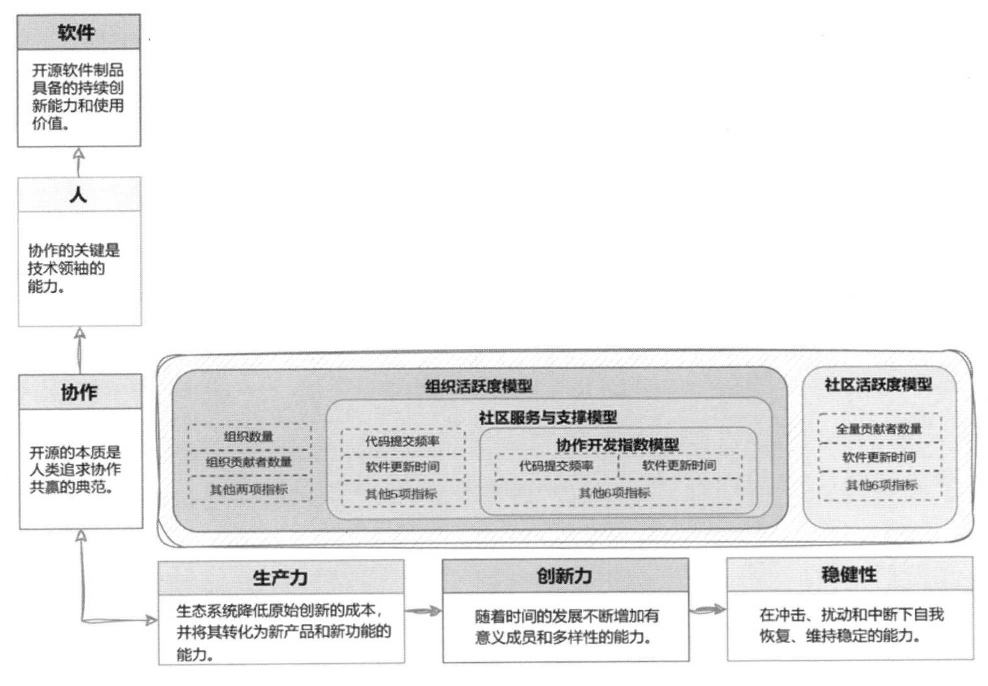

图 6-3 “开源生态”与“协作”的评估模型

- 协作开发指数模型：此模型专注于评估开源开发过程中的协作效率。由于开源协作的核心多集中在代码开发阶段，该模型凸显了生产力在开源生态维度中的重要性。

- 社区服务与支撑模型：此模型主要体现社区为保障开源项目顺利进展所提供的服务与支持，对生产力的构建起到关键的辅助作用。

- 组织活跃度模型：此模型揭示社区吸引合作伙伴、促进共同协作的能力，反映了创新力在开源生态维度中的作用。

- 社区活跃度模型：此模型主要度量整个社区的参与热情，从稳健性的角度审视社区协作的连贯性。

这些评估模型不仅独立运作，而且相互支持，共同构成了一个多维空间的评估体系。它们通过不同的视角和度量指标，提供了对开源社区协作和生态健康的全面理解。

（2）“开源生态”与“人”的评估模型。

在“开源生态”与“人”的融合空间中，3 个核心评估模型被用来深入理解个体在开源社区中的作用和影响力，如图 6-4 所示。

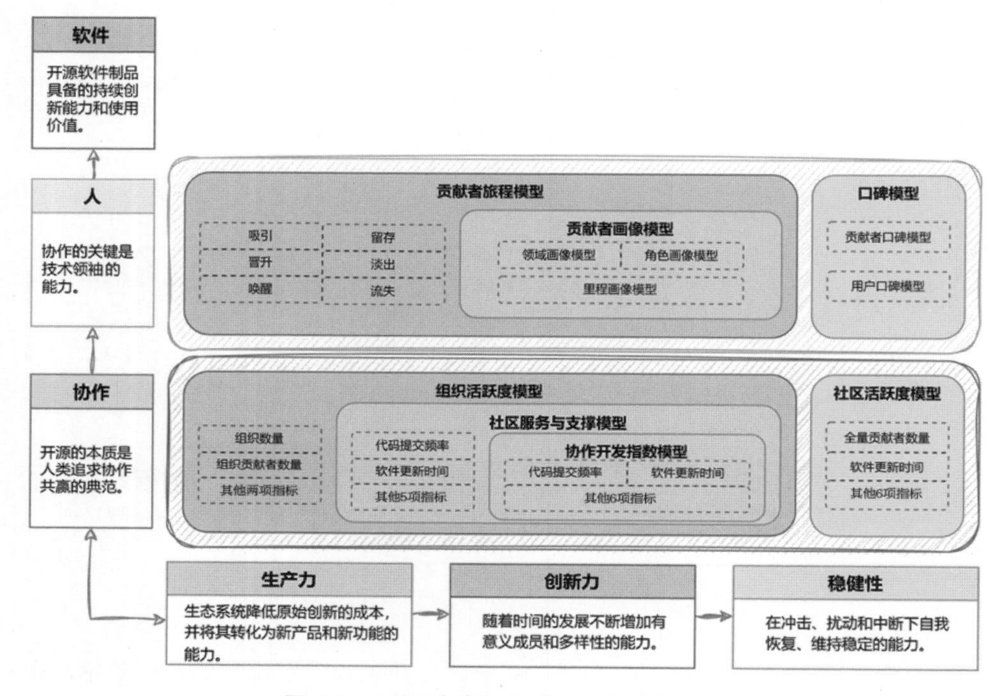

图 6-4 “开源生态”与“人”的评估模型

- 贡献者画像模型：此模型专注于描绘开源项目中贡献者的特征和属性。它帮助我们深入了解贡献者的不同背景、技能和兴趣等信息，进而更准确地把握他们在开源生态中扮演的角色及作出的贡献。
- 贡献者旅程模型：此模型着眼于贡献者在开源社区的成长轨迹。通过追踪贡献者从初次参与到经验积累的全过程，能够洞察他们在各个阶段的需求、动机和所面临的挑战。这有助于社区提供定制化的支持和指导，促进贡献者的成长与发展，从而增强社区的凝聚力和创新力。
- 口碑模型：此模型专注于评估开源项目在社区中的声誉和影响力。它包含多个子模型，用于评估项目的可信度、用户满意度和知名度等关键指标。通过口碑模型的分析，可以深入了解项目在社区中的形象，以及其对外部利益相关者的吸引力和价值。良好的口碑对于吸引新的贡献者和用户、建立社区信任至关重要。

这些评估模型共同构成了一个全面的框架，旨在深入洞察开源生态与人的互动关系的能力。通过这些模型的应用，社区可以更有效地识别和培养人才，同时增强项目的吸引力和竞争力。

（3）“开源生态”与“软件”的评估模型。

“开源生态”与“软件”的紧密结合形成了 7 个关键评估模型，它们共同构成了一个全面的框架，用于深入分析开源软件的性能和影响，如图 6-5 所示。

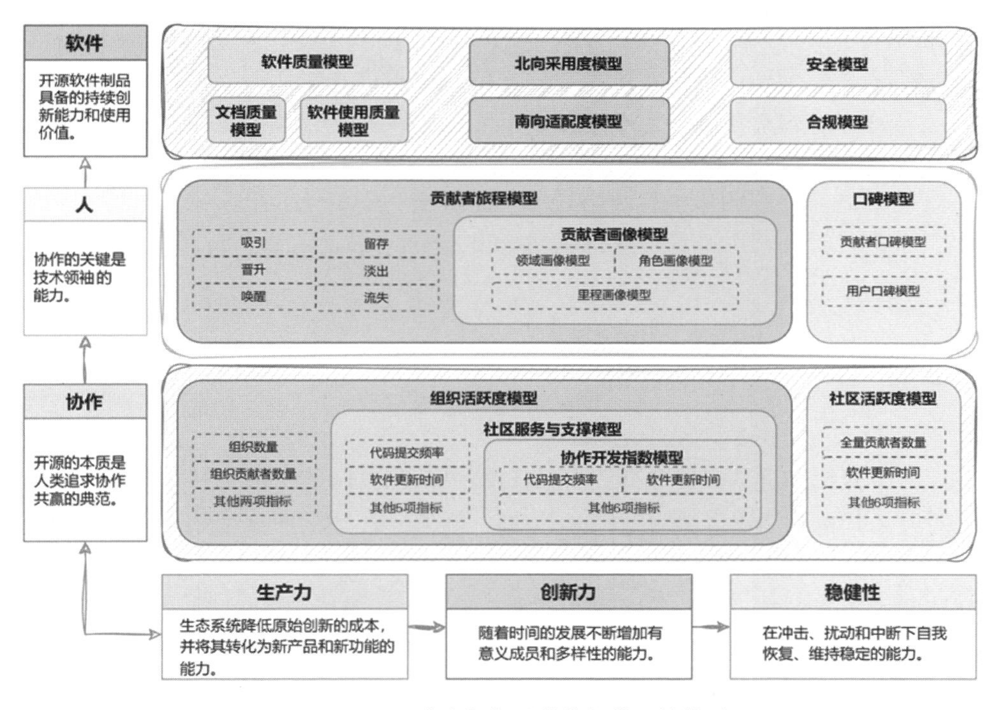

图 6-5 “开源生态”与“软件”的评估模型

- 软件质量模型：此模型旨在评估开源项目的软件质量水平。通过考量代码的可靠性、稳定性和性能等方面的指标，可以对软件的质量进行客观评估，确保软件满足用户的基本需求。
- 软件使用质量模型：此模型关注于用户体验及其功能性，通过对用户界面、易用性和功能完整性等关键指标的评估，以洞察用户在实际使用过程中的满意度和体验。

- 文档质量模型：此模型专注于评估开源项目的文档资料质量。文档的高质量对于用户理解与使用开源软件极为关键。通过考量文档的准确性、完整性和易读性等指标，以帮助我们对文档质量进行准确评估。
- 北向采用度模型：此模型衡量开源项目在上游环境中的适用性和受欢迎程度，反映项目在技术生态系统中的集成性和创新性。
- 南向适配度模型：此模型评估开源项目在下游环境中的兼容性和适应性，确保软件能够灵活地与其他系统和应用集成。
- 安全模型：此模型负责考查软件的安全特性及潜在的安全风险，确保软件在各种威胁下的安全性和稳定性。
- 合规模型：此模型检验项目是否遵循相关的法律法规和标准，确保软件的开发和使用符合行业规范和法律要求。

6.4.3 评估模型的运用

前面介绍的评估模型不仅适用于对整个开源社区的宏观评估，同样也适用于对开源社区内各个子模块的微观度量。例如，社区活跃度模型是社区日常运营中极为关注的一个指标，该模型能够体现整个社区的稳健性。然而，对于大型社区的运营人员，他们需要更细致的数据来指导日常运营。

因此，我们可以将社区活跃度模型应用于对社区中的 SIG 的评估，以展现每个小组的日常活跃度情况。这样详细的信息可以帮助社区技术委员会细致地掌握每个 SIG 的动态，并据此提供相应的指导和支持。例如，在 openEuler 社区官方网站上，社区看板栏目就包括了“特别兴趣小组活跃度全景图”。如图 6-6 所示，这样清晰透明的信息对于社区内外部人员都非常友好，它不仅有助于社区成员了解各个小组的活跃程度和工作进展，还能够激发和吸引更多的创新力量。

特别兴趣小组活跃度全景图

活跃度 0 —— 1

代码仓管理/技术创新

工具链/语言/运行	架构/处理器/内核/驱动	桌面/图形系统	基础功能/特性/工具	行业解决方案/应用	通用中间组件	云原生基础设施
Compiler	Kernel	Desktop	A-Tune	Application	ai	iSulad
dev-utils	sig-Arm	GNOME	Base-service	sig-bio	bigdata	oVirt
Programming-langu...	sig-distributed-mid...	sig-BMC	Computing	sig-Edge	DB	sig-CloudNative
Runtime	sig-ebpf	sig-cinnamon	Networking	sig-HPC	sig-compat-winapp	sig-DPU
sig-AccLib	sig-embedded	sig-DDE	sig-confidential-co...	sig-Hygon	sig-FangTian	sig-K8sDistro
sig-golang	sig-Intel-Arch	sig-desktop-apps	sig-high-performan...	sig-industrial-control	sig-Ha	sig-openstack
sig-haskell	sig-LoongArch	sig-KDE	sig-ops	sig-power-efficient	sig-memsafety	sig-rfo
sig-Java	sig-POWER	sig-KIRAN-DESKTOP	sig-OSRefTools	sig-ROS	sig-message-middle...	Virt
sig-nodejs	sig-RISC-V	sig-mate-desktop	sig-SBC	sig-SDS	sig-OpenResty	
sig-perl-modules	sig-sw-arch	sig-porting-platfor...	sig-security-facility			
sig-python-modules	sig-WayCa	sig-UKUI	Storage			
sig-QT	sig-Zephyr	[illegible]				
sig-ruby						
sig-Rust						
System-tool						

图 6-6　openEuler 社区的“特别兴趣小组活跃度全景图”

6.5　开源组织设计参考

6.5.1　传统 IT 公司参与开源的组织和模式分析

IBM，作为传统的 IT 巨头，一直是开源领域的先驱。该公司的数千名工程师和开发者活跃在开源社区。作为曾经的全球最大的 IT 公司，IBM 的开源参与模式和组织结构具有重要的研究价值。IBM 参与开源的历史可以大致分为以下 4 个阶段。

第一阶段（1999—2001 年）：踏入开源领域。在这一阶段，IBM 在《纽约时报》上发表了题为“IBM Contributes to Postfix”的文章，正式宣布进入开源领域。随后，IBM 成立了开源指导委员会（Open Source Steering Committee，OSSC），该委员会由服务器、软件和研究部门的代表组成。OSSC 的职责是规范和协调公司内部的各功能组织，包括商业、战略、技术和法务等，以形成统一的开源参与指导方针、评审流程和关键检查点。核心团队遵循“Form–Storm–Norm–Perform”（形成—冲突—规范—执行）的模式进行发展。

第二阶段（2002—2004 年）：进入快速成长期。在这一阶段，IBM 组建了核心团队，并确立了评审和审批开源策略的流程。

第三阶段（2005—2007 年）：进入改革优化期。一个关键的变革是 OSSC 将部分职权下放给了开源核心团队（Open Source Core Team，OSCT），OSCT 开始逐步承担开源相关决策的职责。

第四阶段（2008 年至今）：持续优化。在这一阶段，OSCT 被授予了更多的决策和评审权力，原本属于 OSSC 的职责现在归入 OSCT。通过这种扁平化的管理，减少了管理层级，最终使开源决策和执行更加高效。

正是 IBM 这种由高层推动的战略规划和顶层设计，促进了 Linux 操作系统开源产业的发展，并取得了显著的成功。

6.5.2 华为早期参与开源的组织和模式分析

早在十多年前，华为就开始安排专人对开源组织进行观察与分析，最初主要聚焦于洞察性分析。到了 2014 年左右，华为邀请 IBM 顾问公司进行咨询，以评估开源组织对公司的价值及参与方式。

随着对开源作为产业发展的有效手段，以及作为应对颠覆性创新和构建生态系统策略的认识逐渐加深，华为在高层开源战略委员会的指导下，参考 IBM 成立了开源战略委员会（Open Source Strategy Committee，OSSC）。同时，华为建立了决策支持组织——OSCT，以及为了支持 OSCT 而设立的开源能力中心（Center of Excellence，COE）。早期华为的开源组织架构如图 6-7 所示。

尽管这些组织在集团层面得以建立，但它们并未与产品线形成有效的组织协同。早期华为开源团队在大约两年的时间里每两个月定期审视与通信产业相关的开源组织，却未能形成一个有效的执行团队来参与开源，也未能在开源领域建立华为的影响力。无论是 COE 还是 OSCT 的核心团队成员，都缺乏实际参与开源社区的经验，更遑论运营开源社区。团队中的专家主要来自预研和标准团队，他们采用的方法仍然是在开源社区外围进行观察，并通过参与一些产业峰会来了解行业动态。

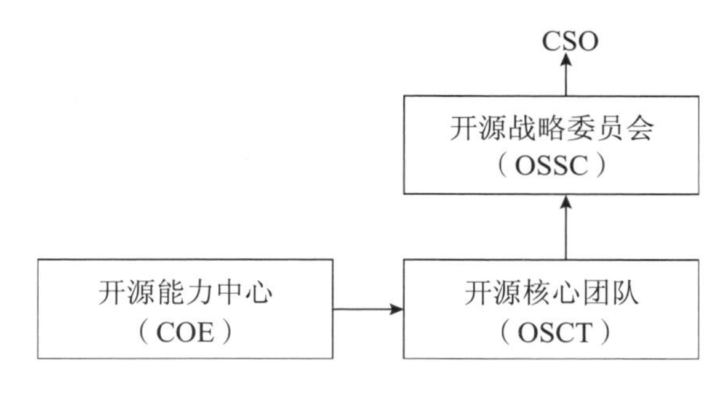

图 6-7　早期华为的开源组织架构

实际上，在 2014 年至 2015 年通信产业经历 SDN（Software Defined Network，软件定义网络）和 NFV（Network Functions Virtualization，网络功能虚拟化）转型期间，开源社区的软件版本和能力并未转化为各业务部门具有竞争力的产品和解决方案。那时，从集团到产品线，对开源的价值和参与模式尚未形成清晰的认知和达成共识。

6.5.3　差距和挑战分析

接下来，我们将从组织、文化和价值观、人才与激励机制等关键方面，探讨传统大型企业在适应开源软件模式时所面临的挑战和存在的差距。

1. 组织

开源组织通常采用扁平化、社区化的组织结构，倾向于自我组织和管理，或委托基金会进行治理。开源起源于“黑客”文化，其本质是为个体开发者设计的，并未特别为大型企业的参与进行规划。尽管近年来，如 Linux 基金会等机构不断优化社区治理模式，建立了企业会员制度，允许企业通过支付会费在董事会层面拥有代表，但社区的实际影响力往往依赖于技术委员会。在成熟的社区中，技术委员会的成员并不是通过企业会费获得的，而是通过社区选举，基于个人在社区中的影响力而产生的。典型开源社区的组织结构示意图如图 6-8 所示。

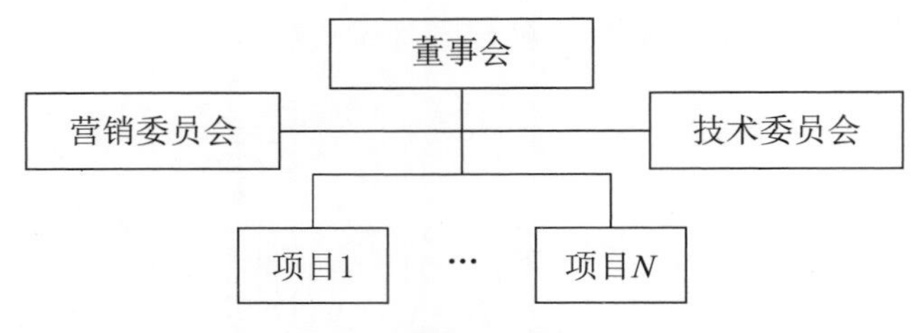

图 6-8　典型开源社区的组织结构示意图

在组织层面上，大型企业面临的第一个挑战是如何将其复杂的组织结构与社区的扁平化组织相协调。Eric S. Raymond 在《大教堂与集市》一书比喻，传统企业的研发过程类似于建造一座大教堂，需要严格的自上而下的管理和规划，而开源社区则像一个自由、灵活的集市。最初，开源主要吸引的是个人开发者，与大型企业的组织模式鲜有交集。然而，随着大型企业逐渐参与开源，它们必须解决组织结构不一致带来的挑战。

此外，开源在大型企业中往往是由战略驱动的，通常由高层决策，如 CTO 办公室或战略部门直接成立的开源团队。如果这个团队的层级过高，可能会与企业内部的开发人员和技术专家产生隔阂，难以有效融入以技术为主导的开源社区。反之，如果层级过低，则可能缺乏必要的授权，难以在企业高层推动开源战略。因此，确定内部开源团队的合适层级是大型企业参与开源的第二个挑战。

第三个挑战是开发人员在参与开源项目与开发企业内部商业软件之间的协同问题。如果两者不能有效配合，可能会导致集团层面的开源战略、产品线的商业产品及开源产业策略之间的不一致，从而使开源在企业内部的价值受到质疑。

如果不能妥善解决这些组织层面的挑战，即使模仿 Linux 开源社区，或 Red Hat、IBM 等的成功模式，也难以确保成功复制开源模式。

2. 文化和价值观

开源社区是一种基于集体协作的众筹式开发模式，它以共同创造公共产品为目标，面对充满不确定性的业务需求，体现了一种开放式创新的精神。在这样的社区中，客户、供应商、用户和开发者能够在平等和开放的环境中交流，自由地分享信息。这种分享文化不仅促进了组织内部知识的管理和传播，而且在增强公平性和认同感方面发挥了重要作用。对失败的宽容以及对新技术的探索和挑战，构成了开源社区极客文化的核心。

相对而言，商业领域通常充满了激烈的竞争，竞争对手之间很难实现真正的合作，而产业伙伴间建立战略互信的成本也相当高，主要依赖于商业合同和利益关系来维系。这对大型企业中参与开源社区的团队提出了挑战，他们需要在竞争性的商业文化和开放分享的开源文化之间找到平衡点。在企业主流文化以竞争和商业为导向的同时，他们需要培养一种“亚文化”，在开源社区中以开放和分享的方式与客户、合作伙伴甚至竞争对手和谐共处，并在一定程度上建立互信。

显然，大型企业中的开源团队如何构建一种“利他”的产业文化，并使之与企业原有的商业成果导向文化相融合，确实是一个值得深思的挑战。

3. 人才与激励机制

开源社区通常吸引的是个体开发者，他们作为一群无薪酬的志愿者，愿意投入时间创造并分享源代码，供公众使用。这一现象不仅引人入胜，而且对知识共享产生了显著影响。在开源项目中，开发者的内在和外在动机起着关键作用。内在动机主要包括 3 个方面——爱好与兴趣、技能学习和乐于奉献。

爱好与兴趣体现在开发者对编程等工作的热爱，他们从中获得乐趣和满足感。技能学习则是指开发者通过观察同行和用户反馈来不断提高自己的技能水平。乐于奉献则是指开发者通过志愿行为来增强自我认同感，他们在社区中的声望越高，获得的同行认可和尊重也越大。

对于那些参与开源社区的“企业开发人员”，他们能否将企业中获得的评价和激励转化为社区中的内在动机，例如乐于奉献和勤于学习？同样，他们在开源社区的贡献和同行认可能否转化为企业中的适当激励？这些都是大型企业在参与开源时面临的人才管理和激励方面的挑战。

6.5.4 华为在开源组织和模式上的探索和实践

克莱顿·克里斯坦森在《创新者的窘境》中提出了 5 个原则来解释为何管理良好的大型企业会在面对市场和技术变革时遭遇失败。这些原则包括：企业资源分配受消费者和投资者影响；小市场难以满足大企业的增长需求；现有市场细分方法不适用于不存在的市场；机构的能力同时限定了它的能力范围；技术供应并不总是符合市场需求。这些原则揭示了即使是最优秀的企业，也可能因为坚持现有的成功模式而错失颠覆性技术的机遇。

开源作为一种应对不确定性和构建公共产品的方式，其应用已经从 IT 领域扩展到整个 ICT（Information and Communication Technology，信息和通信技术）领域。华为作为全球领先的通信企业，面对组织、文化和价值观、人才与激励机制等方面的挑战，也积极参与开源社区。

华为从 2016 年开始逐步发展出一套有效的开源管理开放式创新模型，即 OCPM（Organization，Culture，People and Motivation）模型，如图 6-9 所示。该模型强调企业文化或团队文化的核心作用，通过共同的愿景和价值观引领创新和开放的转型过程。同时，激励机制作为基础，支持组织和人才的发展。OCPM 模型突出了设计适宜的组织结构和匹配合适人才之间的相互作用，打破了企业内部的界限，并在产业组织和人才的对接上显示出其重要性。华为通过这一模型，不仅在内部推动了开源文化的发展，也在产业中发挥了积极的领导作用。

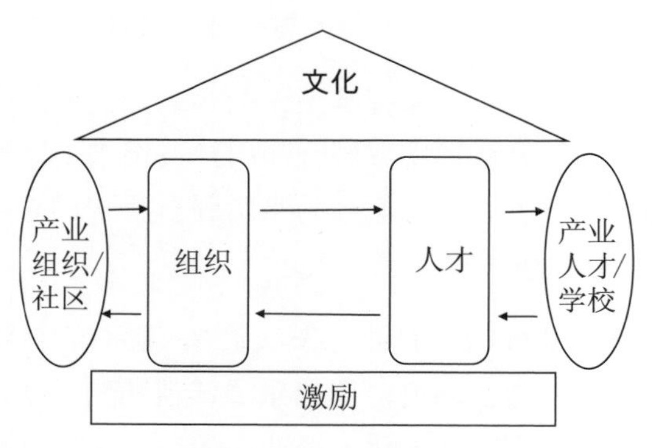

图 6-9　OCPM 模型

华为自 2016 年起启动了“开放创新转型项目”，该项目是在企业高层的直接领导和支持下进行的，标志着华为自上而下进行的一次重要变革。该项目的实施策略分为两个阶段：第一阶段（2016—2018 年）主要聚焦于企业内部如何调整组织结构和人才配置，以适应开源产业平台的需求，并构建相应的流程与文化；第二阶段（2019—2021 年）则旨在探索和建立一种机制，动员行业组织和人才资源，以促进开放创新的实现。

接下来将从组织、文化和价值观、人才与激励机制等方面进行详细阐述。

1. 组织

自 2014 年 Linux 基金会推出 Open Daylight 开源控制器以来，电信领域的开源化进程逐步加速。随后，开放网络基金会（Open Networking Foundation，ONF）推出了 ONOS 开源控制器。而 Linux 基金会在 2015 年又推出了针对网络功能虚拟化技术的 OpenNFV 社区。2016 年，更多关注管理层面的协同编排软件社区，如 Open-O、Open-ECOMP 和 ONAP 等开源项目相继问世，进一步推动了这一趋势。

在这一背景下，华为为了更好地参与开源社区，对内部的组织结构进行了适应性调整。华为在不同产品线成立了专门的项目组，形成了集团和产品线的两层体系。集团层面设有统一委员会，而不同业务部门则根据各自关注的开源社区，由开发人员组成相应的项目组，以便更有效地参与代码贡献。

然而，大型企业通常采用金字塔式的层级组织架构，开发人员往往处于较低层级。这在 2015 年的实践中暴露出战略决策与执行之间的脱节问题。为了解决这一问题，华为在 2016 年对开源团队进行了重大调整，对开源组织架构进行了第一次优化，成立了 OSDT，如图 6-10 所示。选拔深度了解商业运营并能够在战略讨论中发挥重要作用的高级主管担任团队负责人。这些主管在战略层面参与讨论，推动形成开源策略，并在执行层面指导开源工程师在社区中的开发活动。

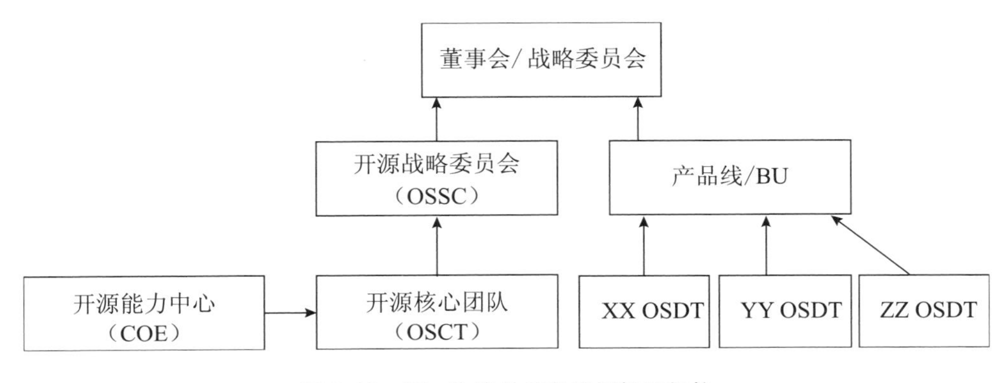

图 6-10　第一次优化后的开源组织架构

在图 6-10 所示的组织架构中，“XX”“YY”等标识代表华为为特定开源社区（如 OpenNFV、ONOS 等）所建立的 OSDT。截至 2016 年底，华为已经迅速组建了 8 个这样的团队，每个团队专注于管理一个特定的开源社区。然而，仅依靠单点技术和系统难以全面解决客户问题，这时开源产业及企业内部参与开源组织的碎片化问题开始显现。每个团队只负责一小部分工作，并且独立地向开源战略委员会汇报，这种碎片化的管理模式导致了对全局性战略的缺乏。开源战略委员会虽然频繁召开会议，但在推动跨领域和跨社区的开源产业协同方面并未取得显著成效。结果，社区中出现了大量零散的技术点和策略建议，但对于解决更广泛的产业级问题显得力不从心。此外，各个OSDT还面临着授权有限和预算紧张的双重挑战。

实际上，参与开源社区的企业内部普遍面临会议频繁、效率不高的问题，这一点在开源产业界也引起了广泛的共鸣。业界普遍呼吁，应当避免在基础层面上重复劳动，即所谓的“重复造轮子”，而应该寻求跨社区的合作，以形成协同一致的解决方案。Linux基金会在这方面先行一步，通过在其网络基础设施领域内构建Network Umbrella（网络大伞），实现了多个项目的治理架构和参与方式的统一，建立了统一的董事会和技术委员会，以此促进不同开源项目间的协调与合作。

在这样的背景下，华为认识到组织结构优化的必要性，并在2017年至2018年对OSDT的组织结构进行了第二次优化。这些优化旨在提升工作效率和团队间的协同性，以更有效地响应开源社区的需求。第二次优化后的开源组织架构如图6-11所示。

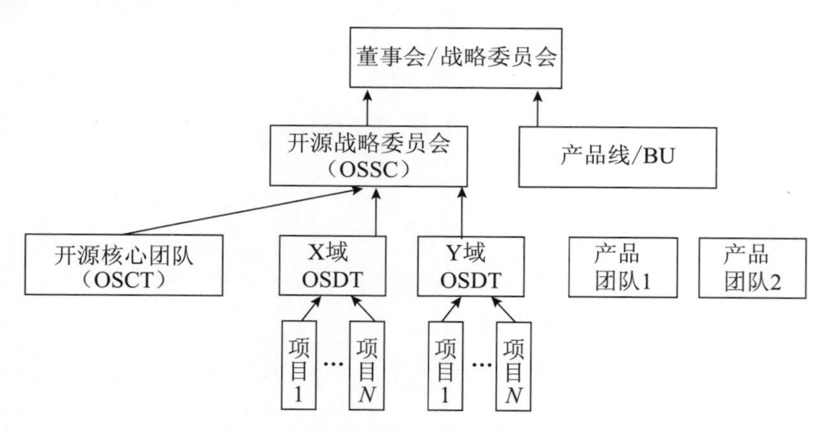

图6-11　第二次优化后的开源组织架构

华为对多个基于开源社区建立的OSDT进行了整合，将它们汇聚为两个主要的OSDT，分别对应公司的两大产业群。这些团队由原本分散在不同产品线的组织节点，调整为直接隶属于公司战略层面，下辖多个开源项目团队。这种调整意味着团队的组建不再单纯依据特定的开源社区，而是根据产业或产业群的需求来构建，从而增强了团队的稳定性、重要性、决策授权能力，并提升了与产品线的产品团队的协同效率。

在《创新者的窘境》一书的第10章中，克里斯坦森讨论了“什么样的机构最适合进行破坏性创新”。他结合“资源依赖理论”提出，应“设立一个独立的分支机构”。尽管开源并非完全等同于破坏性创新，但它确实采用了颠覆性的模式和架构来解决未来产业中的技术和商业不确定性问题。虽然不是每家大型企业都能轻松地设立独立分支机构，但华为在开源组织的迭代优化过程中找到了在大型组织深层架构中有效设置独立、授权充分、资源有保障的开源团队的方法。

以下是对组织设计原则的总结。

- 产业导向原则：在构建开源管理和执行团队时，应以产业问题为出发点，采用解决方案的视角，确保团队在面对产业变化时能够灵活且稳定地应对。
- 层级设置原则：开源组织的层级设置须恰到好处。层级过低可能导致与公司战略脱节，层级过高则可能造成授权不足。中高层的设置能够平衡灵活性与战略方向，确保团队得到充分的授权并有效执行。
- 灵活性原则：团队结构应小巧且灵活，打破传统的金字塔式层级汇报模式，采用扁平化管理，以提高决策速度和增强市场响应能力。
- 预算与业务对齐原则：团队应直接从公司层面获取战略预算，确保预算的独立性。同时，在团队中纳入产品线代表，以确保业务目标的一致性和战略的落地执行。

这些原则是OCPM模型中组织设计的具体指导，反映了在开放创新转型过程中，组织结构的设计对于高层战略意图的实现至关重要。在大型企业中，构建具有自治能力和自我管理能力的组织，需要高层领导的勇气、胸怀、前瞻性思考和远见。没有坚实的组织支撑，战略、文化、人才的培养和汇聚将难以实现。因此，在OCPM模型中，为企业量身定制的开源团队和组织架构的构建显得尤为关键。在华为，OSDT这样的组织架构已被证明是成功的，它既发挥了企业的执行力，又保持了开放协作所需的灵活性。

2. 文化和价值观

在 ICT 领域融合与创新的背景下，面对不断涌现的不确定性，关键在于如何引导工程师跳出传统的“自主创新”思维模式，摒弃从零开始、追求原创的固有自尊，避免重复劳动，学会与社区伙伴协作，并通过开放式创新吸纳和利用外部成果。要实现这一行为模式的转变，首先需要从思想层面进行革新，但思想的转变是一个渐进的过程，它要求大型企业中的开源团队积极塑造并适应开源社区的“亚文化”。

中国人民大学劳动人事学院的许玉林教授在《组织行为学》讲义中，关于“文化动力学：组织文化的创建”，提出了 4 个关键因素：创始人的思维倾向和假设、初始成员从个人经验中提炼的思想、高层管理人员的示范效应，以及全体员工的共识。这些因素为华为 OSDT 在实践中提供了重要的指导和启示。

首先，高层领导在引领变革中扮演着关键角色，他们需要培养一种积极应对不确定性的文化。在华为，轮值董事长和首席战略官通过高层产业委员会发布了《华为公司开源业务战略指引》和《华为公司开源社区活动指导手册》，这些文件明确了开源在公司战略中的核心地位。同时，OSDT 的负责人通过引导团队学习历史上的颠覆性创新案例，培养了对不确定性和颠覆性创新的敬畏之心，并以开放的心态参与和分析开源社区的动态。

其次，团队应培养“利他”的产业文化。通过深入学习和讨论平台战略，团队成员能够理解平台、生态和伙伴关系的重要性，并认识到一个健康的产业环境是可持续发展的基石。在团队中树立“先做大蛋糕，再分蛋糕”的产业思维，从而明白“利他”是实现“利己”的前提。

最后，将开放式创新的理念转化为具体行动至关重要。开源社区强调知识分享和透明度，倡导建立基于伙伴关系的环境。团队的决策、社区参与和营销活动策划等都应体现出开放和分享的精神，这有助于在团队内部培养一致的行为和认知，从而推动开放式创新实践。

纽约大学商学院教授希拉·利夫舒兹-阿萨夫在研究美国国家航空航天局的开放式创新实践时发现，许多科学家和工程师将开源方法视为对其专业身份的挑战。他们习惯于被视为“解决问题的人”，而开放式创新的外包平台却要求他们转换角色，从解决问题转变为定义问题，让他人来解决。这种角色的转变在传统组织中引起了抵触，这些抵触不仅来自管理者，也来自执行者和专家。

因此，每个职业人员的自我角色认知和转变对于推动文化转变至关重要。

华为创始人任正非通过讲话向全公司传达了打破边界、避免狭隘自主创新的理念，鼓励员工与全球优秀人才交流，建立开放的“罗马广场”和“一杯咖啡吸收宇宙能量”的开放文化。

在《创新者的解答》一书中，作者强调了大型组织在面对颠覆性创新时，建立自治组织的重要性。华为正是这一理念的杰出实践者。它不仅培养了与开源社区文化和价值观相契合的团队，还巧妙地融合了开源社区广泛认可的软件工程方法，对软件开发流程进行了重构。这一举措不仅简化了产品开发流程，还确保了与社区在环境和工具等方面的同步，从而显著提升了工程师的工作效率和工作热情。

OCPM 模型进一步将文化和价值观置于顶层设计的核心，突出了高层领导对开源和开放式创新的重视。它强调通过全员意识的转变来激发创新活力，这对于吸引优秀人才、积极应对不确定性以及实现组织的可持续发展至关重要。通过文化和价值观的引领，组织能够自我迭代和探索，以更加灵活和开放的姿态迎接未来的挑战。

3. 人才与激励机制

在大企业内部激励机制与社区开源文化之间存在激励不匹配的问题。对于参与开源的团队，采取针对性的设计至关重要。

首先，企业开源团队应当构建一个基于开源任职标准的任职资格和认证体系。这一体系应结合社区的角色、能力要求及人才模型，以构建企业所需的开源专家体系。同时，企业内部需要确立开源专家与其他技术领域专家、标准专家之间的对应关系，并向全体员工，尤其是那些积极参与开源社区的员工，清晰展示技术专家的职业发展路径。华为已经在开源领域建立了从技术一级到技术七级的完整任职通道，这不仅为员工提供了明确的职业晋升路径，也传达了一个明确的信息：在开源领域，员工同样有机会成为公司的顶级专家。

其次，企业需要建立一个与社区贡献和影响力相匹配的绩效评价机制。传统的企业绩效评价体系往往以结果为导向，侧重于预先设定的、可量化的关键绩效指标（Key Performance Indicator，KPI）。然而，开源社区中的活动，如贡献、分享、利他以及面对不确定性的探索，这些往往难以单纯通过结果来评价，也难以找到合适的评价主体。

在开源社区这样的社交化组织中，同行评价是一种常见且有效的实践。开源开发者非常重视在社区中的影响力和认可。因此，企业可以借鉴开源社区的评价机制，将其作为员工绩效评价的重要依据。开源社区通常会在每个季度或半年的版本开发或发布活动中，通过互投票选出最佳贡献者、优秀项目经理等奖项。企业需要做的就是结合员工在社区的岗位和角色，给出相应的评价参考。

最后，企业应当建立与开源社区贡献相匹配的奖金包激励机制。在传统的企业奖金激励体系中，通常最看重的是员工对公司商业价值的直接贡献。华为通过多年的实践，建立了一种获取分享制的物质激励机制，使每条产品线、每个产品团队都能根据其对公司商业销售的贡献来测算奖金包。

然而，对于不直接产出产品和销售额的开源团队，如何给予参与开源社区贡献的优秀员工以应有的物质激励，成为一个关键问题。这直接关系到企业内部能否持续吸引和保留优秀人才。正如前面所述，华为的开源团队由于设置了较高的层级，能够直接获取战略投入和预算。在这部分预算中，已经预留了奖金包激励，以确保团队成员的努力能够得到相应的物质回报。

此外，结合产业收益的商业团队，通过一定的结算关系，也能够为开源团队获取到另一部分奖金包。这样，开源团队就像企业内独立运营的一个团队一样，能够基于对社区的贡献和目标的达成，给予员工独立的物质和奖金激励。

6.5.5 小结

总体来看，得益于 OCPM 模型的构建，华为从一开始就清晰地认识到，在大型企业中开展开源和开放式创新，并非仅凭个人兴趣或能力就能轻易实现。这是一个文化、组织、人才和激励等多重因素相互作用的复杂过程。OCPM 模型为企业提供了一个清晰的框架，帮助企业在初始阶段就把握好节奏和预期，避免了急功近利的心态。

通过不断迭代和总结，华为逐步完善和发展了这一模型。最终积累的不仅是一套方法和流程，而是一个包含人才、文化和激励在内的综合体系。华为的开源团队实践证明了这一体系的可复制性和有效性。

第三篇　践行开源

人类用认识的活动去了解事物，用实践的活动去改变事物；用前者去掌握宇宙，用后者去创造宇宙。

——Benedetto Croce 《美学原理》

在过去的二十年里，华为坚持实施“上游优先”策略，不断为全球软件创新的发展贡献力量。目前，华为已向超过 120 个上游基础软件社区作出积极贡献，这些社区涵盖了操作系统、加速库、人工智能、数据库、编程语言、中间件、云计算、虚拟化、大数据、高性能计算、数值计算、网络、编译器和工具链等多个关键领域，与全球开源软件的发展同步前进。

华为特别关注 ODML 领域，即操作系统（Operating System）、数据库（Database）、中间件（Middleware）、编程语言与编译器（Programming Language and Compiler）。华为持续加大在这些领域的开源创新力度。华为主动发起了多个具有影响力的开源项目，部分项目已经成功托管至开源基金会，为数字基础设施生态的建设奠定了坚实的基础。华为真正践行了开放治理和产业共赢的理念，推动了开源产业生态的繁荣发展。

第 7 章　openEuler：数字基础设施底座

openEuler 是由华为发起并托管至开放原子开源基金会的开源项目，该基金会负责孵化和运营这一项目。作为一款面向数字基础设施的操作系统，openEuler 旨在满足多样化的应用需求，它支持从服务器、云计算到边缘计算、嵌入式等多种计算场景。

openEuler 的核心优势在于其对多样性计算的支持，致力于为用户和企业提供一个安全、稳定且易于使用的操作系统环境。此外，openEuler 特别强调了对应用确定性保障的能力，这对于运营技术（Operational Technology，OT）领域的应用至关重要，同时也促进了 OT 与 ICT 的深度融合。

通过 openEuler，华为展现了其对推动开源社区和数字基础设施发展的坚定承诺，同时也为全球的开发者和企业提供了一个强大、可靠的操作系统选择。

7.1　认识 openEuler

7.1.1　孕育与崛起之路

openEuler 的发展历程始于其前身 EulerOS，这一历史可以追溯到 30 年前。当时，服务器与嵌入式系统领域各自为政，界限分明。Red Hat 在服务器操作系统生态方面取得了显著的进展，而风河公司则专注于嵌入式操作系统生态。随着信息技术的不断渗透和各行各业的数字化转型，云计算、边缘计算、物联网等新兴技术开始崭露头角，不同场景的需求开始出现并相互融合。技术的快速创新使传统操作系统的生态逐渐显得陈旧，需要新的解决方案来适应这些变化。

2010 年，华为推出了其内部高性能计算项目 EulerOS，这标志着公司在操作系统领域的创新探索之旅正式开始。

2012 年，EulerOS 1.x 系列在华为内部 ICT 产品中实现了首次规模商用，覆盖了存储、无线等多条产品线。

2016 年，EulerOS 的国际化步伐加快，它不仅在国内市场取得了成功，还进一步拓展至海外市场，在欧洲的多个合营云项目中得到广泛应用，这包括与德国电信、法国电信、Telefonica 等国际知名电信运营商的合作。

2020 年底，Red Hat 宣布将在 2021 年底停止维护 CentOS 8，并计划在 2024 年 6 月 30 日停止维护 CentOS 7。这一决定意味着 CentOS 这一广泛使用的开源服务器操作系统，将不再提供官方的升级和安全补丁服务，用户将面临网络安全风险和系统稳定性的挑战。

面对 CentOS 停止服务可能带来的影响，包括麒麟软件有限公司、统信软件技术有限公司在内的操作系统厂商和开源社区迅速响应，共同提出了一系列解决方案，旨在替换或安全接管 CentOS，以保障用户的应用系统能够安全稳定地运行。

在 CentOS 宣布即将停止服务之前，华为已经采取了开创性的举措。2019 年 12 月 31 日，华为将 EulerOS 项目开源，并重新命名为 openEuler，这标志着一个面向多样性计算的全新开源社区的诞生。这一行动不仅向全球开发者开放了操作系统的源代码，也标志着华为在操作系统领域迈出了坚实的一步，开启了 openEuler 发展史上的新篇章。

自 openEuler 社区成立以来，它就明确了发展愿景：打造一款能够适应各种计算场景的卓越操作系统。社区积极鼓励全球开发者在 openEuler 的平台上交流思想、分享创新，并实施新方案，共同推进计算技术的进步和产业的革新。openEuler 社区秉承“共建、共享、共治”的理念，致力于构建一个开放、协作、共赢的生态系统。

自开源以来，openEuler 社区的发展势头迅猛，它的魅力吸引了全球众多的开源爱好者和贡献者。这些热情的开发者携手合作，为 openEuler 的技术进步、功能完善和性能提升作出贡献，共同推动了这一操作系统的快速发展。

2021 年，华为与社区伙伴在操作系统产业峰会上共同宣布，将 openEuler 正式托管至开放原子开源基金会。这一战略步骤标志着 openEuler 的转型——

从一个企业主导的开源项目进化为一个社区驱动的新生态。这一转变不仅汇聚了更广泛的产业力量，也展现了更加开放的姿态，邀请全球的开发者和贡献者加入，共同促进 openEuler 的繁荣发展。

如今，openEuler 已经发展为全球最具活力的操作系统开源社区之一。它不仅拥有强大的技术实力和丰富的功能特性，还建立了完善的社区支持和生态系统。

展望未来，随着数字化转型的加速和开源技术的持续发展，openEuler 有望继续发挥其重要作用，为企业和社会创造更多的价值。

7.1.2 布局和核心技术

openEuler 是一款为数字基础设施而设计的开源操作系统，它具有极高的灵活性，能够被高效地部署在包括服务器、云计算、边缘计算、嵌入式设备在内的多种平台上。这一系统的应用场景广泛，涵盖信息技术（Information Technology，IT）、通信技术（Communication Technology，CT）及运营技术，实现了对多种设备的操作系统支持，并提供对全场景应用的覆盖。openEuler 的系统布局如图 7-1 所示。

图 7-1 openEuler 的系统布局

openEuler 的南向硬件生态已达到开源社区的标杆水平，它支持国内几乎所有主流 CPU，并且兼容超过 300 种板卡（截至 2024 年 4 月）。此外，openEuler

已经与100多家整机厂商完成了认证。社区已形成统一的驱动和测试规范，并建立了硬件兼容性认证流程和兼容性测试验证平台，能够实现最快两天内完成一款新硬件的适配和验证。

在北向软件生态方面，openEuler支持超过3万款开源软件，400多款主流商业软件完成了兼容性验证（截至2024年4月），与业界标杆的Linux发行版达到了同等水平。通过在I/O智能多流、文件系统、内存等方面的持续优化，openEuler的基础性能已明显领先。同时，针对用户态协议栈、编译器、智能预取等主流技术场景的优化，各应用场景的性能也实现了10%以上的领先优势。

openEuler的核心特点主要体现在以下几个方面。

- 高性能与稳定性：作为一款企业级操作系统，openEuler对服务器、云计算等应用场景进行了深度优化，能够在高负载环境下稳定运行，满足各种业务需求。
- 强大的资源管理：openEuler提供了高效的资源管理机制，涵盖CPU调度、内存管理、I/O驱动等，确保系统资源的合理分配和高效利用，提升系统整体性能。
- 灵活的扩展性：openEuler支持多种处理器架构，如x86、ARM等，适应不同硬件平台。同时，它提供丰富的软件包和工具，方便用户自定义和扩展，以满足特定应用需求。
- 全面的安全性：openEuler注重系统安全性，提供多种安全机制和技术，包括访问控制、加密通信、安全审计等，有效保护用户数据和系统安全。
- 优秀的兼容性：openEuler具有出色的兼容性，能够与多种软件和硬件设备协同工作。这使用户能够在openEuler平台上无缝迁移和部署现有的应用和服务。
- 便捷的社区支持：openEuler拥有一个活跃的开源社区，为用户提供丰富的技术资源和支持。社区成员可以共享经验、解决问题，共同推动openEuler的发展和完善。

7.2 运营基础设施及方法

7.2.1 运营基础设施

openEuler 社区为代码开发、系统构建、开发者协作等活动设计了一个高效且易于使用的基础设施平台。该平台支持多代码托管平台接入，便于 openEuler 的开发伙伴就近开发，同时方便用户就近获取 openEuler 资源。此外，社区定义了软件元数据描述文件，适配了众多软件，实现了全场景的统一构建。通过 openEuler 应用软件平台，开发者能够连接到海量的上游软件和社区用户，实现软件的分类聚合和预验证，以及用户共性问题的快速反馈闭环，显著提升了协作效率。

7.2.2 社区运营模式和策略

openEuler 社区遵循“共建、共享、共治”的理念，致力于与上下游社区建立紧密的合作关系。社区坚持“上游优先”策略，推动社区自治，并致力于建立一个协作式开发的生态环境，同时保持独立演进的能力。openEuler 社区的运营模式如图 7-2 所示。

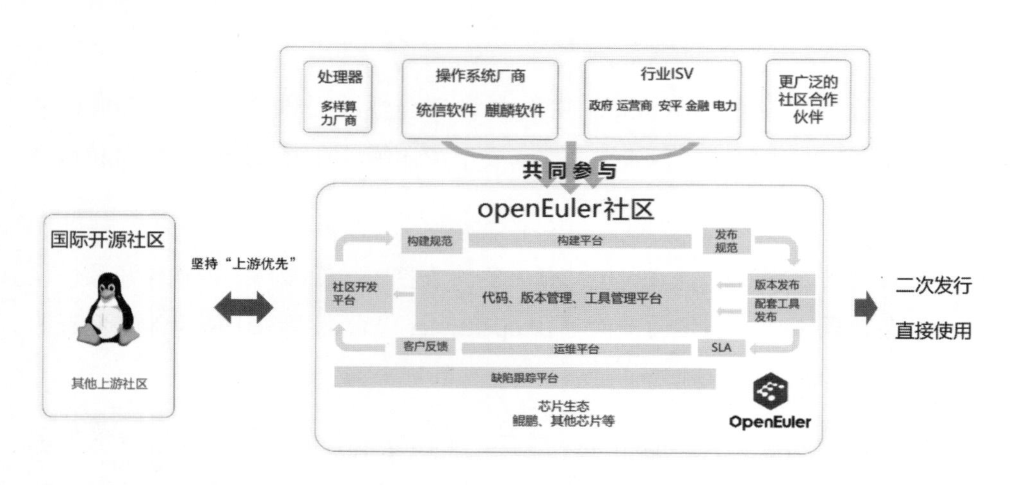

图 7-2 openEuler 社区的运营模式

通过开发者和合作伙伴的积极参与，openEuler 社区在构建、治理、维护和创新等方面不断推动 openEuler 产业生态的发展。例如，openEuler 与合作伙伴携手拓展开源产业的边界，据统计，截至 2024 年 6 月，openEuler 社区新一轮创业项目的代码窗已超过 550 个，平均每月产生 10 个创新项目。这些项目覆盖了内核、安全、云原生、嵌入式等多个技术领域，为中国乃至全球的 ICT 产业发展作出了重要贡献。

7.2.3 社区治理机制

openEuler 社区的建设愿景是汇聚各方力量，与全球开发者共同打造一个开放、多元、竞争力领先、架构包容的操作系统生态体系。这一愿景旨在促进社区成员之间的沟通与深入合作，共同推动社区生态的繁荣发展。openEuler 项目群的组织架构如图 7-3 所示。

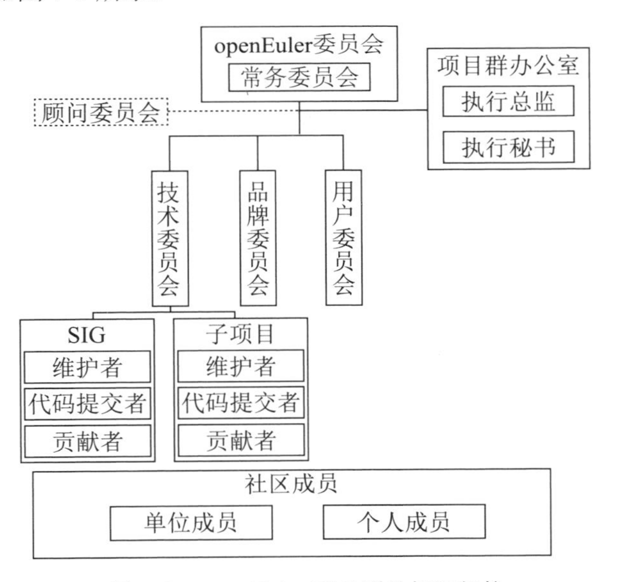

图 7-3 openEuler 项目群的组织架构

- openEuler 委员会，是项目业务的最高决策机构，其职责包括但不限于制定及修改项目群的开源治理制度、决定重大业务活动计划、制定及调整项目群的发展方向、审定年度收支预算及决算等事项。openEuler 委员会设常务委员会，代表 openEuler 委员会履行其职责。
- 顾问委员会负责为项目群的发展提供专业的指导和建议。

- 技术委员会作为项目群的技术领导机构，负责独立审核并批准子项目的加入。
- 品牌委员会是社区内负责品牌营销的领导机构。
- 用户委员会作为用户发展机构，充当用户与社区之间的桥梁。
- 项目群办公室的职责是执行 openEuler 委员会的决议，并管理和统筹项目群的日常运营。

openEuler 社区通过完善的组织架构、普遍适用的社区行为准则、严格的贡献者许可协议、例行公开的会议系统，以及合理的投票机制和反馈机制等治理措施，携手多元化的贡献者共同打造一个可信的开源社区。

7.3 产业生态构建

自开源以来，openEuler 在商业、技术、伙伴、社区和高校等多个领域建立了完善的发展体系，促进了产业的正向循环发展。

7.3.1 商业进展

openEuler 始终致力于根技术的投入，为各行业打造了坚实的软件基础。截至 2024 年 6 月，openEuler 的累计装机量已超过 680 万套。根据国际数据公司（International Data Corporation，IDC）的报告，2023 年 openEuler 在新增服务器操作系统市场中的份额达到 36.8%，成为中国市场上排名第一的服务器操作系统。这一成就标志着中国基础软件产业的一个重要发展里程碑，为数字中国的建设提供了坚实的软件支持。

在政府、电信、金融、能源和公共事业等关键行业中，openEuler 在核心系统的部署方面已经取得了领先地位，市场份额均位居第一。特别是在政府和电信行业中，其市场份额达到 70%，在金融行业中则为 50%，而在能源和公共事业行业中为 40%。随着 openEuler 在各行业的广泛应用，出现了许多优秀的创新实践，这些实践有效地推动了行业数字化转型的深入发展。

为了展现 openEuler 在商业实践领域上的示范效应，并推动其在新行业和新领域的应用，2023 年，openEuler 社区联合国家工业信息安全发展研究中心，与行业专家合作，从技术创新性、示范推广价值、应用规模、服务运维能力、社区贡献 5 个维度进行综合评估。经过多轮细致的筛选，最终选出了 15 个"2023 年度 openEuler 领先商业实践项目"。这些项目涵盖了来自中移（苏州）软件技术有限公司、招商银行股份有限公司、联通数字科技有限公司、天翼云科技有限公司、中国工商银行股份有限公司、超聚变数字技术有限公司、咪咕视讯科技有限公司、中信银行股份有限公司、京东科技信息技术有限公司、美团、中国建设银行股份有限公司、恒生电子股份有限公司、微众银行、国能信息技术有限公司和上海交通大学（排名不分先后）的杰出实践。

7.3.2 技术影响力

1. 汇聚全球力量，创建世界一流的开源社区

openEuler 致力于打造一个国际化的开源协作平台，在技术生态建设方面与多个国际主流基金会进行了深入合作，支持了全球 98% 的主流开源软件。作为持续集成的操作系统，openEuler 在云原生、大数据、存储、数据库、高性能计算等数十个开源社区中实现了上游的原生支持，为用户提供了即开即用的便捷体验。

此外，openEuler 积极参与 OpenChain、OpenSSF（Open Source Security Foundation，开源安全基金会）等全球主流的软件供应链安全标准与规范的制定和推广工作，率先通过了 OpenChain ISO 5230 开源软件协议认证，并符合 OpenSSF SLSA L3 标准。openEuler 还与全球主流社区和组织合作，以满足全球各区域的本地化标准要求，推动开源社区的国际化治理。

截至 2023 年，openEuler 社区已与 9 个海外头部开源基金会建立了深入合作的关系，服务于 150 多个国家和地区，构建了全球性的开源新生态，引领了中国开源的新模式。

2. 发布 AI 能力，走向智能多样性算力

在智能时代，AI 技术，尤其是以大模型为代表的技术，正成为技术进步的重要驱动力。openEuler 紧跟这一趋势，积极融合 AI 技术，推动智能化创新，

旨在使操作系统更高效地支持AI应用，同时利用AI技术使操作系统本身更加智能。

经过两年的精心准备和3个创新版本的迭代，AI原生开源操作系统openEuler 24.03 LTS于2024年6月6日正式发布。该版本在基础设施、Linux 6.6内核、智能解决方案及全场景体验等方面进行了全面升级，为开发者和用户提供了高性能、高可靠性、高灵活性的开发体验。

在基础设施方面，openEuler首次推出了软件中心，使用户能够快速了解社区各领域的丰富软件生态，并帮助开发者实时跟踪上游软件的更新，确保特性与上游的同步更新。

在内核方面，openEuler升级至Linux 6.6版本，带来了性能的显著提升，包括更均衡的CPU调度、更高效的内存管理和更灵活的虚拟机资源利用。此外，openEuler还引入了动态复合页等关键技术，使性能实现了两倍的增长。

在智能解决方案方面，在2023年操作系统大会上，openEuler展示了其基础AI能力。在openEuler 24.03 LTS中，openEuler升级了智能解决方案，通过大模型自然语言交互平台接入oeAware、A-ops、A-Tune等工具，实现了智能调度、智能运维和智能调优。同时，openEuler扩大了对南向硬件的支持，并覆盖了主流的大模型、框架和工具链，使能全栈AI。openEuler支持Faiss、DCN等推理和检索算法，并兼容OpenVINO、PyTorch等主流AI框架，同时使能NumPy、ACL等基础算法库。

在全场景体验方面，openEuler持续在服务器、云计算、边缘计算和嵌入式场景中得到应用，加强了其全场景能力。在服务器场景中，sysSentry能够100%检测到已知的CPU故障，从而提升了系统的可靠性。在云计算场景中，内存潮汐调度技术使容器的运行速度提高了80%。

openEuler 24.03 LTS作为一个里程碑式的版本，汇集了产业链上下游软硬件厂商的技术共识，将成为中国未来数年IT基础设施的坚实基础，并对全球操作系统生态产生深远的影响。

7.3.3 伙伴生态

在2023年的openEuler峰会上，英特尔正式宣布成为openEuler社区的黄金捐赠人，与产业界合作伙伴共同打造操作系统生态的基础，为全球开发者提供更优质的资源和支持。截至2024年6月，openEuler社区的捐赠人增至二十多家，参与社区的企业达到1577家，涵盖了从处理器（如鲲鹏、英特尔系列、飞腾等）、整机到基础软件、应用软件、行业客户的全产业链合作伙伴。

openEuler已经奠定了关键技术的根基并建立了创新机制，实现了在多个行业核心系统中的大规模部署，形成了积极的商业循环。同时，一个包含处理器、整机、操作系统供应商、独立软件供应商在内的完整产业链生态已经建立，极大地激发了产业链的活力。从技术创新到加速用户规模部署，再到合作伙伴的商业成功回馈社区，增加技术创新投入，openEuler形成了一个正向循环、自加速的生态发展体系。

7.3.4 社区生态

openEuler一直致力于构建国际化的开源协作平台，汇聚全球开发智慧，为世界开源产业贡献力量。截至2024年6月，openEuler社区的用户累计超过243万名，社区贡献者超过1.8万名，加入openEuler社区的单位成员超过1500家。同时，openEuler社区充分发挥协同创新的优势，来自企业和高校的30多个项目贡献给社区并由其孵化，这充分激发了全产业链的创新活力。

从“贡献openEuler”到“向openEuler贡献”，openEuler生态进入了高速发展期。2022年12月，开放原子开源基金会宣布openEuler升级为项目群，使其在治理章程、社区运营、资金募集等方面能够独立进行项目运营。同时，升级为项目群后，openEuler也可以接受其他开源项目的加入，让这些项目使用openEuler项目群的基础设施、协同运营，以及共享营销资源。

openEuler社区注重培育健康的生态系统，通过举办各类线上和线下的技术研讨会、培训课程、黑客马拉松等活动，增强社区成员之间的互动与交流，提高社区的凝聚力和活跃度。同时，openEuler设立了明确的贡献指南和激励机制，鼓励社区成员积极提交代码、文档、设计方案等，共同推进项目的进步。

此外，openEuler社区围绕操作系统的核心技术，与众多国内企业、高校、研究机构等建立了密切的合作关系，形成了涵盖软件开发、硬件适配、解决方案提供等环节的全产业链生态系统。这种生态建设方式不仅促使openEuler在技术上实现了快速迭代和创新，也使其在众多行业领域（如互联网、金融、制造和教育等）得到广泛应用。

7.3.5 高校生态

人才是推动产业发展的核心动力，而高校则是培养这些人才的摇篮。openEuler 社区致力于通过产教融合模式，不断培养操作系统领域的专业人才。自 2021 年起，教育部联合华为推出了“智能基座”产教融合协同育人基地项目，成功在 72 所高校中推广 openEuler。

2021 年 11 月，openEuler 进一步发布了“openEuler & openGauss 人才发展加速计划”，以操作系统为核心方向，从首批 72 所高校扩展至更广泛的应用本科教育，鼓励更多高校师生参与 openEuler 的生态建设。截至 2023 年，已有 145 所高校参与该计划，130 多名教师进行了课程的改进与创新，累计提交了 6000 多次 PR，1600 多名高校师生为 openEuler 和 openGauss 开源社区作出了显著贡献。

openEuler 社区还通过举办多样化的实践活动，增强了高校学生在开源领域的实践能力。自 2020 年起，openEuler 与中国科学院软件研究所联合主办了开源软件供应链点亮计划——“开源之夏”活动。这是国内规模最大的高校开源活动之一。在 4 年时间里，该活动已培养了 1500 余名能够为开源社区贡献代码的人才。

2022 年 7 月，开放原子开源基金会启动了“开放原子校源行”活动，通过资助开源社团、推广开源课程、设立开源奖学金等措施，致力于在全国范围内培养开源人才。作为该基金会的重要项目群，openEuler 与北京航空航天大学、北京大学、上海交通大学、湖南大学、大连理工大学、兰州大学等多所高校开展了深入的研究合作，将研究成果快速地在开源社区中实践和验证，探索了产教融合、产学实践的新模式，为中国的基础软件产业培养了大量人才。

同年，openEuler 社区还推出了“开源实习”活动，由社区导师指导高校学生逐步完成开源项目实践。此外，为了更广泛地提升高校学生参与开源社区的基本能力，社区还推出了开源贡献实践和开源人才能力的培训与评估项目，已有 6000 多名高校学生从中受益。

7.4 产业价值

7.4.1 华为不直接开发 openEuler 商业发行版

操作系统作为计算机的“灵魂”，不仅定义了计算机系统的技术体系和生态，也是信息系统安全的基石。随着数字经济对算力需求的激增，对多样性算力的支持已成为操作系统的普遍需求。云、管、边、端全场景的无缝协同变得至关重要。传统的模式——“一颗芯片对应一款操作系统，一个场景对应一个软件烟囱”——已不再适应现代需求。现代操作系统需要支持包括 x86、ARM 和 RISC-V 在内的多种主流计算架构，以实现对多样性算力和全场景的支持。在这方面，openEuler 具有显著的优势。

华为选择不直接开发 openEuler 商业发行版，也不通过 openEuler 直接实现商业收益，而是通过支持社区，使能合作伙伴推出商业发行版、企业自用版和社区发行版等多种形式，以此推动操作系统产业的健康发展和快速进步。自 2019 年 12 月开源以来，麒麟软件、统信软件、麒麟信安、超聚变、普华基础软件、中国科学院软件研究所等多家企业或组织基于 openEuler 发布了各自的商业发行版。同时，中国电信、中国联通、中国移动等运营商也基于 openEuler 社区版开发了企业自用版，其中中国电信成为首家全业务采用 openEuler 技术路线的企业。

此外，华为还与多家合作伙伴联合，在包括北京、广州、深圳、成都、武汉、南京、长沙在内的多座城市启动了“欧拉生态创新中心”，进一步加速了 openEuler 生态系统的发展。

7.4.2 行业拥抱 openEuler

openEuler 正逐渐成为各行业数字化转型的关键“使能者”，并构筑成为中国数字基础设施的坚实软件基础。随着 openEuler 在不同行业的应用不断扩展和深化，与行业内有影响力的组织合作，形成行业共识变得尤为关键。例如，在金融行业，openEuler 与上海证券交易所合作发布了《证券核心交易系统操作系统技术白皮书》，并与北京金融科技产业联盟合作发布了《openEuler 金融行业白皮书》；在能源行业，与中国能源研究会信息通信专业委员会合作发布了

《openEuler 电力行业白皮书》；在通信行业，与多样算力产业及标准推进委员会合作发布了《多样性算力白皮书》等。

这些白皮书的发布，帮助行业内的领先企业建立了对 openEuler 的共识，使其成为多个行业中操作系统的优先选择，引导行业中小型及长尾用户采用 openEuler。例如，运营商行业的联通数科、天翼云、中移在线，金融行业的中国工商银行、中国农业银行、中国建设银行、交通银行，电力行业的国能集团、华能集团，油气行业的中石油、中石化、中海油，教育行业的上海交通大学、西南财经大学，以及制造行业的云南烟草等，都选择了 openEuler 作为其操作系统的路线。

7.4.3 行业落地应用案例

1. 中国移动

openEuler 在多个领域展现出其广泛的应用价值。在运营商行业中，中国移动在线营销服务中心为 9.5 亿用户提供服务，年服务总量高达 200 亿次。在处理如此庞大的业务量的同时，该中心面临着以下业务挑战和诉求。

- 信息化复杂程度高：客服全天候服务，因此需要一个极致性能平台来保障优质服务。
- 承载业务多样：容器云平台支撑多样化的业务，这要求操作系统具有高适配度，以承载智能查询等关键信息。
- 业务安全稳定：在国家信息创新和集团自主创新的要求下，必须确保在遇到安全风险时关键信息不会泄露。

面对这些挑战和需求，openEuler 提供了差异化的解决方案，并具有以下优势。

- 极致性能：搭载鲲鹏服务器，实现多核高并发处理，大数据场景性能提升 30% 以上。
- 软硬协同：结合鲲鹏处理器和 openEuler，展现出极高的适配性，在全场景应用中的性能相比 CentOS 提升超过 15%。

- 全栈自主：作为国内唯一的全栈自主技术解决方案，涵盖了鲲鹏服务器、openEuler 和 openGauss 数据库等核心组件。

该项目不仅显著提升了客户价值，大幅增强了业务性能，还荣获了 2021 年度“ICT 优秀案例”中的“强基铸魂卓越创新奖”，树立了运营商行业全栈国产化创新的典范。

客户价值：

- 实现数据探索、即席查询等场景秒级响应；
- 实现呼叫平台音频编解码性能提升 20%；
- 实现智能语音离线转写效率提升15.7%。

2. 中国工商银行

中国工商银行作为全球最大的商业银行之一，服务于全球超过 1000 万个公司客户和 7.2 亿个个人客户。随着业务规模的扩大，该银行面临着以下需求。

- 合规安全：随着云计算的兴起，银行需要在数据中心处理大量客户数据，这要求必须确保用户隐私数据的计算安全。面对安全风险时，必须保证用户隐私数据的绝对安全，防止数据泄漏。
- 安全计算：AI 业务的计算需求日益增长，传统的 CPU 算力已难以满足需求。银行需要利用专用硬件进行计算，同时确保这些专用硬件上处理的隐私数据的安全性。

openEuler 为中国工商银行提供了一套全栈创新的 AI 机密计算解决方案，并具有以下优势。

- 全栈创新：通过软硬件的协同创新，实现了全栈的自主创新。
- 高安全：结合鲲鹏处理器 TEE 技术与模型混淆，有效释放了 CPU/NPU 的安全算力。
- 高性能：通过安全异构调度技术，实现了端到端性能的 200% 提升。

该项目被评为“2023 年度 openEuler 领先商业实践项目”，它不仅显著提升了客户价值，也成为金融行业全栈国产化创新的典范。

客户价值：

- 实现工行 e 办公 10 万终端规模的隐私数据保护；
- 实现 AI 机密计算身份认证效率达到 2.09 TPS；
- 与 CPU-TEB 推理性能相比，实现了 200% 提升。

3. 美团

美团作为一家科技驱动的零售企业，在业务发展中面临以下两大挑战。

- 统一治理缺失：包括软件供应方面的风险，如 CentOS 的停止服务问题；线上服务版本分散，导致运维成本增加；服务支持主要依赖自主能力。
- 软硬件协同不足：操作系统版本的迭代更新与新硬件的推出不同步；在多样化硬件部署中进行兼容性验证的复杂性高；新硬件的引入需要操作系统的适配支持。

基于 openEuler 开发的操作系统 MTOS 在互联网行业的容器云场景中提供了定制化的解决方案。该项目不仅充分实现了客户价值，还荣获了“2023 年 openEuler 领先商业实践项目”的称号。

客户价值：

- MTOS 规模应用于外卖、买菜等业务，有效解决软件供应风险；
- 实现在各类大促活动中，软件宕机概率低于 0.02%，下降为原来的 33%；
- 在容器云场景中实现多业务的高密混合部署，CPU 利用率提高了 3%。

4. 能源行业

能源行业作为资产密集型领域，单个项目的投资规模可达 600 万至 700 万元，整个行业的资产总额高达 18 万亿元。如果将能源的生产视为一次生产过程，那么控制和信息化则相当于二次生产，其装备规模约占一次生产设备的 10%，由此可见其规模之大。能源生产、过程控制监视、操作以及设备间的各种应用和数据联系都依赖于操作系统。一旦操作系统出现问题，这些联系可能会被切断，影响能源的正常生产。

随着“双碳”目标的推进，新能源在能源结构中的比重不断提升。新能源的分散性和间歇性特点，相较于传统的火力发电，在稳定性上存在一定的不足。这不仅对电网安全和能源供需平衡构成挑战，也增加了新能源维护的难度。因此，一个高效且安全的能源控制系统至关重要，而操作系统作为控制系统的核心，更是关键中的关键。

麒麟信安操作系统在“核高基”科技重大专项和国家发展和改革委员会产业化专项的支持下，基于 openEuler 社区研发而成。该操作系统以其安全性和可靠性，为能源行业的解决方案提供了坚实的保障。这种安全性与可靠性主要体现在两点：一是基于国内外的竞争态势和国际环境，国产化进程不断深化，例如使用国产 CPU 替代国外产品，搭载麒麟信安操作系统可以更好地保障供应链安全；二是麒麟信安操作系统在电网调度系统中的广泛应用，积累的丰富经验有助于提高国能信控原有方案的可靠性和安全性。

能源管理模式和生产模式的优化，预示着新能源集控的未来趋势将是无人化、少人化，这将为能源行业带来显著的经济效益和社会效益。相关数据显示，智能化的场站集控能够实现新能源场点无人值守，以减少 50 人，每人每年节约成本 30 万元计算，每年可节约人工成本约 1500 万元。

社会效益主要体现在标准化、集约化、规范化的集控方法，这有助于在社会上更广泛地推广新能源，更有效地发挥其作用，加快实现“双碳”目标。

7.5 展望：openEuler 走向世界

openEuler 的成功定义在于其国际化的成就。自成立之初，openEuler 社区就致力于成为一个国际性、全球性的社区。

2023 年，36.8% 的新增市场用户选择了 openEuler。在开源领域，市场份额超过 19% 即可形成自循环，超过 35% 则能实现自加速。这意味着 openEuler 已经形成了自加速的生态系统，为中国操作系统的根技术注入了活力。

华为将 openEuler 托管至开放原子开源基金会，这一举措对其国际化进程起到积极作用。一方面，openEuler 从企业项目转变为产业和国际性项目，获得了中立属性，加速了其国际化步伐。欧洲及全球许多大型企业加入 openEuler 社区并作出贡献。另一方面，开放原子开源基金会的渠道资源有助于 openEuler

的国际化推广。开放原子开源基金会与多个基金会组织及上游社区项目建立了联系，通过版本认证和项目合作，助力 openEuler 走向全球。

展望未来，openEuler 将继续遵循“上游优先”策略，紧密跟随全球主流生态，保持技术竞争力。openEuler 将持续遵循开源精神，与全球开发者共同探索技术创新的无限可能。

第 8 章　开源鸿蒙 OpenHarmony：万物智联的数字底座

OpenHarmony 是由开放原子开源基金会孵化和运营的开源项目，其愿景是打造一款开放、全球化、创新且领先的分布式操作系统，旨在服务于多智能终端和全场景，同时构建一个可持续发展的开源生态系统。

目前，OpenHarmony 项目群负责托管操作系统技术和架构的核心代码及组件。通过开源治理的方式，它汇聚了芯片开发者、方案开发者、产品开发者、应用开发者及各种使能者，持续吸引代码使用者和共建者加入。

自 OpenHarmony 项目启动以来，截至 2024 年 11 月 30 日，社区已累计超过 8100 名贡献者，61 家共建单位参与其中。项目产生了 47 万多个 PR，获得了 2.8 万多个 Star、9.8 万多次 Fork，以及 68 个 SIG。OpenHarmony 在技术架构的完善、开源社区模式的发展以及生态建设的深化方面均取得了显著的进展，为产业界带来了巨大的价值。

8.1　认识 OpenHarmony

8.1.1　项目起源

OpenHarmony 项目的起源，可以追溯到华为对操作系统创新的不懈探索。该项目不仅满足了技术发展的迫切需求，也是公司战略布局的关键一环，有助于在全球技术竞争中占据有利地位。

在过去的十年里，随着科技的不断发展，以 AI 为核心的智能穿戴和智能家居市场蓬勃发展。结合物联网（Internet of Things，IoT）技术，实现各种智能设备的互联互通，“万物智联”的 AIoT（AI+IoT 的缩写）逐渐成为主流趋势。图 8-1 展示了全球 IoT 设备数量的增长趋势。

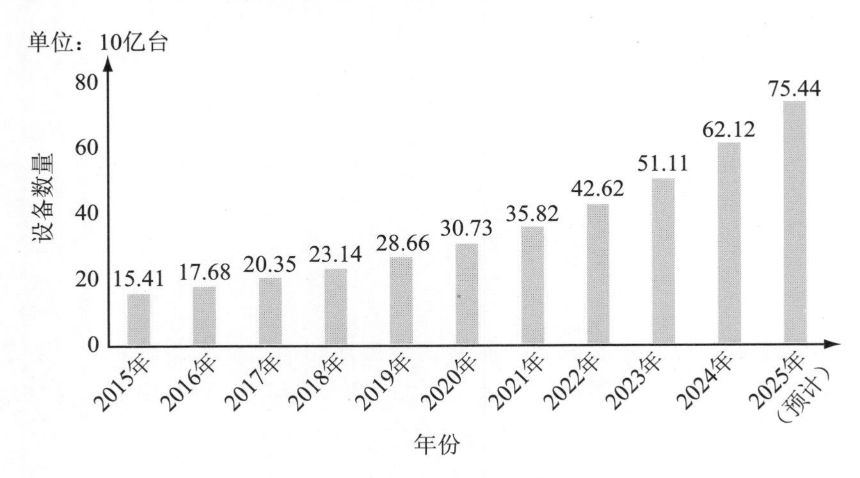

图 8-1　全球 IoT 设备数量的增长趋势

产业的快速发展带来了巨大的机遇，同时也伴随着巨大的商业和技术挑战。为了实现设备的互联，需要操作系统具备多终端适配的能力。然而，市场上现有的操作系统往往只针对特定类型的设备设计。传统的集中式系统将计算和资源管理集中在中央处理系统中，这限制了系统的可扩展性。在多终端运行时，系统响应速度可能会受到影响。

为了解决这一问题，引入“分布式”思维变得至关重要。通过整合多个独立的数据库、CPU、终端和数据库管理系统，可以构建一个“分布式操作系统”。分布式操作系统具有多终端并行处理和容错应用等优势，使其更适合于 AIoT 领域的发展需求。

OpenHarmony 的诞生源于多重因素，这些因素涵盖了技术、商业和战略等多个维度。

- 技术自主性：拥有自主研发的操作系统能够减少对外部供应商的依赖，尤其是在面对国际政治和贸易环境的不确定性时，这有助于确保技术供应链的稳定性。

- 创新推动：开发新的操作系统可以促进技术创新，探索操作系统的新功能和新架构，例如微内核设计和全场景分布式能力。

- 市场差异化：通过提供独特的操作系统，可以在竞争激烈的市场中实现差异化，吸引用户和开发者。
- 生态构建：构建自己的操作系统有助于形成完整的生态系统，包括硬件、软件、服务和开发者社区，从而增强竞争力。
- 安全性和隐私保护：自主开发的操作系统可以更好地控制安全和隐私设置，为用户提供更高级别的保护。
- 响应快速变化的市场需求：随着5G、AI、IoT等技术的发展，市场对操作系统的需求也在不断变化。OpenHarmony能够快速响应这些变化，提供适应未来技术趋势的解决方案。
- 促进开源文化：OpenHarmony的开源特性鼓励全球开发者参与，促进了开源文化的发展，加速了技术的创新和普及。
- 支持多样化的设备：OpenHarmony旨在支持多种类型的设备，包括智能手机、平板电脑、智能穿戴设备、智能家居设备等，实现设备间的无缝协作。
- 国际竞争力：在全球范围内，拥有自主研发的操作系统可以提升国家的科技实力和国际竞争力。
- 应对潜在的贸易限制：在某些情况下，国家或地区可能会面临操作系统供应商的贸易限制，OpenHarmony可以作为应对这类情况的策略选择。

OpenHarmony的起源不仅是技术发展的必然，也是华为对自主创新和开源文化的一种承诺。通过这个项目，华为希望能够推动智能设备操作系统的发展，为全球用户带来更好的体验。

8.1.2 发展里程碑

OpenHarmony是由华为发起并托管至开放原子开源基金会的开源操作系统项目。自2020年首次发布以来，它经历了几个重要的发展里程碑。以下是一些关键的里程碑事件。

2020 年 9 月：华为宣布将 OpenHarmony 捐献给开放原子开源基金会，旨在推动其成为开源社区共同参与和贡献的项目，并正式成立了 OpenHarmony 开源项目群。

2020 年 12 月：OpenHarmony 1.0 版本正式发布，这是 OpenHarmony 项目的一个重要里程碑。

2021 年 5 月：OpenHarmony 2.0 Canary 版本发布，这个版本增加了对轻量带屏设备的支持，以及更多的开发工具和 API。

2021 年 10 月：华为正式发布 HarmonyOS 2.0，这是面向智能手机的操作系统版本，进一步推动了 OpenHarmony 在消费电子领域的应用。

2022 年：OpenHarmony 持续迭代更新，社区和开发者生态不断壮大，越来越多的设备和应用开始支持 OpenHarmony。3 月发布的 OpenHarmony 3.1 Release 版本可支持复杂标准带屏设备。

2023 年：OpenHarmony 继续发展，发布了多个新版本，更新包括对更多硬件平台的支持功能，以及对开发者更加友好的开发工具和文档。4 月，发布 OpenHarmony 3.2 Release 版本，全面支持复杂标准带屏设备。该版本在系统流畅度、系统功能、应用性能和分布式能力等方面都有显著提升。9 月，发布 OpenHarmony 4.0 Release 版本，其中 ArkUI（方舟 UI 框架）的组件能力和效果进一步完善。

2024 年：OpenHarmony 继续在开源社区的支持下发展，不断有新的功能和优化被加入，同时社区的规模和影响力也在增长。

可以看到，OpenHarmony 作为一个活跃的开源项目，其发展是一个持续的过程，未来还会有更多的里程碑事件。

8.2 OpenHarmony 技术架构和特性

OpenHarmony 在传统单一设备系统的基础上，创新性地提出了一种理念——同一套系统能够适配多种终端形态。具体而言，OpenHarmony 能够在多种终端设备上无缝运行，即便是在内存低至 128KB 的设备上。这一技术特性极大地丰富了万物互联时代的用户体验。无论是智能门锁这样的 IoT 设备，还是电视、手机等智能终端，它们都能在这款统一的操作系统上高效运行。

8.2.1 技术架构

OpenHarmony 的技术架构遵循分层设计理念，由底层至顶层依次分为内核层、系统服务层、应用框架层和应用层。系统功能依照“系统→子系统→功能 / 模块”的层级结构进行组织，支持在多设备部署环境中根据需求进行定制。这种设计允许用户根据需要移除那些非必要的子系统或功能 / 模块。图 8-2 展示了 OpenHarmony 的技术架构。

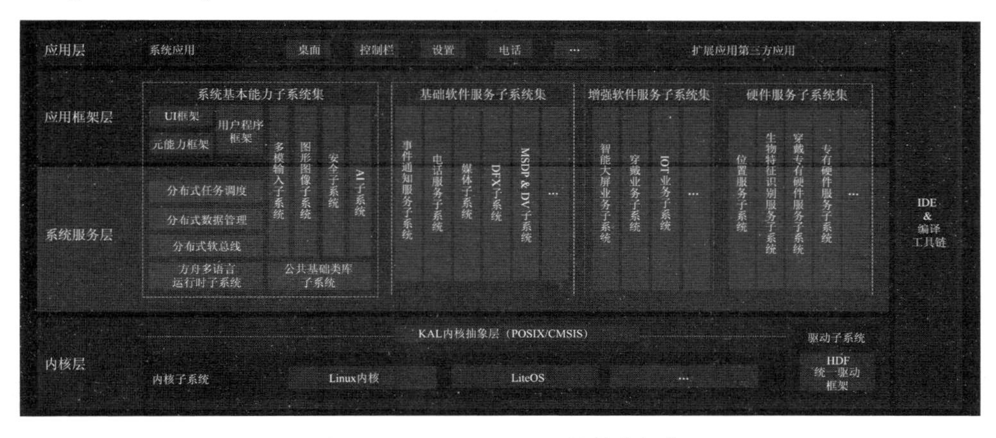

图 8-2 OpenHarmony 的技术架构

内核层由内核子系统和驱动子系统构成。内核子系统采用了多内核设计，包括 Linux 内核和 LiteOS，以适应不同资源受限的设备，从而提供合适的操作系统内核。驱动子系统则基于硬件驱动框架（Hardware Driver Framework，HDF），构成了系统硬件生态开放的基础。它提供了统一的外设访问能力以及驱动程序的开发与管理框架。对于应用开发者，他们无须深入了解具体的驱动调用细节，只须专注于业务逻辑的实现。HDF 能够根据应用需求自动匹配最合适的驱动，显著降低开发难度。

系统服务层是 OpenHarmony 的核心，集中了系统的基本能力，由系统基本能力子系统集、基础软件服务子系统集、增强软件服务子系统集及硬件服务子系统集组成。根据不同设备形态的部署环境，这些子系统集内部可以按子系统粒度进行裁剪，每个子系统内部又可以按功能粒度进行裁剪。

应用框架层作为系统服务层和应用层之间的桥梁，为应用提供必要的系统服务。应用框架层构建了包括多语言用户程序框架、Ability 框架及两种 UI 框架（JavaUI 和 JSUI）在内的多种框架，并提供了多语言的框架 API，以便软硬件服务的集成。

应用层包含了系统应用、扩展应用第三方应用。应用层由多个功能能力或元能力组成，这些基于功能能力 / 元能力开发的应用能够实现跨设备的业务功能，提供连贯且高效的用户体验。

8.2.2 主要特性

为了实现不同智能终端设备的协同工作，首要任务是解决设备间的连接问题。OpenHarmony 通过将孤立的 IoT 设备视为独立的模组来解决这一问题。例如，将灯光视为显示模组，电视则视为集成了显示和扬声器模组的设备。这一创新理念成为 OpenHarmony 的核心创新之一，有效助力 IoT 领域解决重大挑战。具体而言，该理念主要通过以下模块实现。

- 分布式软总线：分布式软总线构成了多设备终端互联的统一基础，提供了统一的分布式通信能力，实现设备的快速发现和连接，以及任务和数据的高效传输。
- 分布式数据管理：分布式数据管理建立在分布式软总线之上，实现了应用和用户数据的分布式处理。数据不再局限于单一物理设备，实现了业务逻辑与数据存储的分离，确保了应用跨设备运行时数据的无缝衔接。
- 分布式任务调度：分布式任务调度利用分布式软总线、分布式数据管理、分布式 Profile 等技术，构建了一个统一的分布式服务管理（包括发现、同步、注册、调用）机制，支持跨设备的远程启动、调用、绑定 / 解绑和迁移等操作。该调度机制能够基于设备的能力、位置、状态、资源使用情况，并结合用户习惯和意图，智能选择最适合的设备来执行任务。
- 统一操作系统，弹性部署：OpenHarmony 采用组件化和弹性设计方法，实现了硬件资源的灵活适配和在多种终端设备间的按需部署。它全面支持 ARM、RISC-V、x86 等 CPU 架构，以及从百 KB 到 GB 的 RAM 范围，展现了其广泛的适用性。

8.3 社区运营和生态建设

8.3.1 社区运营

1. 原则与实践

OpenHarmony 作为一个开源项目，其社区运营机制遵循开源社区的基本原则和实践，以确保项目的健康发展和持续创新。主要体现在以下几个方面。

- 开放性：社区对所有人开放，任何人都可以参与讨论、贡献代码、报告问题或提供反馈。
- 开源共建：鼓励开发者和用户为项目贡献代码、文档、设计、测试等，形成一个协作和共享的环境。OpenHarmony 已经吸引了众多企业、开发者和高校的积极参与，共同为项目贡献代码和技术。
- 技术创新：OpenHarmony 不断进行技术创新，定期推出新版本以提升系统性能和功能。例如，OpenHarmony 4.0 版本相较于前一版本增加了 4000 多个 ArkTS_API 组件，极大地丰富了应用开发的能力。
- 版本控制：使用版本控制系统（如 Git）来管理代码的变更，确保代码的可追溯性和协作效率。
- 问题跟踪：通过问题跟踪系统来记录和管理项目的缺陷、功能请求和讨论。
- 代码审查：在合并代码之前，通过代码审查机制来保证代码质量和一致性。
- 文档化：强调文档的重要性，包括开发文档、用户手册、API 文档等，以帮助新成员快速了解和参与项目。

- 社区治理：OpenHarmony 建立了项目管理委员会和技术指导委员会等治理机构，负责项目的规划、决策和技术指导。此外，社区还组建了多个 SIG，专注于不同技术领域的进展和应用。

- 会议和活动：定期举行线上或线下的会议、研讨会和活动，以促进社区成员之间的交流和合作。

- 透明度：保持项目的透明度，包括开发进度、决策过程和社区活动等。

- 多样性和包容性：尊重不同背景的参与者，鼓励多样性和包容性，创造一个友好和安全的社区环境。

- 许可和合规性：遵守开源许可证（如 Apache 2.0 许可证）的规定，确保项目的合规性和对知识产权的保护。

- 持续集成 / 持续部署：使用自动化工具来实现代码的持续集成和持续部署，提升开发效率和软件质量。

- 生态发展：OpenHarmony 正积极推动生态的繁荣发展，吸引了众多硬件制造商和应用开发者的参与。项目通过兼容性测评，确保了不同厂商产品的互操作性，构建了多元化的软硬件生态系统。

- 应用场景拓展：OpenHarmony 不断探索和扩展其应用场景，其应用已不仅限于智能家居和智能穿戴，还在智慧交通、工业控制等新领域进行创新尝试。

- 产学研合作：OpenHarmony 重视与学术界的合作，通过项目技术指导委员会的组织协调，与高校合作建立了技术俱乐部，致力于培养操作系统领域的专业人才，并推动学术成果的实践应用。

OpenHarmony 社区的运营策略以开源共建为核心，结合社区治理、技术创新、生态发展、应用场景拓展、产学研合作和市场推广等多元方式，共同推动项目的成功和可持续发展。

2. 社区治理

OpenHarmony 项目群工作委员会是该项目群的最高决策机构，其成员由主席和捐赠人代表构成。

OpenHarmony 项目群工作委员会下设技术指导委员会，负责定义和维护该项目群的技术愿景及技术路线图，以推动 OpenHarmony 在各行业的应用。

OpenHarmony 项目群下的各个项目有权设立自己的项目管理委员会。项目管理委员会主席的任命与罢免须经过工作委员会的审批。而项目管理委员会的成员则是基于他们在项目中的技术和代码贡献，通过选举产生。图 8-3 展示了 OpenHarmony 项目群工作委员会的组织架构。

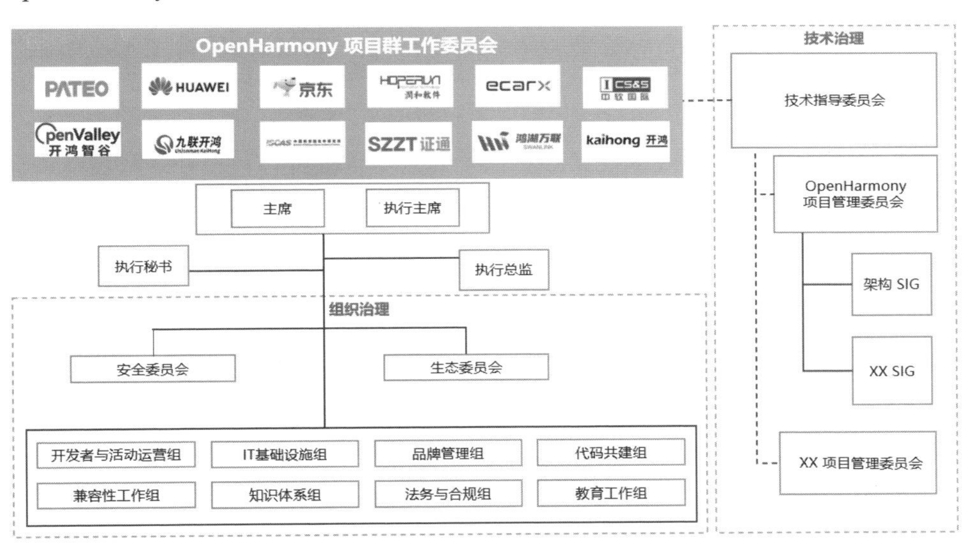

图 8-3　OpenHarmony 项目群工作委员会的组织架构

社区治理是确保社区成员在协作和互动中遵守一定准则和行为规范的过程，这有助于维护社区秩序、促进合作和减少潜在的冲突。权力下放是开源社区管理的一种重要方式，它使决策更具民主性和透明性。通过将权力和决策分散到社区的不同层次，鼓励更多的参与和协作，有助于社区应对变化和挑战。在 OpenHarmony 的社区治理中，关于权力下放的规则主要从以下几个方面考虑。

- 法定实体：由基金会孵化和运营项目，可以确保项目在法律上合规运营，同时保证开放性、中立性。
- 领导团队选择：选举机制公开、选举过程公正、选举结果公布，有明确的职责和权利，以及完善的监督和反馈机制。

- 分支管理：不同的分支或模块由不同的维护者负责，维护者在维护和决策与他们分支相关的事项时具有决策权。

- 社区投票：一些重大决策可以通过社区投票来决定，例如重要技术特性的实现等。

- 贡献者权限分配：根据贡献者的活跃度和贡献程度授予不同级别的权限，如代码提交、问题管理权限等。

- 文化和价值观传承：开源社区通过开源文化和价值观的传承来赋予社区成员更多的权利，社区的价值观通常在社区中根深蒂固，决定了如何处理争议和决策。

- 透明决策机制：社区决策应该在公开的平台上进行，使社区成员能够清楚地了解决策的过程和原因，以便提供反馈和监督。

- 分工合作：社区成员可以根据自己的专长和兴趣自发地合作，例如组织活动、技术布道等。

结合以上原则，这里以建设“代码度量平台”为例，深入剖析 OpenHarmony 社区治理的实践。

- 以贡献定权力：在开源社区中，成为社区最高决策机构的成员非常重要，核心席位数量有限且极具价值。根据 OpenHarmony 社区章程《OpenHarmony 项目群开源治理制度》，工作委员会是 OpenHarmony 项目群的最高决策机构，成员席位不超过 16 席（包括 1 名主席，最多 11 名 A 类捐赠人代表，最多 2 名特殊捐赠人代表，最多 2 名 B 类捐赠人代表）。《OpenHarmony 工作委员会 A 类捐赠人加入及考核机制》规定，考核排名在前 11 名的 A 类捐赠人有权指派一名代表参加工作委员会，而代码贡献是考核的关键指标。

- 对贡献者的认可：通过对社区中贡献者的代码进行度量，可以对核心模块、子系统及各领域的社区工作成果进行统计。对于贡献突出的贡献者，及时给予认可、宣传，这不仅能够加强社区的活跃度，还能增强贡献者自身的荣誉感，吸引更多贡献者加入社区。

在“代码度量平台”的建设过程中，主要面临以下几个挑战。

- 度量规则的合法合规：OpenHarmony 基础设施工作组根据业界通用代码度量规则拟定了《OpenHarmony 主仓代码贡献度量规则》。该规则在 2021 年 12 月的 OpenHarmony 项目管理委员会例会上进行了评审并通过，最终在 OpenHarmony 项目群工作委员会第十一次会议上进行了通报。
- 度量结果的监督反馈：如图 8-4 所示，代码度量结果将被公开发布，包括构成结果的每一条贡献记录。任何人可以对任何一条贡献数据提出反馈。根据规则，项目管理委员会授权社区中的 QA SIG 负责处理反馈问题，并公开处理结果。

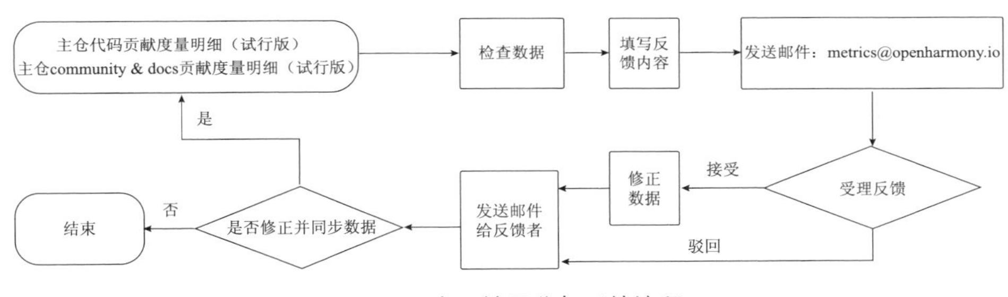

图 8-4　度量结果监督反馈流程

在“代码度量平台”的建设过程中，OpenHarmony 基础设施工作组面临着巨大的压力，如果规则不够周全，度量结果可能无法公正地反映每位开发者的贡献，进而影响会员获取珍贵席位。尽管在规划阶段，工作组广泛调研了业内通用的代码度量工具和规则，但在如何监督度量结果，以及如何反馈度量问题和追踪闭环方面，业内尚未形成成熟的经验。

核心问题在于，每个人所持的度量规则、使用的工具，以及数据来源都不尽相同，任何一个因素都可能导致最终结果的偏差。从度量规则的角度看，需要从社区有公信力的组织中获得对规则的认可；从工具的角度看，选择开源工具，可以让每个人快速地获取相同的工具；从数据源的角度看，度量所需的数据来源于社区的公开信息。代码度量平台不仅提供数据下载，还公布数据获取渠道和规则。为了确保度量结果的公正性和透明度，社区需要在度量规则、工具和数据源方面达成共识，并通过监督和反馈机制持续进行优化。

8.3.2 生态建设

1. 技术生态

OpenHarmony的技术生态系统是一个活跃发展、多方共建的开源社区，其成就获得了国家级学会的认可。在中国计算机大会（CNCC 2023）上，OpenHarmony荣获“2023 CCF科技进步特等奖”。这一奖项肯定了OpenHarmony在存储、内存、调度和分布式基础机制等核心领域的架构级创新，以及在关键技术指标上达到业界领先水平。项目成果已广泛应用于金融、交通、教育、安全、能源、航天等多个关键行业，部分技术已成为行业标准，为中国操作系统开源社区和人才培养作出显著贡献。

在技术生态合作方面，开放原子开源基金会于2023年发布了《OpenHarmony共建地图2.0》，其中“百人代码贡献单位”的数量从2022年的6家增加到12家。为表彰这些单位对社区的贡献，OpenHarmony项目群工作委员会在OpenHarmony开发者大会2024上为这12家单位举行了“2023—2024年度百人代码贡献单位”授牌仪式。

2024年6月7日，一场以OpenHarmony和Unity中国团结引擎为核心的开源大赛——开放原子开源大赛“基于OpenHarmony的团结引擎应用开发赛”在江苏常州圆满结束。该赛事由开放原子开源基金会、央视网、江苏省工业和信息化厅、无锡市人民政府、江苏软件产业人才发展基金会、苏州工业园区及无锡高新区等机构联合承办。大赛历时3个月，吸引了近300名来自企业、高校、个人的开发者报名参赛。经过激烈的角逐，在138个团队中，24个团队脱颖而出，这些精英团队齐聚常州创意产业园，进行了精彩的线下项目路演。

2. 行业生态

2023年，在OpenAtom OpenHarmony生态使能签约仪式上，华为与24家公司签署了合作协议，合作范围覆盖了金融、教育、交通、能源、政务、安防、制造、卫生、广电、电信等多个行业。

截至2024年5月，OpenHarmony项目群的生态委员会成立了OpenHarmony设备统一互联技术标准筹备组，15家成员单位加入。同时，已有230家厂商的608款产品通过了OpenHarmony兼容性测评。

2024年是OpenHarmony行业生态建设的关键一年，规划了588个第三方库和5个跨平台框架等应用开发所需的技术资源的共建需求。截至4月25日，多家单位已经加入共建，为OpenHarmony的推广和普及打下了坚实基础。为此，OpenHarmony项目群工作委员会授予8家单位“2023—2024年应用建设领航单位”称号。

此外，OpenHarmony生态持续繁荣，已在消费、航天、交通、金融、教育、能源、医疗等领域广泛应用。作为下一代智能终端操作系统的根社区，OpenHarmony社区已成为各行各业商业发行版的共同底座，使不同厂家间的生态设备互联、互通、互操成为可能，为跨行业的创新提供了无限可能。

在交通领域，OpenHarmony已经实现了在公交智能座舱、智慧隧道、智慧地铁建设、智慧高速等领域的广泛应用。

在公交智能座舱的应用场景中，结合车规级芯片与OpenHarmony技术，公交车的显示屏、摄像头等18个复杂的OpenHarmony设备能够实现互联互通，提供一机多屏、一机多摄的功能。驾驶员可以通过公交车中控屏触控切换公交车报站信息，实现车内多屏幕的联动。在等车和乘车过程中，驾驶员可以与智能座舱协同联动，实现司乘安全、高效便捷的公交全场景智能服务。

在智慧隧道的应用场景中，OpenHarmony首次实现了不同厂商设备之间的互联互通。基于OpenHarmony打造的控制器能够与隧道内不同类型的设备实现互联互通，助力实现火灾预防、隧道节能、巡检养护及安全应急等功能。

在智慧地铁的应用场景中，基于OpenHarmony的智慧地铁解决方案实现了地铁施工设备的多级协同，提升了施工效率和安全等级。

在智慧高速的应用场景中，展示了基于OpenHarmony的收费站技术应用创新。通过OpenHarmony车道控制器，大幅提升了收费站的通行和运维效率。目前，该方案已在宁夏孟家湾、常乐收费站实现了落地应用。

在医疗领域，基于OpenHarmony打造了智慧病房、智慧康养和智慧药品管理三大解决方案。其中，智慧病房解决方案已在301医院和山东大学齐鲁医院落地。通过OpenHarmony，实现医院内多台不同厂商的医疗设备互联互通和信息流转，以及跨品牌跨设备的体征数据上传、智能输液警告等功能。这种“信息跑”代替“护士跑”的服务模式变革，显著提升了医疗服务的效率和质量。

在智慧医康养解决方案中，利用OpenHarmony的近场互联、互联互通、终端一体化等技术优势，体验者可以现场体验到行业设备、体征设备（如血压计、心电设备等）的互联互通、数据流转、多屏同传、自动记录等功能。对于消费者，智慧医康养解决方案使健康信息的实时了解变得更加便捷。对于医康养机构，该方案有助于提升信息化水平和管理效能，从而更好地服务病患和居民。

在智慧药品管理解决方案中，基于 OpenHarmony 的智能药品柜可实现药品的双认证安全存取、实时准确计数和盘存、药品溯源等智能化功能，有效解决了安全隐患和流程不可追溯等问题。目前，该方案已在长三角的多家三甲医院成功应用。

在公共安全领域，OpenHarmony 的智能警车解决方案能够实现智慧警灯、警务中控、执法记录仪、智能酒检手机背夹等 OpenHarmony 设备与智慧警车（车机）、警务通手机、警务平板等设备之间的互联互通，使警察执法全流程更加高效。目前，该方案已在湖北、广东等地落地应用。

在金融领域，重点发展了移动展业与助农网点挂号联动两大方向。在移动展业方面，通过 OpenHarmony 设备实现全链路技术创新、外设 API 归一化管理，将大屏业务转为个人自助模式，有效提升金融业务办理的效率和服务满意度，同时支持多账号业务处理。这一创新已在上海银行成功落地。助农网点挂号联动则通过 OpenHarmony 业务数据孪生和金融安防技术，实现了便捷的医疗复诊挂号和金融客户服务，一机办理医院所有业务，支持多种支付方式，大幅提升了服务效率和用户体验。

在水利领域，基于 OpenHarmony 的智慧水利解决方案已在苏州成功落地。该方案利用 OpenHarmony 结合边缘 AI 技术，实现了“实时感控”“无人值守”和“智能驱离”，极大提升了防洪排涝的效率。此外，通过蝶阀和仪表的联动应用，进一步凸显了该方案在水利领域的应用价值。

在农业领域，传感器、摄像机和边缘网关通过 OpenHarmony 实现了互联互通，能够智能感知土壤湿度并自动控制水泵的开关，实现节水与少人化灌溉。在植物工厂区，通过 OpenHarmony 终端设备与周边传感器设备的联动，实现了局部精准的环境控制，同样体现了少人化与自动化的场景价值。

在教育领域，基于 OpenHarmony 的智慧教室解决方案，让智慧大屏与智慧教室主机通过 OpenHarmony 实现了设备全连接、全管理。电子班牌便于信息查询，物联管控让教室设备实现智能管理，互动课堂提升了小组协作效率，而理化试验的远程指导则保障了实验安全。

在工业制造领域，OpenHarmony 的工业原生应用使工业级 PDA（Personal Digital Assistant，掌上电脑）、工业级 PAD（Portable Android Device，平板电脑）等设备能够与边缘网关、机械臂、工业相机等设备联动，极大提升了工人的工作效率和巡检效率。

在油气领域，智慧油气勘探解决方案通过 OpenHarmony+5G 技术的应用，实现了全场景的高可靠、无死角的网络传输，解决了野外打井压裂、风噪监测等场景中 5G 网络信号弱和覆盖不全的问题。

在园区领域，智慧园区的公寓智能安防与管理解决方案以 OpenHarmony 通用控制器为感知中枢系统，通过 OpenHarmony 软总线能力，实现房屋门锁、家电、安防等相关设备的连接与智能化管控，为管家、业主、租户提供运营、生活、服务等全方位智能化服务。

以上成果仅仅是 OpenHarmony 在各行各业创新实践的冰山一角。随着更多合作伙伴加入 OpenHarmony，将打造出更多创新产品和解决方案。未来，将有数以十亿，甚至百亿级的生态设备在 OpenHarmony 的底座下互联互通。可以预见，随着量变引发质变，各行各业将迸发出前所未有的创新活力，一个万物智联的 OpenHarmony 世界将加速向我们走来。

3. 人才生态

2021 年，OpenHarmony 启动了“开源开发者成长计划”，旨在鼓励开发者积极参与开源软件的开发与维护。该计划为开发者提供了实践机会和资金支持，是一个长期的人才培养项目。

2022 年，OpenHarmony 推出了“技术俱乐部计划”，进一步推动产学研合作，促进技术创新和应用。该计划邀请技术专家进入校园进行指导交流，同时让师生参与 OpenHarmony 生态的共建。目前，该计划已扩展至 25 所高校。

2023 年，在 OpenHarmony 人才生态大会上，相关负责人介绍了社区生态和人才项目的进展，并分享了 OpenHarmony 操作系统的技术革新和成果。大会围绕人才生态发展中的问题、挑战和实践经验进行了深入的交流和讨论。

2024 年 5 月 14 日，OpenHarmony 人才认证初级考试在开放原子开源基金会考试平台正式上线。当前，OpenHarmony 人才认证初级考试处于限时免费阶段，覆盖 30 多个 OpenHarmony 重点子系统能力及模块，初级认证有效时限为两年。5 月 25 日，在 OpenHarmony 开发者大会 2024 上，OpenHarmony 人才认证正式发布，并对 14 家首批授权培训伙伴进行了授牌。

4. 海外生态

OpenHarmony 自诞生之初就定位为一个全球性的开源项目。开源社区的核心任务是吸引更多开发者加入社区，共同贡献力量，以促进更多的创新。如何更好地发展全球开发者，从一开始就是 OpenHarmony 项目群的重要工作之一。

为此，在 2023 年，开放原子开源基金会与 Eclipse 基金会就 OpenHarmony 的开源项目 Oniro 签署了合作协议，共同推进 OpenHarmony 项目的发展。OpenHarmony 和 Oniro 属于同一生态，Eclipse 基金会在欧洲成立了 Oniro 工作组，项目代码和 OpenHarmony 同源，旨在欧洲本地自主发展开发者。此次合作具有两个历史性的首次：一是两个基金会首次通过共享代码、品牌、知识产权和认证来共同发展开源生态，为全球社区树立了新的合作模式；二是国内开源基金会首次与国际基金会完成合作签约，双方将在技术项目、开发者生态和营销活动上发挥各自优势，共同推动开源项目在全球的发展。

在 Eclipse 基金会和 Oniro 工作组的共同努力下，OpenHarmony 在欧洲也拓展了开发者和伙伴生态。到 2024 年 6 月，包括 Bosch 在内的 7 家欧洲企业加入了 Oniro 工作组，构建了一个学习、使用、贡献 OpenHarmony-Oniro 的生态圈。

8.4 展望

回顾 OpenHarmony 社区的发展历程，从它的诞生到如今的蓬勃发展，始终秉持着“共建、共治、共享”的原则，吸引了众多志同道合的合作伙伴。通过不断的实践探索，OpenHarmony 已经为中国的开源产业发展开辟了一条新路。

展望未来，OpenHarmony 将聚焦于技术创新、生态构建和产业发展，致力于成为各行业操作系统的数字底座，激励开发者的创新精神，并推动整个数字生态系统的繁荣发展。随着更多的企业和开发者加入 OpenHarmony 的建设，共同促进生态的繁荣，OpenHarmony 有望成为连接不同行业和设备的桥梁，实现真正意义上的万物互联。

第 9 章 MindSpore：走进全场景 AI 时代

MindSpore 是华为推出的开源深度学习框架，旨在简化深度学习模型的开发、训练和部署流程。该框架提供了一系列端到端的开发工具和算法库，支持端、边、云在独立及协同模式下的模型训练和推理任务。在 2020 年 3 月举办的华为开发者大会上，MindSpore 宣布了其开源计划。自那时起，MindSpore 建立了一个广泛的应用生态系统，并吸引了大量开发者和研究机构的积极参与。

9.1 MindSpore 项目诞生背景

9.1.1 全场景 AI 框架的时代机遇

随着数据量的爆炸式增长和深度神经网络的广泛应用，深度学习正推动产业智能化的浪潮。具体而言，深度学习为计算机视觉、自然语言处理、强化学习、联邦学习等技术领域提供了强大的算法和模型支持，促进了这些领域在各自应用场景中取得显著的进展和突破。

自 2010 年以来，深度学习经历了不同的发展阶段。

2010—2014 年：**单领域浅层框架时代**。

在这一时期，ImageNet 竞赛中识别精度的突破和 AlexNet 的问世，率先在计算机视觉领域掀起了深度学习和卷积神经网络的热潮，代表性框架包括 Theano、Caffe 和 Torch 等。尽管这些框架具备解决问题的能力，但主要基于配置文件，与后来成熟的深度学习框架相比仍有较大差异。因此，这一阶段的框架被称为浅层框架（Shallow Framework）。浅层框架存在以下缺陷：配置文件方式的泛化能力有限，难以表达非视觉领域的复杂神经网络模型（如自然语言处理类网络），数据处理和分布式支持不足，新算子支持的开发困难等。

2015—2017 年：**多领域通用框架时代**。

随着深度学习研究的深入，自然语言处理在这一时期也取得了显著进展。浅层框架已无法满足同时支持计算机视觉和自然语言处理两大领域的通用性和复杂性需求。因此，TensorFlow 1.x、PyTorch 和 MXNet 等通用深度学习框架应运而生。

为了支持多领域算法，这些通用框架引入了具有中间表达的计算图，带来了很多有益的变化。例如，框架可以拥有统一的前端表达，不再局限于配置文件，这一变革使 Python 成为最常用的神经网络编程语言；框架可以拥有统一的后端，后端概念的出现意味着专用算子被支持多种硬件的张量库所取代，大多数通用框架的后端采用 C++ 实现，以满足高性能需求；基于图的网络构建模式，带来了自动微分、动态图 / 静态图等新特性。

此外，通用框架还引入了很多更新的模块和功能，如独立的数据处理模块、便于分布式训练的参数服务器模块。功能更新包括支持多种编程语言（如 Java、Go 等）、多种硬件（如智能手机、边缘硬件等）场景，更新模型转换标准（如 ONNX、Kronos 等），提供丰富的模型库等。

2018 年至今：**全场景 AI 计算框架时代**。

自 2018 年起，随着深度学习在产业应用中的需求日益增长，深度学习框架的发展进入了一个新的时代。Jax、TensorFlow 2.x 和 MindSpore 等新一代框架成为这一时期的标志性进展。

此前，视觉类和自然语言处理类模型算法已日趋成熟，框架发展的重点也随之转移。在多领域支持的基础上，新一代框架更加关注全场景能力（即覆盖训练开发、推理部署、产业应用等场景）和更高效的计算能力。以 GPT-4 为代表的超大模型和 AlphaFold 3 等创新成果，展示了 AI 与科学计算深入结合的主要趋势。

数学建模和量化求解是科学计算的核心任务。AI 技术的快速发展不仅深刻影响了机器视觉和自然语言处理领域，也为科学计算提供了新的范式。AI 方法可以直接基于数据进行可计算建模，或通过结合控制方程和定解条件，在不需要监督数据的情况下解决复杂问题。将数据与物理定律相结合，在正向求解、反问题和数据同化等领域展现出巨大的潜力。目前，SimNet 和 SciML 等仿真工具包深度集成了科学计算和 AI 领域的前沿技术，逐步在科学研究和工程应用的多个领域发挥效能。

综合来看，全场景计算框架的重要特征包括大规模分布式集群的自动并行能力、动态图与静态图的结合、对 AI 专用硬件的深度编译和优化支持、跨模态的超大规模参数模型支持，以及 AI 与科学计算的优化支持等。

9.2 MindSpore 项目简介

9.2.1 技术概览

MindSpore 项目自 2019 年起开始孕育，并在 2020 年实现了全面开源。

作为一个覆盖全场景的深度学习框架，MindSpore 致力于实现易于开发、高效执行和全场景支持这三大核心目标。在易于开发方面，它通过提供友好的 API 和降低调试难度来实现；在高效执行方面，它提升了计算效率、数据预处理效率及分布式训练效率；而全场景支持则意味着框架能够同时支持云、边缘和端侧的不同应用场景。

从技术架构的角度来看，MindSpore 具有以下几个核心特征：提供面向对象和面向函数的编程范式，两者均适用于构建网络算法和训练流程；MindSpore 利用原生 Python 构建神经网络的图结构，与传统的静态图模式相比，提供更易用、更灵活的表达能力；针对深度学习网络规模日益增长和多样化的分布式并行策略需求，框架内置了多维分布式训练策略，方便用户灵活组合使用。同时，通过抽象并行操作、隐藏通信细节等手段，降低了并行编程的复杂度。

9.2.2 开源与 AI、云的极致结合

在开源初期，MindSpore 就充分展示了开源与 AI、云的深度融合，为开发者提供了卓越的体验。

首先，MindSpore 在开源初期便提供了包括 pip、源代码和 Docker（支持 CPU 和 GPU）在内的多种安装试用方法。即使没有昇腾硬件环境，开发者也能

在笔记本电脑或台式机上快速体验 MindSpore 的构建和执行。

其次，MindSpore 社区为开发者提供了便捷的昇腾体验环境，使开发者能够迅速获得自己的“昇腾 + 昇思”开发体验。在云原生支持方面，MindSpore 在开源初期就实现了开箱可用。社区准备了基于 Kubeflow 1.0 和 Kubernetes 1.14 版本的基础 MindSpore Operator 实现，熟悉 Kubeflow 的开发者可以按照 README 文档中的步骤，在简单场景中体验 MindSpore 的容器化部署和运行。

最后，为了方便全球开发者的参与，MindSpore 社区不仅在便于国内开发者接入的 Gitee 平台上维护代码，还在 GitHub 平台上维护了代码的镜像仓库，并开放了 PR 和 Issue 的提交功能。项目采用了开发者熟悉的 Apache 2.0 许可证，而文档和资料中的非代码内容则使用了 CC-BY-4.0 许可证。

9.3 MindSpore 与开发者

9.3.1 开发者工具社区解决方案

1.TinyMS

TinyMS 是由 MindSpore 社区运营团队开发的深度学习开发工具包，旨在为 MindSpore 开发者提供易于操作的高阶 API 套件。具体来说，TinyMS 具有以下优点。

- 极简可视化：TinyMS 支持基于 OpenCV 的静态图像和动态摄像头视频检测。相较于传统可视化工具，后者通常要求开发者具备深度学习开发经验，包括数据处理、网络构建、模型加载和推理等。TinyMS 提供了一键式可视化推理工具，其中封装了大部分技术细节，从而简化使用 OpenCV 进行图像和视频检测的流程。
- 支持容器化快速部署的可视化推理：TinyMS 允许用户无须编程即可在网页界面体验图像识别功能。用户可以在浏览器中上传图像，系统将返回模型推理结果。目前支持的 AI 任务包括 LeNet5 数字识别、CycleGan 风格迁移和 SSD300 目标检测等。

- 提供丰富的模型库：TinyMS 的主流高阶模型由开发者贡献，覆盖计算机视觉、自然语言处理和推荐领域。自 0.1 版本发布以来，TinyMS 支持 11 个主流模型，开发者贡献了包括 DeepFM、AlexNet、DenseNet100、VGG16、SentimentNet 和 BERT 在内的 6 个模型。
- 提供多平台支持：基于 MindSpore 社区的 1.6.0 版本，TinyMS 支持在 Windows、MacOS、Ubuntu 等多平台上运行与部署。

自开源以来，TinyMS 已经吸引众多开发者贡献模型。例如，在第七届中国国际“互联网 +”大学生创新创业大赛中，华南理工大学团队选择 TinyMS 作为赛题并荣获金奖。

2. 昇思大模型平台

MindSpore 社区打造了首个基于国产 AI 算力和框架的一站式大模型平台，服务于全球开发者，并将大模型的能力开放给开发者使用。

昇思大模型平台集成了模型选型、创意分享和在线体验，提供 AI 实验室、模型库、大模型在线体验与微调、数据集等多个模块。平台提供强大的免费算力、易用的样例、精美的在线课程、多样化的 AI 大赛和有趣的社区活动等资源。

在产业布局上，平台计划建设业界首个大模型产业专区，为企业开发者提供从模型训练、推理到部署的 AI 应用开发专区。目前，已上线包括人文、电力、医疗、工业在内的 4 个场景企业案例。未来，平台将推出包括国潮 AIGC 模型、电力领域大模型等精选模型，助力企业在平台上部署大模型，建立行业样例标杆。

昇思大模型平台的优势体现在以下几个方面。

- 开发方面：平台联合行业客户将企业模型相关项目代码开放至 AI 实验室，并开放业务模型至模型库，供开发者查询、下载和在本地使用。开发者可基于代码在线体验模型训练、评估和推理，并进行二次优化，将优化结果贡献给平台和企业。
- 赋能方面：平台课程模块将上线高价值的企业 AI 课程，帮助开发者深入了解企业业务、痛点和问题，快速掌握符合企业需求的模型分析。同时，平台可联合企业策划并开展比赛。

- 伙伴共建方面：社区联合企业共同开展企业专场活动，在平台上展示企业精选模型，助力企业快速部署大模型，树立行业标杆。
- 易用性方面：平台后台提供数据统计模块，统计企业各模块的访问量、调用次数、模型下载量等指标。

在全球化布局上，昇思大模型平台与Hugging Face社区合作，在Hugging Face上推出了基于昇腾AI的首个国产AI算力体验专区，让开发者体验昇思大模型平台的推理服务。

昇思大模型平台升级了“悟空画画”大模型体验功能，开放了业界首个基于AI画廊的技术内容社交能力，推动AI技术走向大众化。

昇思大模型平台支持Jupyter Notebook在线编程，新增MindSpore Transformers模块，并推出涵盖计算机视觉、自然语言理解及大模型开发的课程模块，使开发者能够在平台上系统学习与实践AI项目。

9.3.2 开发者生态建设

自成立伊始，MindSpore便致力于构建一个根植于中国、服务全球的开源社区，并与全球深度学习开发者携手共建开源生态。选择国内代码托管平台作为主仓库，展现了MindSpore的本土化战略。同时，通过运用实时同步机器人等社区工程化手段，MindSpore在GitHub平台上维护了镜像仓库，便于全球开发者参与。此外，MindSpore通过与Eclipse基金会、Linux基金会等全球性组织合作，不断扩展全球开发者生态。

2020年5月，MindSpore推出了国内首个AI开源社区的开发者认证体系，并在次年进行了升级。目前，该体系设有4个等级，旨在助力开发者实现从零基础成长为专业人才。至今，已有307位开发者通过了认证，成为MindSpore的优秀开发者或布道师，其中276位来自非华为的社区贡献者。

4个等级分别是Spore（昇思MindSpore优秀开发者）、Gradient（昇思MindSpore资深开发者）、Jacobi（昇思MindSpore布道师）和Mind（昇思MindSpore资深布道师）。

这套开发者认证体系的建立，依托于MindSpore社区成立的昇思学习小组（MindSpore Study Group，MSG）。目前，MindSpore已在24个地区建立了MSG，并与300多所高校合作，提供从入门到精通的全场景AI实战线上课程，以支持全球AI开源赋能。

MSG定期举办很多新颖的开发者活动，例如多样性的技术研讨会。在这些会议中，MindSpore的技术专家会讲解最新版本的技术亮点，并邀请业界大咖分享AI和深度学习的最新动态。此外，MSG还会组织极客分享会，让开发者分享MindSpore在真实场景下的应用案例，或者让硬件极客分享前沿技术进展和最新的软硬件技术。

在社区贡献方面，MSG引导开发者从基础开始参与MindSpore社区的贡献，培养他们成为开源社区的活跃贡献者。例如，MindSpore的“分子动力SIG”就是在“MSG深圳”活动中孕育而生的，而专注于AIGC的“文旅SIG”则是在“MSG西安”活动中诞生的。同时，许多经过社区认证的开发者也担任MSG的组织者，MSG组织者的选拔和答辩过程成为众多开发者展现其技术实力和社交技巧的重要舞台。

此外，MSG组织还为MindSpore社区带来了很多独具特色的社区活动。

1. 社会公益——MSG在行动

2021年，河南省遭遇的一场暴雨引起了全国人民的关注。灾害发生后，“MSG河南”的组织者迅速在社区内发起了一个旨在汇聚物资以支援灾区的项目。他们公布了自己的联系信息，并成功地汇集了物资，为受灾的河南群众提供了急需的帮助。图9-1展示了该活动的宣传海报。

图9-1 “MSG河南”为暴雨灾害设计的宣传海报

同时，社区也采取了创新手段，在社区的问题提单区增设了“河南互助”的标签，以便灾区的开发者能够通过他们最熟悉的社区参与方式来分享信息。

河南的 MindSpore 开发者可以通过复制链接后在浏览器中打开，或直接单击微信公众号末尾的“阅读原文”进入社区，以提交求助信息、分享互助物资和补充救援信息。MindSpore 社区的“MSG 河南”组织者和社区运营团队还安排了专人通过社区 wiki 页面，不定期地跟进并维护这些信息。通过开源的方式搭建救援信息平台，促进了救援行动的顺利进行。

2. 科技女性——MSG Women in Tech

MSG Women in Tech 项目是由 MindSpore 社区发起的，旨在激励和支持每位女性在职场中实现自我价值。图 9-2 展示了 MSG Women in Tech 活动海报。

图 9-2　MSG Women in Tech 活动海报

MSG Women in Tech 通过举办开发者活动见面会这种创新形式，更多地依托于科技领域女性在日常工作中的实战经验分享，以此促进彼此之间的凝聚和联系。这样的活动让科技领域的女性从业者能够真正从中受益，并积极投身于社区的建设。

3. 开发者嘉年华——MindCon 极客周

MindCon 极客周是 MindSpore 社区每半年举办一次的盛会，专为开发者和 AI 爱好者设计，旨在引领他们深入探索 AI 的奥秘。图 9-3 展示了 MindCon 极客周活动海报。

图 9-3　MindCon 极客周活动海报

MindCon 极客周活动以 MSG 为组织核心，联合不同地区的高校和机构，由 MSG 举办一系列有趣的极客开发活动。活动内容主要由社区的 SIG 推动，这样的设置促进了社区开发组织和开发者社群的有效互动，为开发者提供了一条清晰的路径，使他们能够逐步成为社区的贡献者。

总体而言，通过 MSG 这一独具匠心的社区治理机制，MindSpore 成功地构建了一个健康运营的开发者社区。

9.4 MindSpore 社区治理机制

在浅层框架时代和通用框架时代，除了后来加入 Apache 软件基金会的 MXNet 项目以外，大多数框架类开源项目都缺乏完整的开源社区治理机制。原因并不复杂：对于浅层框架时代的项目，它们大多是面向特定功能的工具库，因此，除了发起团队作为主要开发力量持续投入以外，并没有建立更加开放、更复杂的社区治理机制的需求。而进入通用框架时代后，大多数深度学习通用框架都由单一公司主导，这些公司并没有进行开源治理的强烈需求。

随着 MindSpore 所代表的全场景框架时代的到来，我们面临着许多新的机遇与挑战：前面有 Tensorflow、PyTorch 和 PaddlePaddle 等深度学习平台，后面有同时期开源的 Oneflow、MegEngine 等深度学习框架。为了避免同质化，MindSpore 需要解决许多尖锐的问题。

首先是开放性问题，例如，如何实现跨领域的人工智能专家的有效协作，以摆脱单一厂商模式，让更多生态伙伴参与社区共建；其次是可信性问题，例如，深度学习框架的开源软件及其所在开源社区的可信度；最后是多样性问题，例如，如何发展一个充满活力的开发者社群，摆脱传统的互联网营销模式，真正通过人与人的联系建立起自发性的开发者自组织网络。

为了解决上面提到的问题，MindSpore 需要一套制度设计来提供体系化的答案。经过多年的探索，MindSpore 社区逐渐形成了一套具有如下特点的社区治理机制。

- 开放性方面：MindSpore 在社区筹备成立之初，就与来自鹏城实验室、中国科学技术大学、爱丁堡大学、Jina.ai 等科研机构、海内外高校和初创企业的专家一起，策划成立了 MindSpore 社区的技术委员会。随着社区的发展壮大，又与更广泛的社区伙伴共同发起成立了社区理事会。社区所有组织的会议都公开透明，会前有预告，会后有录屏，确保了开发者对社区的信任，并推动了社区的快速成长。在社区的周年庆典和峰会活动上，开发者都能见证全球化的技术委员会专家的祝福，以及社区理事会发起的产业生态合作计划。

- 可信性方面：MindSpore 社区积极参与开源可信工作，分享了社区开发者体验 SIG 的大量优秀实践，成为全国首批获得可信开源社区评估证书的 AI 开源项目之一，并成为可信开源社区的发起成员。
- 多样性方面：社区的非技术开发类社群活动通过面向不同地区、高校、企业机构的 MSG 来组织。

在开源 4 年后，事实证明，这套社区治理机制为 MindSpore 社区带来了丰硕的成果。

首先，众多 AI 领域的专家加入了社区的专家委员会，为社区的发展提供了宝贵的建议。这些专家的参与促成了多个学术与开源联动的专题项目在社区进行预研，基于 MindSpore 框架的顶级会议论文数量超过 1200 篇。

其次，由 AI 芯片企业、AI 应用企业、高校与学术机构等共 18 家单位组成的社区理事会，通过凝聚产业共识，推动了将近 30% 的国产大模型基于 MindSpore 进行适配和发布。

最后，由“分子动力学 SIG”等社区组织推动，MindSpore 已经发布了包括蛋白质结构预测、生成在内的二十多个 AI+ 科学计算领域的模型。同时，通过 MSG 的运营，MindSpore 吸引了超过 2.5 万名开发者加入。

可以说，社区治理机制为 MindSpore 社区的成长增添了浓墨重彩的一笔。

第 10 章　明星项目

10.1　KubeEdge：云原生边缘计算平台

2018 年，华为云的云原生专家团队联合发起了业界首个云原生边缘计算项目——KubeEdge，旨在帮助客户利用边缘计算技术构建商业应用。到了 2019 年 3 月，该项目被托管至 CNCF，成为 CNCF 旗下首个将云原生技术应用于边缘计算的开源项目。

KubeEdge 扩展 Kubernetes 的原生容器编排和调度能力至边缘环境，为边缘应用的部署、云与边缘间的元数据同步以及边缘设备的管理等提供了基础架构支持。它实现了云边协同、计算下沉、海量边缘设备管理、边缘自治等功能，为边缘计算提供了一体化的云边端协同解决方案。

10.1.1　认识 KubeEdge

1. 孕育与崛起

自 2018 年 11 月开源以来，KubeEdge 社区始终坚持开源开放的治理模式，并在开放协作的理念下茁壮成长。如图 10-1 所示，KubeEdge 社区的建设集中在社区治理、社区活动、开发者赋能、用户生态构建等方面。在 CNCF 上游社区鼓励生态发展和持续创新的理念指导下，KubeEdge 社区致力于构建一个开放共治的云原生边缘计算社区。

截至 2024 年 6 月，全球已有超过 1600 名开发者参与 KubeEdge 的代码贡献，这些开发者来自中国、美国、德国、韩国、日本、土耳其、意大利、波兰、墨西哥、俄罗斯、英国、西班牙、印度、尼加拉瓜等多个国家。超过 100 家企业与科研机构参与了项目合作。

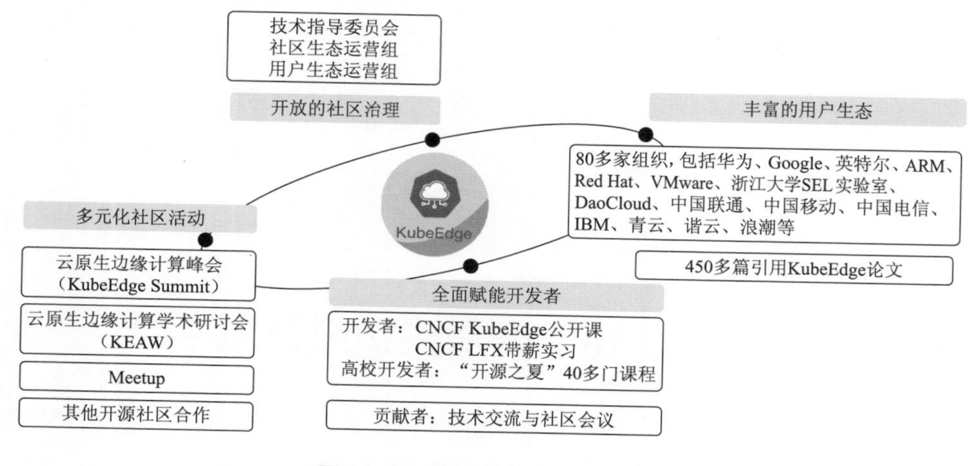

图 10-1　KubeEdge 社区的建设

2. 布局和核心技术

传统边缘计算行业面临诸多挑战，如多层级独立控制、设备开放性不足、系统集成复杂等问题。这些问题导致边缘应用的开发成本高、上线速度慢、智能化程度低。KubeEdge 的主要任务是将易于扩展和迁移的云原生技术架构应用于边缘计算领域。

如图 10-2 所示，KubeEdge 在 Kubernetes 原生的容器编排和调度能力基础上，进一步扩展了云边协同、计算下沉、海量边缘设备管理、边缘自治等功能。这实现了云原生技术向边缘计算领域的延伸，并促进了云原生生态与边缘计算生态之间的互通。

KubeEdge 在完全兼容 Kubernetes API 的基础上，针对边缘计算中的网络不稳定、资源受限、海量边缘设备等挑战，实现了以下性能优化。

- 提供了与"云—边—端"一致的业界标准云原生应用管理框架，解决了云边协同架构中云平台厂商绑定的问题。
- 显著优化了边缘节点组件的资源占用，支持对小规格边缘网关节点的管理。

- 在云边之间引入了双线多路复用通道，重新实现了 Kubernetes 控制面与节点的通信机制，并引入了可靠的校验机制，解决了边缘节点与云上组件连接时带宽受限、网络质量不可靠的问题。

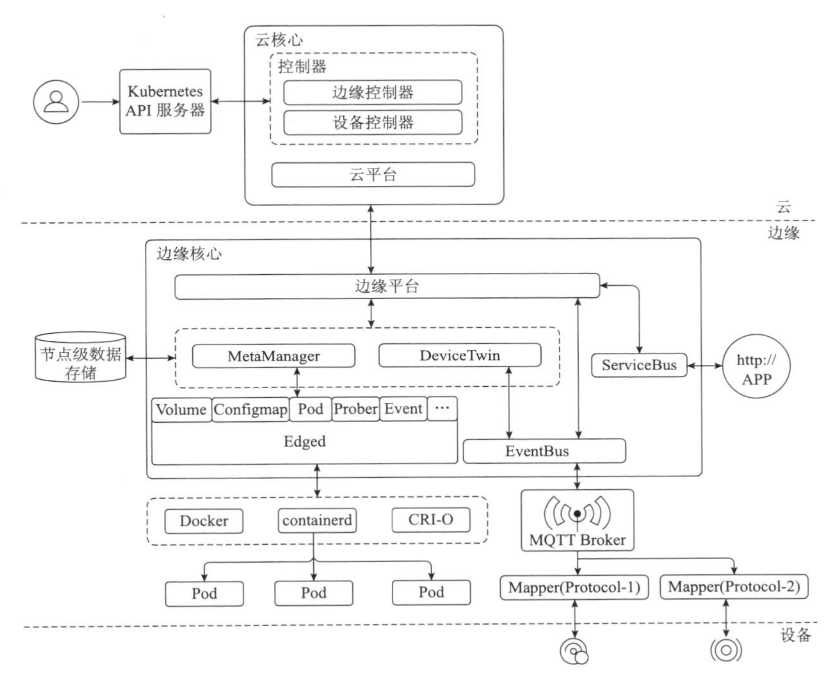

图 10-2　KubeEdge 提供的功能

- 边缘节点支持数据的本地持久化，并支持边缘节点的离线自治。
- 在北向，基于 Kubernetes CRD 引入了设备管理 API，支持以 Kubernetes API 标准来管理边缘设备。
- 在南向，提供了物联网设备接入框架，内置了多种主流物联网通信协议的实现，并支持用户自定义扩展，解决了异构设备接入的复杂性问题。

10.1.2　社区运营与治理

KubeEdge 社区旨在与全球开发者和合作伙伴共同打造一个开源治理、协作创新、繁荣且可持续的云原生边缘计算社区。KubeEdge 社区致力于实现以下目标。

- 开放与透明：确保所有社区决策过程的公开透明，以推动项目的开源治理。
- 包容与多样性：欢迎来自全球各地、各行各业的开发者和用户，无论其经验和背景如何，都能在社区中贡献自己的力量。
- 协作与共享：通过合作开发和技术共享，促进社区技术的快速创新与广泛传播。
- 教育与成长：为新手开发者提供必要的资源和支持，帮助他们成长为有经验的贡献者。
- 可持续发展：建立健全的治理结构和开发者晋升机制，确保项目的长期健康发展。

图 10-3 展示了 KubeEdge 社区治理与运营的全景。

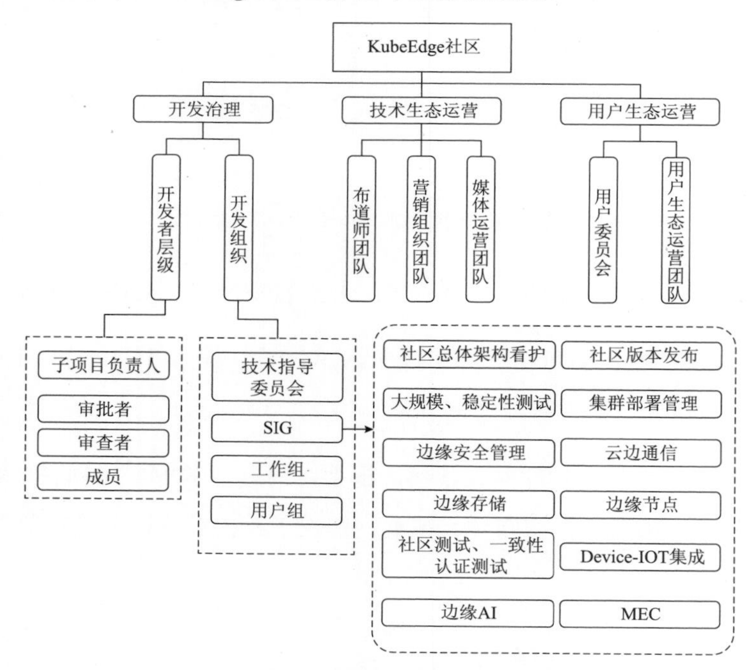

图 10-3 KubeEdge 社区治理与运营的全景

KubeEdge 社区的治理工作覆盖了开发治理、技术生态运营和用户生态运营 3 个方面。为此，社区成立了技术指导委员会、布道师团队和用户生态运营团队等治理模块，以维持社区治理的透明度与开放性，并确保社区持续创新和充满活力。

KubeEdge 社区的技术指导委员会由行业专家学者和社区中的顶尖开发者组成，作为社区的最高决策机构，为技术创新与发展提供精准的指导。各个 SIG 负责规划与开发社区的不同模块。技术生态运营方面的团队负责社区技术生态的宣传与推广工作。用户生态运营方面的团队则负责管理社区中各行业的用户生态，包括组织行业用户的例会等。

KubeEdge 通过多渠道的社区响应机制，倾听用户与开发者的声音，以此保持社区的活力，并促进社区内开发者、合作伙伴和用户之间的沟通与合作。

10.1.3 产业生态构建

1. 产学研紧密合作，构建繁荣的用户生态

KubeEdge 社区与学术界、产业界和研发机构紧密合作，通过社区案例树立行业标杆，不断拓展生态合作伙伴。在 KubeEdge 社区，包括华为、Google、英特尔、ARM、Red Hat、VMware、浙江大学 SEL 实验室、DaoCloud、中国联通、中国移动、中国电信、IBM、青云、谐云、浪潮、腾讯云、inovex GmbH、Infoblox 等在内的 100 多家产学研机构，共同构建了一个丰富多元的产学研生态体系。各种资源的整合促进了云原生边缘计算技术领域的创新和应用扩展，所建立的生态系统为社区的增长提供了强劲动力和坚实支持。

2. 社区品牌活动打造，深度链接伙伴与开发者

KubeEdge 社区举办了丰富多样的活动，包括社区峰会、技术研讨会和线上交流等，这些活动加强了社区与开发者之间的联系。标志性的社区活动如 KubeEdge Summit 云原生边缘计算峰会和 KEAW 云原生边缘计算学术研讨会，作为云原生边缘计算社区的旗舰会议，聚焦于探讨该领域的最新技术趋势和发展方向，不仅推动了行业的持续发展，还在开发者中产生了深远影响。此外，社区在全国范围内举办的 Meetup，为技术成果的分享提供了平台，吸引了越来越多对云原生技术感兴趣的开发者加入社区。

3. 全方位支持，赋能开发者

KubeEdge 社区为开发者提供了深入了解社区、积极参与其中以及获取技术方案和专家指导的途径。社区通过举办系列公开课、组织课题竞赛等活动，为开发者提供了丰富的学习资源和完善的工具支持，营造了一个有利于成长的环境。此外，社区还建立了一套丰富的激励机制，以表彰开发者的贡献，激励他们在社区中充分发挥自己的潜力，实现持续成长。

10.1.4 社会价值

截至目前，KubeEdge 社区已完成多个具有代表性的行业项目，包括业界最大规模的云原生边云协同高速公路项目、业界首个云原生星地协同卫星项目、业界首个云原生车云协同汽车项目、业界首个云原生油田项目等。这些项目极大地推动了相关行业的数字化转型和智能化升级。

这里以边云协同高速公路项目为例进行介绍。2019 年，交通运输部推动 ETC 联网并取消了高速公路省界收费站。该项目要求部署约 10 万台门架系统以及相应的控制器与边缘终端，总计需要运行超过 50 万个应用。这是一次前所未有的大规模边缘设备部署和管理挑战。

面对这一重大技术挑战，项目团队选择了专为云边协同设计的 KubeEdge 开源项目。如图 10-4 所示，KubeEdge 凭借其兼容性、资源管理、异构支持以及与 Kubernetes 的紧密结合等特性，有效地支持了高速公路 ETC 联网项目的成功实施，实现了对大量异构设备和应用的高效管理。

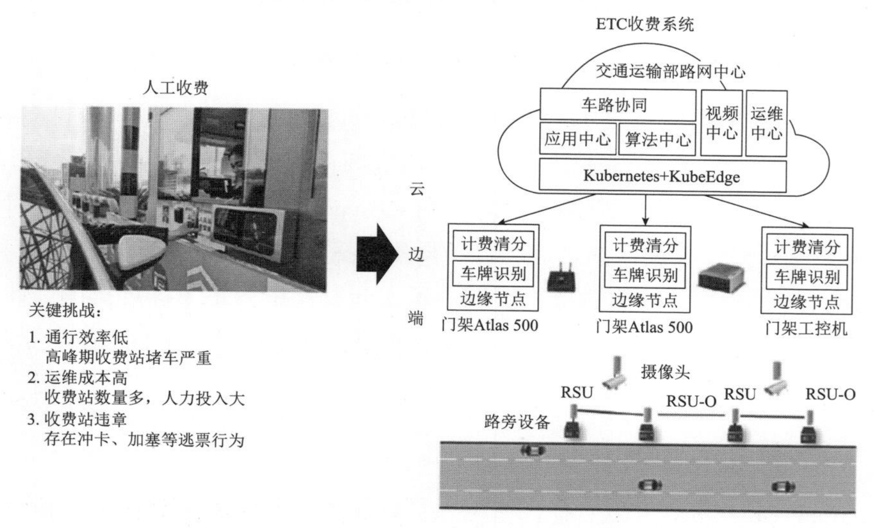

图 10-4 KubeEdge 在高速公路 ETC 联网项目中的应用

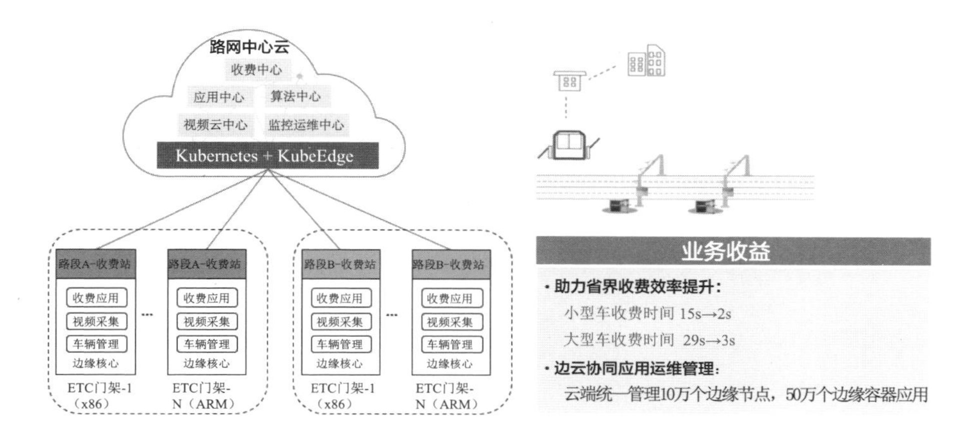

图 10-4　KubeEdge 在高速公路 ETC 联网项目中的应用（续）

KubeEdge 的边缘管理系统管理全国 29 个省、自治区、直辖市的约 10 万个边缘节点和 50 万个边缘应用，每天处理超过 3 亿条数据，将收费站的交通效率提升了 10 倍。这不仅使人们的高速出行更加便捷，还为未来车路协同、自动驾驶等创新业务的发展提供了坚实的平台支撑。

10.1.5　展望

展望未来，KubeEdge 承诺将持续进行技术创新和优化，以支持更广泛的边缘计算场景和满足不同行业的多样化需求。KubeEdge 致力于成为边缘计算领域的领先者，并推动云原生技术在边缘侧的广泛应用。

10.2　Volcano：云原生批量计算引擎

Volcano 是业界首个专为云原生环境设计的批量计算项目，它在 AI、大数据、基因分析、渲染等高性能计算场景中得到广泛应用，并支持一系列主流的通用计算框架，如 Spark、Flink、TensorFlow、PyTorch、Argo、MindSpore、PaddlePaddle、Kubeflow、MPI、Horovod、MXNet、KubeGene、Ray 等，同时构建了一个完善的生态系统。

该项目在 2019 年的 KubeCon+CloudNativeCon China 峰会上宣布开源，并在 2020 年 4 月正式成为 CNCF 的官方项目。到 2022 年 4 月，Volcano 进一步

晋级为 CNCF 的孵化项目。

10.2.1 架构设计与实现

如图 10-5 所示，Volcano 是基于 Kubernetes 构建的，它提供了一系列高阶功能，包括作业调度与管理、资源分配管理、性能优化等。

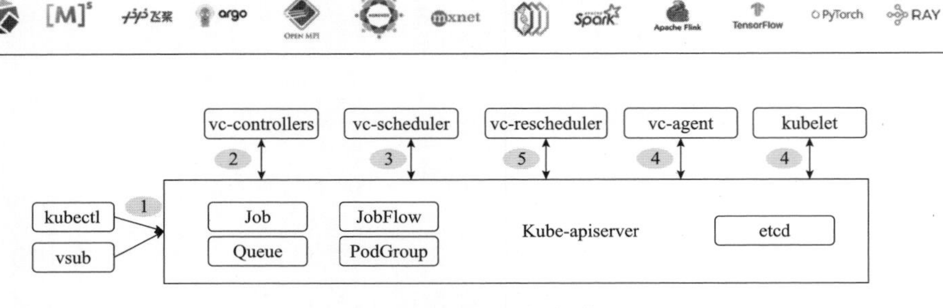

图 10-5 Volcano 的架构

- 统一的作业管理：Volcano 提供全面的作业生命周期管理，统一支持几乎所有主流的计算框架。
- 丰富的高阶调度策略：Volcano 提供公平调度、任务拓扑调度、基于服务等级协议（Service Level Agreement，SLA）的调度、作业抢占、回填、弹性调度和混合部署等。
- 细粒度的资源管理：Volcano 提供作业队列、队列资源预留、队列容量管理和多租户动态资源共享等功能。
- 性能优化和异构资源管理：Volcano 优化了调度性能，并结合 Kubernetes 提供了一系列扩展性、吞吐量、网络、运行时的优化。此外，它还支持异构硬件，包括 x86、ARM、GPU、昇腾等处理器。

10.2.2 社区运营与治理

1. 健全的社区运营机制

Volcano 社区由来自华为、百度、英伟达等组织的维护者负责开发与运营。

社区定期举行周例会，由维护者集体决策重大事项。具体来看，维护者承担以下职责：

- 负责社区开源许可证的选择决策和开源合规性检查；
- 定期排查代码中可能存在的安全漏洞，并在社区进行公布与修复；
- 负责社区子项目的创建和新版本的发布。

这些机制确保了 Volcano 社区的稳定发展和有序组织。

2. 开放透明的社区治理

Volcano 社区是一个开放的平台，欢迎任何遵守社区运营规范的个人和组织参与并贡献力量。

Volcano 社区致力于构建一个可信的开源社区，并遵循国际开源合规标准。目前，社区已经获得中国信息通信研究院的可信开源社区认证，并通过国际开源合规标准 OpenChain 的认证，这标志着 Volcano 社区在构建可信社区和开源合规治理方面已经相当成熟。

3. 持续打造社区品牌，构建社区影响力

Volcano 社区积极投身于国内外众多技术研讨会，如 KubeCon、CloudNativeCon、GOTC 全球开源技术峰会及开放原子全球开源峰会等，通过这些平台展示 Volcano 的最新动态、社区发展和行业内的最佳实践。这些活动不仅帮助开发者和合作伙伴深入理解 Volcano，还促进了合作。

此外，Volcano 社区还组织了多场高校校园行和多座城市的线下 Meetup，这些活动深化了与开发者和社区合作伙伴的联系。通过分享社区的最新技术成果，Volcano 社区成功吸引了更多开发者和合作伙伴加入，共同促进社区生态的繁荣发展，不断增强 Volcano 社区的品牌影响力。

10.2.3 产业生态构建

截至 2024 年 6 月，Volcano 已在超过 50 家生产企业中成功实施，服务于互联网、高端制造、金融、生命科学、科研、自动驾驶和医药等多个行业。它在人工智能、大数据、基因测序、渲染等领域的大规模数据计算和分析场景中得到广泛应用。Volcano 的主要用户群体包括 bilibili、亚马逊、微软、荷兰 ING 银行、腾讯、百度、小红书、京东、爱奇艺、趣头条、滴滴、BOSS 直聘、网易数帆等企业。

为了进一步促进社区的成长，Volcano 社区联合 11 家合作伙伴发起了社区共建计划。该计划旨在帮助用户快速融入社区，加速 Volcano 的实践应用，并共同培育一个繁荣的社区生态系统。参与这一共建计划的首批合作伙伴包括百度、博云、第四范式、唯品会、锐天投资、中科类脑、品览、360、网易数帆、喜马拉雅和 BOSS 直聘等。

10.2.4 社会价值

Volcano，作为 CNCF 首个专注于云原生批量计算的项目，已在互联网、人工智能、大数据、金融和生命科学等多个领域实现了深入的实践应用。它帮助众多企业将传统的高性能计算、人工智能和大数据计算任务迁移至云原生批量计算平台。在优化作业和资源管理以及提升集群资源利用率方面，Volcano 发挥了至关重要的作用。例如，荷兰 ING 银行基于 Volcano 构建的大数据分析平台的成功实施，展示了 Volcano 的实际应用成效。

1. 实践背景

荷兰 ING 银行是一家国际性的金融服务企业，业务涵盖银行、保险和资产管理等多个领域。其客户群体广泛，包括个人、家庭、企业、政府及基金组织等。

当前，银行业面临着众多法规和限制的挑战，例如不同国家间的监管要求差异、数据孤岛问题导致的全球和本地限制、数据安全以及合规性创新等。在这种背景下，快速采纳新技术并非易事。因此，荷兰 ING 银行开发了符合自身产业需求的数据分析平台，旨在为企业内大约 50% 的员工提供安全、便捷的端到端分析能力，助力他们利用数据分析平台构建解决方案，应对各种业务挑战。

2. 挑战

荷兰 ING 银行从传统的 Hadoop 平台向 Kubernetes 过渡，但在作业管理和多框架支持方面遇到了一些挑战，具体如下。

作业管理：

- Pod 级别的调度无法感知上层应用。
- 缺乏细粒度的生命周期管理。
- 缺乏任务依赖关系和作业依赖关系。

调度：

- 缺少基于作业的调度功能，如排序、优先级、抢占、公平调度、资源预订等。
- 缺少足够的高级调度算法，如 CPU 拓扑、任务拓扑、IO-Awareness、回填等。
- 缺少对作业、队列、命名空间之间资源共享机制的支持。

多框架支持：

- 对 TensorFlow、PyTorch 等框架的支持不足。
- 对每个框架的部署（如资源规划、共享）等管理较为复杂。

虽然使用 Kubernetes 来管理应用服务（无论是无状态应用还是有状态应用）非常方便，但在批量计算任务的调度管理方面，它不如 Yarn 那样友好。不过，Yarn 本身也存在一些限制，例如对新框架的支持不够完善，对 TensorFlow、PyTorch 等的支持不足。因此，荷兰 ING 银行寻找新的解决方案以应对这些挑战。

3. 解决方案

荷兰 ING 银行通过使用 Kubernetes 对整个集群进行管理，并借助 Volcano 实现 Spark 任务的调度，摒弃了静态资源分配的方式。集群资源能够根据 Pod、Batch、Interactive 任务的优先级和资源需求进行动态调整，这显著提升了集群资源的整体利用率。

例如，在工作日的正常办公时段，当常规服务应用的资源未被充分利用时，Batch 和 Interactive 应用可以在资源需求增加时临时利用这些空闲资源。而在假期和夜间，Batch 作业能够利用集群的全部资源进行数据计算，进一步优化资源利用率。

4. 成效

Volcano 凭借其出色的批处理任务调度能力，结合强大的作业管理机制、多样化的调度策略以及全面的监控系统，助力荷兰 ING 银行顺利完成了从传统 Hadoop 平台到结合 Kubernetes 和 Volcano 平台的迁移。这一转变不仅显著提升了调度性能，还提升了资源的利用效率，有效解决了大数据领域内长期存在的多个问题。Volcano 的成功应用为大数据业务向云原生批量计算平台的转型提供了宝贵的实践经验和指导。

10.2.5 展望

自开源以来，Volcano 已经赢得了全球众多开发者、合作伙伴和用户的认可与支持。截至 2024 年 6 月，Volcano 社区已经吸引了超过 58 000 名开发者加入，收获了超过 3900 个 Star 和超过 800 次 Fork。参与贡献的企业包括华为、Google、AWS、百度、腾讯、京东、小红书、博云、bilibili、第四范式、快手、DaoCloud、360 等。

展望未来，Volcano 将持续推进云原生批量计算技术的发展，探索更高效的高级调度策略，并进一步提升资源的利用效率，以适应不断演变和增长的业务需求。

10.3 Karmada：领先的多云容器编排引擎

Karmada 作为 CNCF首个多云容器编排的项目，同时也是业界首个多云多集群容器编排项目，由华为云、中国工商银行、小红书、中国一汽等 8 家企业联合发起。2021 年 4 月，Karmada 正式开源，并在 2023 年 9 月成为 CNCF 的孵化项目。Karmada 旨在帮助用户在多云环境中部署和运维业务应用。凭借与 Kubernetes API 的兼容性，Karmada 使单集群工作负载能够平滑迁移，同时保持与 Kubernetes 生态系统工具链的协同工作。

10.3.1 架构设计与实现

1. 多云容器编排的需求

随着云计算技术的快速发展，企业对云基础设施的需求日益多样化，多云策略已成为众多企业的首选。多云环境不仅增强了业务的灵活性和可用性，还显著降低了对单一云服务提供商的依赖风险。根据《Flexera 2022 年云状态报告》，89% 的受访企业在 IT 架构上选择多云战略，其中 87% 的企业正在使用多家云服务提供商的服务。然而，这也带来了新的挑战：管理和协调跨多个云平台的容器化应用变得复杂。现有的容器编排工具在多云环境下面临跨集群资源调度、统一管理和数据一致性等问题。云原生多云多集群业务编排还面临诸如集群数量庞大带来的重复劳动、业务分散导致的维护困难、集群边界限制以及厂商锁定等多重挑战。

2. Karmada 技术理念

Karmada 融合了华为云多云容器平台（Multi-Cloud Container Platform，MCP）和 Kubernetes Federation 的核心实践，继承并超越了社区 Federation v1 和 v2（kubefed）的设计理念。它不是简单地在不同集群间复制资源，而是通过一套全新的 API 和全局控制面板（见图 10-6），在保持 Kubernetes API 不变的前提下，无缝地在多云环境中部署和管理分布式工作负载。

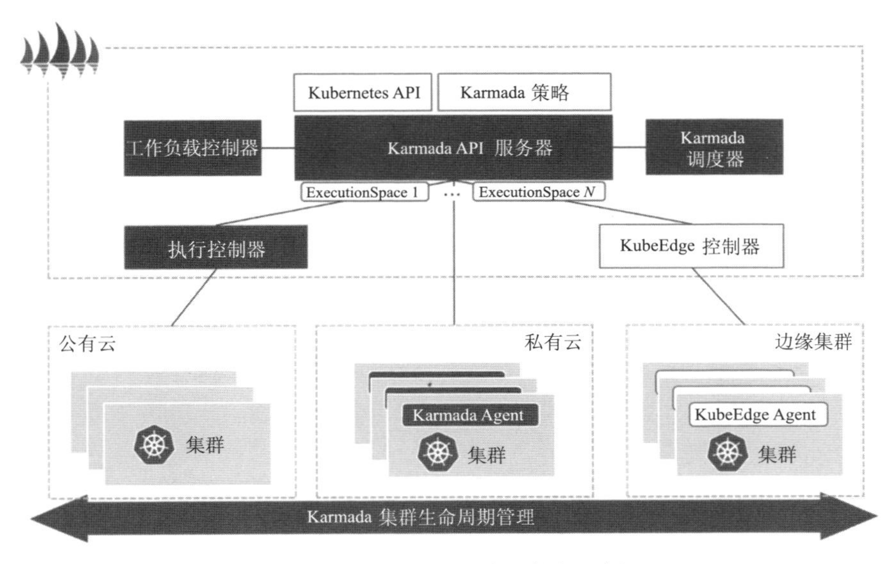

图 10-6 Karmada 全局控制面板

用户通过 Karmada 提供的全局控制面板，能够像管理单一集群一样管理多云上的 Kubernetes 集群，简化了多云环境的运维复杂度。Karmada 引入了高级的跨集群调度策略，根据资源需求、成本、合规性等因素，自动将工作负载优化部署到最适合的云平台或区域。通过分布式数据管理和同步机制，确保多云间的数据和配置一致性，降低了数据管理的复杂度，使基于 Karmada 的多云方案无缝融入云原生技术生态。

10.3.2 社区运营与治理

Karmada 社区遵循开放和协作的治理理念，确保社区贡献者和用户能够透明地参与项目的最新进展和决策过程。在规划社区的总体方向和策略时，社区维护者和专家团队积极倾听并吸纳社区用户和开发者的意见与建议，从而制定出更符合用户需求和产业趋势的社区发展路线图。此外，Karmada 社区还为开发者营造了一个良好的成长环境和交流平台，共同推动社区生态的健康发展。

1. 举办线上、线下活动，分享技术创新与应用

Karmada 社区正努力成为一个充满活力和创新的技术生态社区。通过积极参与行业会议和组织线上、线下活动，吸引全球开发者和企业的关注。社区定期举办本地及全球范围的 Meetup，促进开发者之间的交流和协作，分享最新的技术动态和最佳实践。这些活动不仅推动了 Karmada 项目的发展，也为多集群管理领域贡献出宝贵的经验和技术创新，增强了社区成员的凝聚力和参与感。

2. 拥抱贡献者，共建活跃社区

社区鼓励开发者参与社区贡献，包括代码贡献、文档编写、问题报告和社区宣传等。社区为开发者提供了成为建设者的机会，并构建了完整的贡献者成长机制，与社区共同成长。

从贡献者到成员、审查者、维护者、技术指导委员会成员，每一位社区开发者都可以基于个人代码质量、活跃度和对社区的影响，在社区中获得身份认可。公开透明的贡献评估体系促进了 Karmada 社区的健康发展，并为社区成员的成长路径提供了方向，鼓励更多的开发者积极参与 Karmada 项目的建设。

同时，社区还积极组织和参与一系列贡献者活动，如“开源之夏”（中国科学院软件研究所推出的“开源软件供应链点亮计划”）、LFX Mentorship（由Linux基金会组织）等面向开发者的社区课题活动，为开发者指引社区贡献通道，鼓励与社区研发协作开展项目创新。

3. **采用者专项指导，开发者培训支持**

Karmada社区提供了如下专项指导。

- 社区为用户提供全面的专家支持，确保他们在使用过程中能获得及时和专业的帮助。对于有特定需求的企业用户，社区成立了由核心开发者和技术专家组成的专项小组，解答用户在安装、配置、性能优化和故障排除等方面的问题，助力其快速实施。此外，社区收集并整理了典型的采用案例，供用户参考。

- 社区维护了详尽的技术文档，包括Karmada快速入门指南、API参考、常见问题解答等，由社区贡献者定期维护更新，确保内容的准确性和时效性。开发者还可以通过Slack、GitHub Issues、邮件列表等途径联系Karmada专家团队，获得一对一的帮助和指导。

- 为了提高云原生爱好者和社区贡献者对Karmada的了解，社区支持和推广培训课程，并研发官方课程，覆盖从基础到高级应用的各层次。这些课程由资深开发者和技术专家授课，帮助开发者掌握Karmada技术和最佳实践。课程以视频、直播和互动问答形式进行，提供灵活的学习方式。同时，社区沙箱为开发者提供了实操体验的机会。

4. **构建社区反馈机制，高效响应用户需求**

Karmada社区在Slack、邮件列表、GitHub Issues、微信群等平台建立了沟通渠道，成员可通过这些渠道进行技术讨论、问题求助和经验分享。定期举行的社区会议和公开的会议记录可以帮助成员保持同步，促进协作与交流。社区定期发布新版本，并通过发布说明文档告知用户改进的功能，同时设置反馈机制以持续改进。

通过多渠道的实时反馈和定期的评审反馈循环，Karmada社区建立了一个高效、透明且以用户为中心的反馈机制。这不仅加快了问题解决的速度和提高了解决问题的质量，也增强了社区的凝聚力和用户的信任。

10.3.3 用户生态与产业价值

Karmada 社区的生态系统正在蓬勃发展，已经吸引了来自华为、DaoCloud、浙江大学、腾讯、滴滴、网易、英特尔、Google、Red Hat、微软、有赞、老虎证券等 60 多家单位的贡献者，这些贡献者遍布全球 22 个国家和地区。2023 年 9 月，Karmada 项目正式成为 CNCF 的孵化项目，这一成就标志着其技术生态获得了全球业界的广泛认可，并进一步巩固了其在分布式云原生技术领域的领先地位。

Karmada 凭借其创新的多云多集群容器编排能力，已被包括华为云、中国工商银行、兴业数金、中国移动、中国联通在内的超过 30 家知名企业采用，为这些企业提供了从单集群到多云架构的平滑过渡方案。

以下是某工业智能检测平台的应用案例。

在液晶面板制造业中，多种因素常常导致产品质量问题。为应对这一挑战，某企业在关键的生产流程节点引入了自动光学检测设备。该设备利用光学原理来识别常见的缺陷。然而，现有的自动光学检测设备只能初步判断是否存在缺陷，后续仍需要人工介入以对缺陷进行分类，并识别可能的误判。这一过程不仅耗时，而且影响整体生产效率。为了提升准确性并降低劳动强度，企业引入了自动缺陷分类系统。该系统运用深度学习技术自动分析自动光学检测设备输出的缺陷图像，筛选出错误判定，从而提升生产效率。

在构建工业智能检测平台时，企业结合 Karmada 的集群管理能力，使不同地域的 Kubernetes 集群可以注册至中心云系统，由中心云系统对多个现地集群进行统一管理。同时，利用聚合层 API 和 karmada-aggregator 组件提供的集群统一访问能力，完成了集群监控、中心云数据下发、跨现地训练、可视化大屏等聚合成员集群数据的功能。通过 Karmada 聚合层 API，企业在大屏中展示实时数据时，可以直接调用成员集群的服务，无须让所有数据都通过大数据的离线分析，实现实时数据实时分析。

10.3.4 展望

Karmada 为身处多云时代的企业提供了一个强大而灵活的容器编排解决方

案，有效解决了多云管理的难题，并在企业探索云原生技术应用的旅程中提供了坚实的技术支持，成为连接和简化多云生态系统的关键工具。

未来，Karmada 社区将继续在云原生多云多集群技术领域进行创新和探索，不断增强和完善社区的功能特性。这些工作将涵盖多集群安全性、大规模场景下的应用、多集群的可观测性、应用的多集群分发，以及生态系统的融合发展等方面。这些努力旨在进一步提高平台的性能和用户体验，为企业带来更灵活、高效且安全的多云管理方案，从而推动云原生技术在多云环境中的发展和广泛应用。

10.4 openInula：创新性前端框架

近年来，前端框架领域不断涌现新技术，如响应式编程和编译优化等先进理念，为这个领域注入了新的活力。然而，React 作为广泛使用的敏捷开发框架，在高性能和易用性上仍存在一些局限性，迫切需要在 React 框架的基础上进行更深层次的探索和优化。

在这样的背景下，华为开源项目——openInula 应运而生，旨在打造一个既具有高性能又易于使用，且兼容 React 的创新性框架。openInula 的首要任务是确保现有业务能够以最低成本平稳迁移，并保障服务的正常运行。

自 2021 年初 openInula 项目启动以来，一场与时间的竞赛悄然拉开序幕。十多名前端工程师全身心投入框架的设计和实现中，团队成员深入研究虚拟 DOM（Document Object Model，文档对象模型）、代码编译等核心技术，并不断优化框架的每一个细节。经过一年的努力，团队成功构建了一个具有严格兼容性的初代版本，确保了业务代码在迁移过程中的完整性和稳定性，为后续的推广应用奠定了坚实的基础。

2022 年中，openInula 在华为内部进行了小范围试用，一些业务团队率先尝试将 openInula 应用于实际项目。在试用过程中，openInula 的稳定性和性能表现获得了开发者的一致好评。这些积极的反馈极大地鼓舞了 openInula 团队，并坚定了其全面推广 openInula 的决心。2023 年初，华为开始在公司范围内全面推广 openInula。同年 9 月，在备受瞩目的华为全联接大会上，openInula 开源。这一举措不仅体现了华为开放、合作、共赢的理念，也为国内前端生态的繁荣发展注入了新的活力。

截至2024年初，已有超过1000万行业务代码采用openInula进行开发，openInula已经成为华为前端技术栈的中坚力量。

10.4.1 框架设计与实现

openInula的诞生源于对极致性能的追求和对更优秀前端开发体验的向往。兼容性只是起点，其终极目标是在性能上实现创新性突破。然而，在性能优化的道路上，团队遇到了重重障碍，其中虚拟DOM的Diff算法成为制约性能提升的关键因素。面对这些看似不可逾越的困难，openInula团队投身于算法优化和迭代，最终在性能上实现了与React的齐头并进，甚至在某些场景下实现了超越。

与此同时，openInula最引以为傲的创新是对响应式API的设计。这一设计突破了虚拟DOM的限制，直接对真实DOM进行精准更新，避免了不必要的组件重新渲染，使复杂页面的刷新更加流畅。这一突破性设计使openInula在各项性能指标上都有了质的飞跃，为用户带来了前所未有的便捷体验。

为了让openInula成为一个完整的解决方案，团队还精心打造了一系列配套开发工具，涵盖状态管理、网络请求、路由、国际化等各个方面。每一款工具的设计都汲取了业界同类产品的精华，并针对开发者的实际痛点进行了优化，力求为开发者提供一站式、高效便捷的开发体验。

10.4.2 社区构建与运营

2023年9月，openInula正式开源，在Gitee平台上开放了源代码，受到了业界前端爱好者的广泛关注。通过Gitee提供的版本控制和协作功能，开发者可以轻松地参与项目。此外，项目采用木兰宽松许可证（MulanPSL v2），既保护了权益，又允许用户自由使用、修改和分发项目代码，使广大前端社区爱好者可以在自己的项目中使用openInula。

同时，openInula社区建立了完善的社区贡献流程与规范，无缝引导开发者快速参与项目。此后，团队多次出席业界前端技术峰会，与各大科技公司的前端专家交流技术，汲取优秀实践与创意，为 openInula 项目的发展与规划注入了新的能量。

此外，团队为项目建立了丰富的反馈渠道，包括 Gitee Issues、邮件列表、开发者交流群，用于收集用户意见和建议。同时，定期审查和分析收集到的反馈，并根据用户需求和建议持续改进项目功能及制定未来能力规划，以提供更好的用户体验。

10.4.3 版本管理与发布

作为前端基础框架，openInula 项目规模庞大且拥有众多 API。为了应对开源开发中贡献者能力的差异，openInula 社区采取了规范化的持续开发与持续集成流程，以保证合入代码的质量。

在代码提交方面，openInula 使用 Git 进行版本控制，并利用 Git Hooks 在提交时检查代码，规范提交格式。这不仅方便了合入记录的回溯和修改日志的自动生成，还确保了合入代码风格的一致性。

在持续构建和集成方面，openInula 配置了合入流水线，执行日常周期任务，包括代码安全扫描、代码重复度扫描，以及运行全量单元测试任务。只有当这些任务全部执行通过后，才能确保代码的安全性和可测试性，从而最大限度地保证每次提交的质量。

在版本发布方面，openInula 通过流水线出包，维护人员跟进 Issue 解决进度和项目特性的开发进度，定期发布更新版本，确保 openInula 的稳定迭代。

10.4.4 展望

openInula 正在研发全新的 openInula API 2.0，这将是一次具有里程碑意义的升级。在 openInula API 2.0 中，API 层从底层进行了重新设计和实现，采用了 No API 的设计理念，允许开发者以接近原生 JavaScript 的方式进行开发。这一理念将使开发者更专注于应用的核心逻辑，无须手动优化渲染性能，从而简化前端开发的复杂性并提升开发效率。

同时，openInula 摒弃了当前版本中的虚拟 DOM 技术，转而采用了基于编译技术的响应式精准渲染机制。在应用构建阶段，通过静态分析和编译优化对组件进行处理，消除了冗余的中间步骤和不必要的计算。通过建立数据与 UI 之间的细粒度绑定关系，实现了最小化更新机制。这种“先优化、后运行”的策略预期将使运行时性能达到新的高度。

10.5 openGemini：云原生分布式时序数据库

数十年来，时间序列（简称时序）数据库在各行业得到广泛应用，尤其在金融和工程控制系统中表现突出。物联网的兴起导致了时序数据量的爆炸式增长，对数据库性能和存储成本提出了更高的要求，催生了对专用时序数据库的迫切需求。

随着 IT 基础设施的扩展，数据中心的服务器、网络设备和微服务等产生的监控数据也带来了大量的时序数据，进一步凸显了时序数据库的必要性。尽管存在传统的时序解决方案，但它们面临架构过时、可扩展性有限等挑战。因此，新一代时序数据库应运而生，在过去十年中，众多企业和研究机构推出了二十多款新的时序数据库，包括开源解决方案。这些新兴的时序数据库采用现代架构，支持分布式处理和水平扩展，具备开放 API，可通过数据分析工具集成，以及提供灵活的云或本地部署选项。

openGemini 便是其中的一款新兴时序数据库。它专注于海量时序数据的存储和分析，通过技术创新简化系统架构，降低存储成本，提升数据处理效率。自 2022 年开源以来，openGemini 受到业界的广泛关注。在一年多的时间里，它已在 60 多家企业的测试和生产环境中落地，并吸引了来自东北大学、浙江大学、中国科学院、电子科技大学、哈尔滨工业大学、美国加州大学、华为、沃趣、国家能源集团、天翼云等国内外重点高校或企业的开发者参与贡献。与此同时，openGemini 被广泛地应用于科研、航空航天、医疗、交通、车联网、电力、物联网和工业互联网等多个领域。

10.5.1 项目起源和初衷

早在2019年，华为云在多地建立数据中心并上线260多项云服务，每天采集的监控指标数据量高达数TB，原有解决方案难以为继，数据存储成本不断攀升，迫切需要一款高性能、高扩展性的时序数据库。在这样的背景下，openGemini应运而生。

在技术选型上，openGemini最初基于开源InfluxDB进行集群化改造，但随着数据量的增长和采集频率的提升，InfluxDB架构的局限性开始显现，影响系统性能和稳定性。因此，openGemini选择了架构重构，开启了自研之路。

openGemini采用MPP（Massively Parallel Processing，大规模并行处理）架构，允许系统在多个节点上并行处理数据，显著提升数据处理速度和效率。MPP架构通过分布式存储、并行执行查询、计算任务，充分利用了现代服务器的计算能力。

同时，openGemini引入了多值数据模型和多项查询优化技术，如分布式查询优化器、内存复用、向量化、查询模板、预聚合、流式计算、布隆过滤器等，有效提高了查询性能和系统稳定性。此外，openGemini开发了新的数据文件格式，采用列式存储，基于时间线聚簇并按时间排序，更节省存储空间。

经过技术创新和架构优化，openGemini解决了InfluxDB的性能瓶颈，实现了高效稳定运行。新架构支持大规模数据快速处理和分析，提供灵活的扩展性和良好的用户体验。openGemini在华为云上得到广泛使用，成功应对每秒4000万条数据写入和5万次并发查询的挑战，相比原有解决方案节约了60%的计算资源，减少了90%的存储成本。

openGemini从最初基于开源InfluxDB的架构改造，到应对内部数十亿海量时间线挑战，再到自研数据库引擎的一路打磨，经受住了华为云内部和外部用户的生产检验。openGemini能取得这些成绩，离不开开源社区肥沃的土壤。openGemini在2022年6月正式宣布开源，以实际行动回馈开源。

10.5.2 技术创新与挑战

时序数据库技术在处理和存储时序数据方面取得了显著创新，尤其在物联网、运维监控、电力、交通、能源等领域的海量数据存储和分析方面。这些创新主要体现在以下几个方面：高效的数据压缩技术减少了存储需求；强大的时间序列索引技术提升了查询效率；实时数据处理能力应对了高速数据流入；通过机器学习功能进行预测分析和决策支持等。

openGemini 作为一款专注于时序数据管理的数据库，实现了多项创新。openGemini 吸纳了众多优秀数据库技术，并在此基础上寻找更好的解决方案。它提出了基于时序优化的 LSM（Log-Structured Merge-tree，日志结构合并树）、自适应数据压缩、学习型索引、向量化查询等技术，以满足行业数据处理需求。

尽管 openGemini 取得了一定的成就，但仍面临挑战。物联网的快速发展带来了数据量和种类的持续增长，这对数据库的扩展性和灵活性提出了更高的要求。同时，数据安全性和隐私保护也是需要重点关注的问题。

为应对这些挑战，openGemini 计划优化其分布式架构，以支持更大规模的数据处理，并探索更高效的数据压缩和索引技术，以应对不断增长的数据存储需求。同时，openGemini 将加强操作系统、软件架构、算法和软硬件协同等方面的探索，以推动技术创新，并提供更强大的数据管理解决方案。

10.5.3 社区发展和运营

随着 openGemini 技术影响力和品牌知名度的提升，社区汇聚了众多用户和开发者。为推动社区发展，需要明确项目的目标和定位，以使成员能够齐心协力追求共同的目标。

基于对项目目标和定位的深刻理解，openGemini 选择托管至 CNCF。托管至 CNCF 后，社区汇聚了来自全球贡献者的智慧，推动社区繁荣发展，助力 openGemini 快速实现项目目标。

openGemini 同样重视社区的发展和运营，特别是在人才培养和社区共建方面。人才是项目发展的根本动力，openGemini 社区通过技术研讨会、培训课程、导师制度等持续吸引开发者，并鼓励他们参与实际项目，将理论知识转化为实战技能。社区的发展离不开每一位成员的参与贡献。

为确保社区的健康和繁荣发展，openGemini 社区构建了透明高效的治理机构与流程。社区设立了管理委员会以监督决策过程，并成立了多个工作组，专门处理如文档编写、代码审查和用户支持等特定任务。openGemini 社区采用开放透明的沟通方式，通过邮件列表、论坛、社交媒体等渠道与社区成员保持紧密联系，确保信息的快速流通。同时，通过定期收集反馈和建议，以优化运营策略和项目发展路线。为了充分激发社区成员的潜力与创造力，openGemini 社区实施了一系列激励措施，包括公开认可、提供专业发展机会以及物质奖励等。此外，openGemini 社区还积极与其他技术社区及合作伙伴建立紧密的合作关系，共享资源，进一步扩大项目的知名度和影响力，打造一个充满活力、协作和创新的社区环境，推动项目的持续发展，并为成员提供成长和展示才华的平台。

10.5.4 展望

自 openGemini 开源以来，它受到业界的广泛关注和支持。独木难成林，百川汇成海，开源生态的建设不是一朝一夕之功，也不是单一企业能够完成的任务，而是一个积少成多、集腋成裘的过程。只有携手伙伴共同建设、共享成果，方能打造出一个健康繁荣的开源生态。2024 年 7 月 9 日，openGemini 成为 CNCF 的官方项目，这极大地推动了 openGemini 上下游社区生态的构建及合作。

截至 2024 年 7 月，openGemini 社区已经发展出 22 个子项目，在 GitHub 平台上累计获得 1000 个 Star 和 140 多次 Fork，并且有超过 100 名来自企业、高校的开源爱好者参与社区的开发和贡献。openGemini 社区在不断改善其生态系统、提高竞争力，持续打造开放的技术产品和应用生态，助力物联网、工业互联网等行业的数字化转型，促进产业协同。这都是为了应对日益复杂化的生存环境、愈发激烈的行业竞争和多样化的业务发展需求，在数字化时代寻求新的发展机遇。

第四篇　开源心法

如果你想为这世界做些什么，仅有理想是不够的，你需要找条通往目标的道路并走完。

——Richard Stallman

在使用开源、贡献开源和主动开源的过程中，存在一些影响开源发展的要素和挑战。开源人通过不断实践和摸索，已经找到了一条有效的发展路径。本篇将这些内容分为开源群像和开源之思两个部分进行详细阐述。

开源群像涵盖了开源安全、开源社区运营、开源度量、开源人才培养、标准与开源协同、开源上游贡献和企业内源实践等主题。这些内容汇集了华为资深开源专家在关键领域的经验和心得分享。

开源之思则包含了华为对开源文化和开源生态、开源与企业社会责任，以及开源实践背后的核心价值观的深入思考和见解。

第 11 章　开源群像

11.1　开源安全：生态健康发展的基石

11.1.1　不容乐观：开源软件供应链面临安全风险

开源软件凭借其自由协作和共享的原则，在电信、制造、媒体等行业以及云计算、人工智能、工业互联网等技术领域得到广泛应用。超过 90% 的应用在使用开源组件或源代码，这涵盖了平台、应用软件、数据库、中间件、操作系统、设备固件等的开发、编译、测试等环节，并逐渐渗透到整个软件开发生命周期中，使软件供应链的开源化趋势日益显著。根据 Sonatype 的报告，截至 2023 年 8 月，全球开源软件项目的数量已达到 390 万个，版本数为 6000 万个，下载量高达 4 万亿次。相比 2022 年，开源软件的下载量增长了 29%，平均年增长率为 33%。

然而，随着开源软件的广泛使用，软件供应链面临的开源漏洞安全风险也日益成为人们关注的焦点。Synopsys 在《2024 年开源安全与风险分析报告》中指出，在已分析的 1067 个代码库中，96% 的代码库包含开源代码。其中，84% 的代码库包含至少 1 个已知的开源漏洞，74% 的代码库包含高风险漏洞，比 2023 年增加了 54%。91% 的代码库使用的组件比最新版本的组件落后 10 个或更多个版本。

开源软件供应链的安全问题不仅限于漏洞带来的影响。在开发、构建、交付及最终用户使用的全流程中，都可能遭受恶意攻击，攻击环节可能多达 8 个。特别是不法分子在创建阶段提交恶意源代码，或绕过官方 CI/CD 平台推送有害脚本或依赖等攻击手段。根据 Sonatype 的最新报告，2023 年在针对软件供应链的攻击事件中共检测到 245 000 多个恶意软件包，为 2019 年到 2022 年总和的两倍，平均每 8 个开源下载中就有一个存在已知且可以避免的风险。

在这些严重的安全事件中，有两个案例产生了深远的影响。首先是 2020 年的 SolarWinds 攻击事件。美国软件公司 SolarWinds 的网络管理软件 Orion 遭到入侵并被植入恶意代码，导致美国多个机构和企业的信息遭到泄露和操控。这一事件严重威胁了美国的关键基础设施、军队、政府等，影响了多达 18 000 家企业用户的信息安全。

其次是 2021 年 12 月的 Log4j 漏洞事件。Apache Log4j 的远程代码执行功能出现了漏洞，使攻击者能够在目标服务器上执行任意代码。Log4j 是其他 7000 多个开源项目的依赖项，该漏洞在 CVSS 严重等级中获得了最高分 10 分。漏洞披露当日，攻击者尝试攻击的次数仅有几千次，但仅隔一天就增至 4 万次。在漏洞公开 72 小时后，攻击行为已超过 83 万次。

鉴于开源安全风险的严重性，我们应如何提前应对以避免受到威胁呢？

11.1.2 他山之石：欧美开源软件供应链安全实践

1. 欧美发布相关法规法案以保障开源软件安全

近年来，美国和欧盟均发布了关于软件供应链安全的法规法案，要求软件厂商评估软件产品的安全性。这些措施旨在保护供应链安全，防止类似 SolarWinds 攻击和 Log4j 漏洞等安全事件再次发生。

2021 年 5 月，美国政府发布了《关于改善国家网络安全的行政命令》，明确要求迅速提升软件供应链的安全性和完整性。

2022 年 9 月，美国国家航空航天局、网络安全和基础设施安全局（Cybersecurity and Infrastructure Security Agency，CISA）和国家情报总监办公室等政府部门联合发布了《保护软件供应链安全——为开发者推荐的实践指南》。该指南涉及开发者和软件供应商在供应链中所需要承担的责任和改进方法。

2022 年 9 月，欧盟提出了《网络弹性法案》，要求所有出口至欧洲的数字化产品都必须提供安全保障、软件物料清单、漏洞报告机制，以及安全补丁和更新等。

2023 年 9 月，美国发布了《CISA 开源软件安全路线图》，明确了政府部门在支持开源软件可持续发展和安全方面的职责定位，并部署了4个关键目标及其实现路径。

2. 开源安全组织及IT巨头构建安全评估框架和工具

2022年1月和5月，美国政府召集了Linux基金会、OpenSSF、Google、微软等几十家基金会和企业，举办了“开源安全”峰会，共同讨论如何改善开源软件的安全。随后，Linux基金会和OpenSSF联合发布了《开源软件安全动员计划白皮书》，承诺在两年内提供1.5亿美元资金，以解决10个主要的开源安全目标。这些目标包括安全教育、风险评估、数字签名、内存安全、事件响应、改进扫描、代码审计、数据共享、软件物料清单和供应链优化。

在微软、Google等公司的资助下，OpenSSF启动了Alpha-Omega项目。该项目通过与项目维护者直接合作，致力于提升关键开源项目的安全性和透明度。利用最新的安全工具，项目的目标是检测并修复关键漏洞，从而增强开源软件供应链的安全性。Alpha-Omega项目由Alpha和Omega两个阶段组成。

在Alpha阶段，通过使用Criticality Score开源项目评估工具和哈佛Census的分析数据，筛选出最关键的数十个开源项目（包括独立项目和核心生态系统服务），帮助维护者识别和修复安全漏洞，并改善这些项目的安全状况。

在Omega阶段，则将确定至少10 000个广泛部署的开源软件项目，并将自动安全分析、评分和补救指导应用于这些项目的维护者社区。

此外，在OpenSSF的组织下，Google、微软等IT厂商分别开发并捐赠了多个开源框架、安全工具、软件物料清单和安全插件等。其中，影响较大的包括以下这些。

- 开源安全评估框架：SLSA、S2C2F。
- 开源安全工具：ScoreCard、OSS-Fuzz、Sigstore、GUAC等。
- 漏洞披露和激励机制：Bug Hunters计划、OSV Schema、OSV-Scanner。
- 软件物料清单实现：OSS Review Toolkit、Syft、SBOM tool等。
- GitHub安全工具：GitHub Security、GitHub Actions。
- 云服务开发工具：DevSecOps on Azure、Assured OSS。

11.1.3 任重道远：构建国内开源安全体系和实践

1. 国内现状：开源安全体系欠完善，应对风险防范不足

当前，我国已经建立了“国家信息安全漏洞共享平台”，并在2021年到2022年相继发布了《中华人民共和国数据安全法》《关键信息基础设施安全保护条例》《网络安全审查办法》3部法律法规。然而，与欧美的开源安全法规法案相比，目前国内在软件供应链安全方面还没有相应的细则法规和标准。例如，针对供应商、软件开发者及使用者等参与方的责任划分及安全指南尚未发布，未来几年内仍需要进一步细化和改进。

此外，国内在开源软件供应链防护方面存在一些隐患，具体表现在以下几个方面。

首先，部委机构、基金会和安全厂商尚未形成针对开源安全防护的合力和运营体系。

其次，国内大多数企业的开源代码安全治理能力不足。虽然软件开发需求不断增长，但许多企业尚未制定相应的安全治理规范，也缺乏开发和应用相关工具的能力。这就导致重视交付而忽略安全的情况时有发生。

最后，国外开源代码在被使用时可能未进行成分分析、安全防投毒和漏洞扫描等工作，这使安全问题成为隐患，并可能伴随着软件供应链的各个环节渗透到各类软件产品中。

2. 解决建议：亟待完善法律法规，发展开源安全装置

建议由国内中立的开源机构牵头，成立软件供应链安全发展指导工作组。该工作组应联合相关部委、科研机构、开源组织和安全厂商等，组织成员进行研讨，并提交开源安全草案，以尽快制定开源软件保护法律法规和操作指南。同时，建议在法律法规和指南发布后的3~5年，各级政府、相关企业、行业机构等单位切实遵守这些规定，并按要求推动相关组织在规定期限内通过认证。

法律法规内容条款建议如下（仅供参考）。

- 构建开源软件保护框架，明确法律法规适用的产业、行业及落地应用等。

- 定义开源软件供应链各阶段角色的职责和义务，包括相关部委、科研机构、开源组织、上下游角色（如软件开发者、供应商和用户）等。
- 定义开源开发安全风险的各类场景，并借鉴 OpenSSF 开源安全威胁场景进行阐述，同时提供相应的解决方案。
- 制定和完善开源软件的定期安全审查机制。
- 制定和完善零日（0day）漏洞挖掘、漏洞共享与通报机制。
- 制定和完善安全可信检测标准和分级认证机制。
- 制定和完善开源软件许可证和安全治理机制。

在产业层面，华为的开源安全产业发展团队已经设计了开源安全业务方案。建议在国内知名开源组织的牵头下，协同产业内各成员单位共同推进 3 项关键的可信安全装置建设——开源漏洞库、软件物料清单库和数字签名基础设施。这些设施一旦成熟，将逐步向国内企业和用户发布并提供服务。如图 11-1 所示，可信安全装置首先经过合规性、认证和服务质量的三重评估，然后被纳入开源安全产业的孵化过程。接下来，通过需求反哺机制，采用投资和激励计划等方式，将产业孵化过程中产生的进一步需求反馈给开源安全装置，以促进其持续改进，确保安全装置的不断提升和完善。

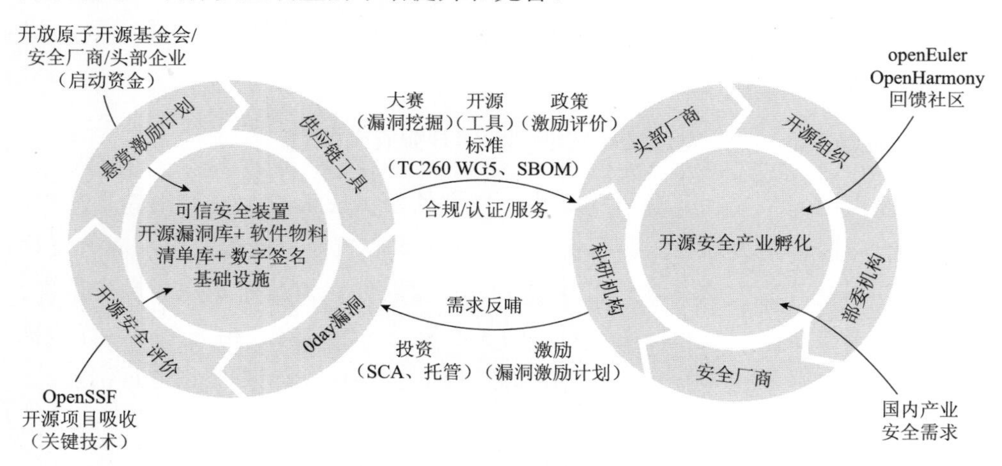

图 11-1 可信安全装置发展过程

推进这 3 项可信安全装置的发展，可以促进国内开源安全产业从无到有，并持续孵化，逐步扩展，最终建立起整个开源产业的安全体系。

目前，这些可信安全装置的建设正按照计划有序推进。

开源漏洞库的目标是建立国内最大的开源软件 0day 漏洞共享平台，并在试运行成功后在国内进行推广。该计划由开放原子开源基金会主导，成立了工作委员会，联合华为、百度、阿里巴巴、腾讯等开源安全领域的专家和社区资源，共同制定开源软件漏洞的全生命周期治理流程，并建立 0day 漏洞挖掘的激励机制。同时，该计划将加强开源软件漏洞的收集能力，增进与上游社区的互动与联系，提供必要的漏洞修复资源和环境，以全面提升国内在开源软件 0day 漏洞发现与修复方面的能力。

软件物料清单库是在国内相关部门和科研机构的共同努力下推进建设的，涵盖了开源安全需求评估、相关法规草案的拟定，以及与安全厂商的合作实施等环节，有效保障了国内软件供应链的安全。软件物料清单库的核心目的在于清晰展示开发者所使用的开源软件包、源代码或组件的组成和来源，确保这些组件未被恶意代码注入，并检查这些软件包是否含有已知漏洞，以便及时采取升级或其他措施进行修复或规避。

目前，国内已有可信的软件物料清单实现方案。例如，中国科学院软件研究所自 2019 年起开始构建的"源图"开源软件供应链平台，已完成原型开发和可视化展示。该平台累计采集超过 662 万款开源软件，并构建了相应的知识图谱，成为目前已知国内规模最大的源代码知识图谱，覆盖了操作系统、数据库、人工智能等主要的供应链领域。

为了抵御恶意攻击，国内开源产业正致力于为现有的代码库、包仓库及开发者在 DevOps 流程中产生的应用软件包提供统一的数字签名服务。开放原子开源基金会已成立专项工作组，与国内科研机构和安全厂商等携手合作，共同制订工作计划。该计划包括拟定数字签名装置的技术方案、开发计划及后续的试运行机制等，旨在构建一个稳定、中立、可信的开源软件数字签名基础设施。该安全设施将实现基于可信安全根的数字签名功能，适用于国内开源代码仓库等工件，以增强国内开源开发者在保障软件供应链安全方面的意识。同时，该安全设施也将致力于与国际开源组织如 SigStore 实现互联、互通和互认，以实现最终目标。

3. 防微杜渐：企业和用户如何构建开源安全体系

在国家层面的法律法规出台之后，企业应建立一个全生命周期评估机制，专门针对开源软件的来源、完整性、安全性和法律风险进行检测与管理。企业需要严格执行开源软件全生命周期的安全风险控制措施。这包括安全需求分析、安全设计、安全编码、安全测试和安全响应等环节。

参考国内外的优秀实践，在构建开源安全体系时，建议企业采取以下组织策略和手段。

- 组建专业的开源安全团队：该团队由安全专家、社区维护者和开发者构成。团队具备安全技术战略布局能力，负责制订行动计划，并加强与开源社区的协作。
- 培养安全“左移”的意识：开发者应将安全性实践集成到软件开发生命周期的早期阶段，即“左移”到需求分析和搭建 DevSecOps 平台中。
- 提高软件供应链的透明度：企业应了解软件的来源、完整性、漏洞和开放端口风险等信息，从而识别潜在风险并提前规避。
- 进行主动的软件审查和分析：在开源软件的导入、开发、构建和发布过程中，进行静态和动态的自动化软件扫描与安全测试，并采用漏洞挖掘和悬赏等实践。

用户也需要遵循相应的开源安全指南，进行开源安全防护。首先，在软件采购环节，需要供应商明确产品所使用的开源组件及其版本信息，以便进行有效的漏洞风险防范和管理；其次，定期开展包括开源软件在内的漏洞扫描和渗透测试，及时发现并降低信息系统中的安全漏洞和隐患；最后，用户应积极参与开源社区的安全防护工作，及时修复安全漏洞，并与社区互动以提高整体的安全水平。

11.2 开源社区运营

开源项目的竞争力与社区运营是相辅相成的。社区运营是指围绕开源项目，依托社区，面向用户、贡献者、技术生态和伙伴生态所开展的一系列活动，如内容运营、活动运营和社群运营等。

在国内当前的开源项目中，软件开发和社区运营通常由不同的团队负责。

我们常听到“项目已准备就绪，现在该由运营团队来让它成功”的观点。然而，运营只是开源项目成功的辅助手段，并不能替代项目本身的竞争力。运营的目标是打造一个让人们愿意使用、贡献并主动传播的社区，培育并发展用户生态、贡献者生态、技术生态和伙伴生态，从而形成正向循环。

11.2.1 运营对象：从开源项目到开源社区

开源主要涵盖使用开源、贡献开源和主动开源 3 种场景。使用和贡献开源主要涉及开发者参与社区开发，通常不包括主动运营社区。在主动开源的场景中，个人发起的开源项目可能仅涉及开源代码，而不包括社区运营。然而，当企业发起开源项目时，社区运营便成为一个重要课题，如何建设、治理和运营一个繁荣的社区是一项系统且长期的工作。

一般而言，“开源项目 = 项目代码 + 开源许可证”，而“开源社区 = 开源项目 + 协作开发者群体 + 治理架构”。开源社区的范围比开源项目更广，它包含了围绕开源项目的相关协作开发者群体和社区治理架构。企业主导的大型开源项目在制定开源策略阶段就应考虑社区运营的设计和规划。

Apache 软件基金会的核心理念之一——“Community Over Code”（社区先于代码）强调了社区的重要性，即开源社区大于代码本身，更重要的是背后的人。社区运营的重点是人，这包括企业开发者和个人开发者。

11.2.2 关键能力：懂技术、懂营销、懂项目管理

开源社区的运营团队承担着社区日常治理与运营的重要任务，以确保社区运转顺畅。社区运营是一项多面性的工作，涉及多个方向，要求相关人员具备跨学科的知识和能力。在大型开源社区中，通常会有专门的运营负责人，由其带领团队进行日常工作。面对国内开源的快速发展，社区运营人才相对匮乏，且这些运营人员的能力与专业背景各异。那么，社区运营人员需要具备哪些关键能力呢？

首先，社区运营负责人需要深入了解软件技术，包括熟悉项目开发流程以及对所运营项目的整体框架性理解；其次，社区运营负责人还须负责组织社区会议和活动，这要求其具备强大的项目管理能力；然后，由于工作内容涵盖用

户运营和伙伴运营，因此对沟通交流能力也有较高的要求；最后，许多社区运营经理还须负责社区的市场营销工作，这意味着产业营销能力也是一项必要的技能。

简而言之，社区运营人员需要掌握技术知识、市场营销和项目管理能力，并能够构建产业影响力。在国际上，许多开源项目的创始人同时担任社区运营负责人，他们不仅能够编写代码，还懂得如何在开源社区中工作，以及如何成功运营和推广自己的项目。国内开发者也需要逐步培养这些关键能力。

由于开发者群体的特殊性，针对具体项目的贡献者运营，可以重点关注以下几点原则。

- 及时响应：对于社区内的提问、讨论和代码贡献，应及时回应。这不仅展现了对参与者的尊重，还能有效增强他们对社区的信心，并鼓励他们在社区中保持活跃。
- 上游优先：这一原则对于维持开源社区的活力至关重要。它包含两个层面的意思：一方面，鼓励下游用户与项目保持同步；另一方面，激励核心开发者积极参与上游项目的开发。
- 深入了解贡献者和提问者的背景：社区中的每个成员，无论是贡献代码的开发者还是提问的用户，都有其特定的目的、背景和身份。作为社区运营人员，了解这些背景信息至关重要，这有助于更好地理解社区成员的需求和期望。

总之，社区运营的核心在于理解人，即了解社区成员的动机和需求。因此，为不同的贡献者和提问者定制专门的运营策略，对于推动社区的健康发展极为关键。

11.2.3 运营主体和运营手段：紧抓用户运营和内容运营

运营团队在运营过程中需要明确目标和主要发力点。社区运营的主体包括用户、贡献者、技术生态和伙伴生态，而运营手段包括内容运营、活动运营、社群运营和数字化运营等。其中，用户运营和内容运营尤为重要。

1. 用户运营

在运营实践中，一个常见的问题是：尽管举办了许多线上和线下活动，召开了许多社区会议，获得了大量点赞和 Star，看似过程性指标表现优异，但忽视了对项目最终用户的关注。

为了避免这一问题，在制订运营计划时，应将用户群体作为最终目标。需要深入分析并明确目标用户，采取一切可能的措施，让开源项目得到广泛应用。软件的价值在于它解决了什么问题、创造了什么价值，而不仅仅因为它是开源的。同样，一个开源项目的价值也在于它被多少用户使用，解决了多少问题，或者提升用户开发效率的程度。

Linux 基金会执行董事 Jim Zemlin 曾强调："Linux 内核项目的成功始于找到用户，让更多的用户下载和使用开源项目，这是项目繁荣的关键。"

用户运营可以通过多种方式进行，例如建立活跃的社区、成立用户委员会或最终用户社区。CNCF 建立了一个由 150 多个使用云原生技术构建产品和服务的用户组成的社区，该社区是一个供应商中立的组织。openEuler 社区也设立了专门的用户委员会，负责用户发展和服务，与其他重要委员会如技术委员会、品牌委员会并列。此外，openEuler 社区官网还专门设置了"用户"按钮和相关目录，提供用户案例、技术白皮书、行业白皮书、市场调研报告和运维迁移指导等资源，以方便用户查找。

因此，只有真正从用户侧，也就是从需求侧驱动形成正向循环，才能使开源项目的供给侧繁荣，即拥有广泛的项目贡献者和维护者。虽然运营需要全面考虑社区中所有参与者的体验，但用户运营应优先于贡献者运营和伙伴运营，只有被广泛使用的开源项目才具有持久的生命力。

2. 内容运营

开源项目的内容运营对社区的发展壮大起着决定性作用。要吸引更多人下载和使用开源项目，推广和宣传至关重要，而内容是这一切的核心。在内容运营过程中，应不断激励产生和传播高质量内容，甚至可以通过激励措施来实现。目标是持续创造与开源项目相关的优秀技术文章、最佳实践和用户案例等。

以下是一些开源项目内容运营的实践和方法。

在创作内容前，制定策略至关重要，可以考虑以下要素。

- 目标受众：内容面向谁？是面向开发者还是最终用户？
- 内容目标：内容旨在实现什么？是增加下载量还是增加贡献者数量？
- 内容形式：将采用何种形式？如博客、访谈、用户故事、研究报告、教程、视频等。
- 发布渠道：内容将在哪里发布？是通过自有平台还是借助外部媒体？
- 推广计划：如何推广内容？计划覆盖的范围有多大？

制作高质量、有价值且吸引人的内容至关重要。在这个过程中，需要关注如下两点。

- 了解用户需求：研究目标受众，了解他们关心的话题和存在的痛点。
- 创作优质内容：提供原创和独到的视角，鼓励社区成员参与内容创作，并可邀请行业专家贡献内容。

可以通过举办内容创作比赛，为优秀作品提供社区奖励，为创作者提供各类资源和其他形式的支持。

制作好内容后，需要有效推广，确保内容广泛传播。推广方法包括在社交媒体分享、在相关网站和论坛发布、通过社区成员传播、在会议和活动中宣传、通过博客文章进行二次传播，以及利用新媒体如短视频进行传播等。与其他开源项目合作，可以扩大受众并激发新的内容创意，如共同创作、交叉推广和联合活动，提高参与项目的知名度。

总之，开源社区的运营是一个系统且需要持续投入的过程。虽然没有固定的方法，但保持积极和创新是吸引新用户、发展社区并实现开源项目成功的关键。

11.3 开源度量：数据驱动的社区运营

11.3.1 社区度量的初心与挑战

在日常的社区运营中，我们面临着大量原始数据（如 PR、Issue、Release、持续集成、下载量、用户数、贡献者数、浏览量等），同时社区运营人员也有无数关于“What”的问题。例如，最近哪些开发者表现突出？最近社区中哪些SIG比较活跃？哪类博客文章比较受欢迎？近期哪些项目的持续集成不稳定？是否需要对网站基础设施进行扩展？哪些城市更适合举办开发者活动？……

为了促进开源社区的健康发展，并形成一个可持续、充满活力的生态系统，建立一套社区度量指标体系至关重要。通过分析这些繁杂的数据，我们可以把握社区的动态，及时采取相应措施，确保社区的持续健康发展。然而，在建立社区度量指标体系之前，还存在以下挑战。

- 数据量大：数据来自数以万计的代码仓库，平均每天新增数百GB的原始数据和上亿条记录。
- 链路复杂：数据来自数十个不同平台的数据源，涉及上百个作业任务。处理后的数据需要输出到十多个外部系统中，这涉及复杂的去重和多数据源联合计算。
- 指标标准多样：不同社区对指标的定义各不相同，这导致了比较困难和分析结果的误差。

此外，需要达成如下性能目标。

- 数据的准确性和鲁棒性：在确保数据时效性的同时，还应保证数据的准确性，且系统重启或数据插拔不应影响数据的一致性。
- 易用性：数据应易于使用和理解，能够快速展示，并便于及时发现问题。
- 数据模型有效性：模型应能有效识别社区的关键核心问题，为社区工作提供指导，并得到业界的广泛认可。

11.3.2 构建社区数据全景

通过构建社区数据全景（见图11-2），社区运营人员能够从海量原始数据中提炼出有价值的信息，进而促进运营决策。

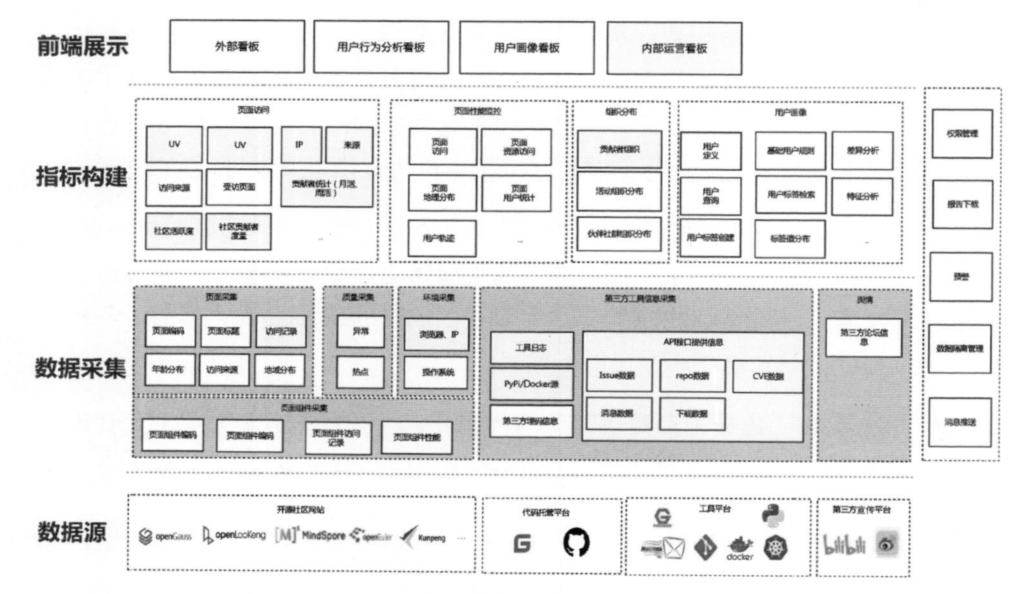

图 11-2　社区数据全景

在构建社区数据全景的过程中，主要涉及以下几个关键步骤。

- 数据源：挖掘来自开源社区网站、代码托管平台、工具平台及第三方宣传平台的原始数据。
- 数据采集：通过社区网站的页面、页面组件、第三方工具信息等进行全面的数据收集。
- 指标构建：根据数据对象分类构建指标体系，涵盖页面访问、页面性能监控、组织分布、用户画像等关键指标。
- 前端展示：设计针对不同用户角色的前端展示界面，根据权限提供定制化的信息视图，以实现社区信息的公开和透明。

11.3.3　从“数据”到“智能”

社区数据运营的智能化过程可以概括为“五步走”战略，依次是：从数据到信息、从信息到知识、从知识到洞察、从洞察到智慧及从智慧到智能，如图 11-3 所示。

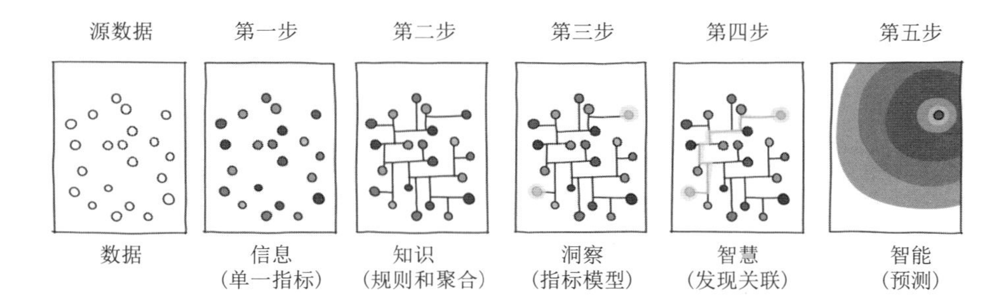

图 11-3 社区数据运营的智能化过程

数据洞察的过程涉及将原始且分散的未加工信息，通过分类、聚合、建模、关联和预测等步骤，转化为对社区运营人员具有实际意义的洞察，使他们能够专注于有价值的信息。

第一步：从数据到信息

首先，通过 API 调用在多集群环境中处理的日志数据，并利用大数据技术从这些日志数据中抽取关键且有价值的数据。例如，使用 PySpark 和 SparkSQL 可快速提取信息并呈现给用户，如图 11-4 所示。

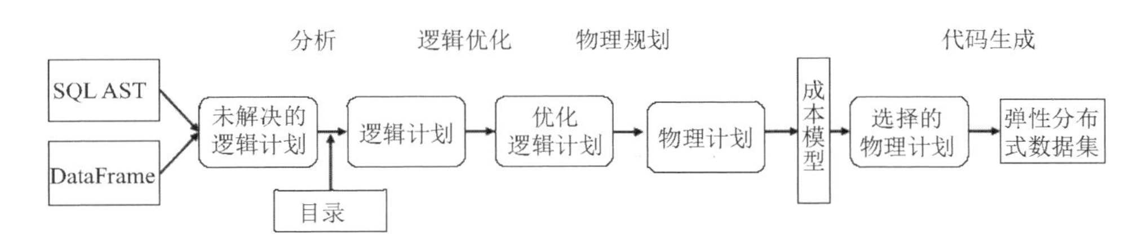

图 11-4 使用 PySpark 和 SparkSQL 提取信息

第二步：从信息到知识

在收集到信息后，关键在于如何将这些零散的信息转化为知识。这需要我们将已收集的各类信息进行聚合分类，并建立关联关系，从而通过一个节点轻松找到其他相关信息。例如，根据用户账号信息，我们可以关联其参与的代码仓库和活跃的时间段，进而描绘开发者的贡献信息、行为轨迹信息、时间分布信息等。

这里以基于阈值和规则定义的用户划分为例进行介绍。如图 11-5 所示，第一，使用标准漏斗模型将用户分为 5 个层级：触达用户、试用用户、开发者、贡献者和代码贡献者；第二，定义每一层用户的转换规则，例如触达用户的规则可以是网站 UV（Unique Visitor，独立访客数）与多媒体访问的用户数。通过对触达用户数据走势和转换情况的洞察，我们可以获得活动产生的触达结果，从而评价各项活动的价值。

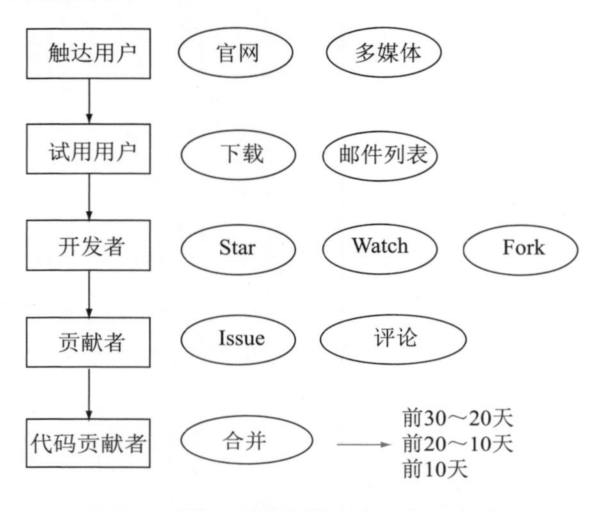

图 11-5 基于阈值和规则定义的用户划分

第三步：从知识到洞察

将知识转化到洞察，需要根据不同的业务需求建立多样化的模型。例如，可以借鉴时间序列预测算法 Prophet 来构建开源流失率模型，该模型的预测率达到了 70%。同时，基于动态规划分词算法 Viterbi 进行开源用户画像标签的构建，包括通过活跃度模型、开发者漏斗模型等，在社区中进行具体的参数分析和调优。

因为社区在不同阶段的目标会随着业务目标的演进而变化，所以模型的设定需要遵循业务发展的路径。这对不同的 SIG 在不同阶段提出了不同的要求。因此，可以对它们的职能进行以下分类。

- 公共技术基础类 SIG：这类 SIG 的主要任务是优化贡献体验、保证基础设施完整度、提供公共技术和技术指导。这类 SIG 的作用是帮助社区的其他 SIG 高效完成通用工作。

- 技术贡献类 SIG：这类 SIG 的主要任务是提升外部开发者的占比，提高创新技术和差异化技术水平，以及保持创新内容的多样化等。这类 SIG

将产生许多创新点，以便进行更具创造性的工作。

- 软件生态类 SIG：这类 SIG 的职能针对比较成熟的项目，主要是通过对上下游链接指标的把控，使软件适配的生态尽可能扩大，同时确保 CVE（Common Vulnerabilities & Exposures，通用漏洞披露）得到高质量的修复。

第四步：从洞察到智慧

在这个环节中，通过追踪现有数据来对未来进行预测，发现潜在问题，从而将洞察发展为智慧。这里以开发者流失率分析为例进行介绍。

如图 11-6 所示，通过对多个相关性系数公式进行比较，可以确定哪些特征与开发者流失率存在正相关 / 负相关的关系。找到实际关联特征后，可以发现大多数特征与时间强相关，关键特征包括 Issue 关闭 / 打开时间、PR 的打开时间。而 CI 的成功失败率、PR 合入的数量等与开发者是否流失没有直接关系。

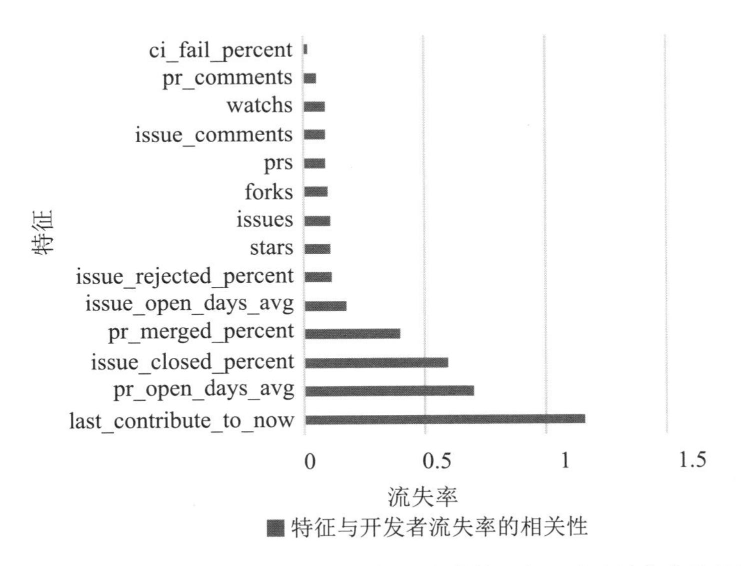

图 11-6 对多个相关性系数公式进行比较，确定特征与开发者流失率的相关性

通过建立多种模型对开发者流失率进行预测，并对比真实数据计算不同模型的实际预测率、精准度、召回率、F1 得分，最终筛选出随机森林模型、GBT 模型对于开发者流失率的预测效果最佳。

第五步：从智慧到智能

针对不同开发者社区体验阶段进行评价，可以高效地识别出需要提升的运营环节，实现智能化运营。具体来看，开发者社区体验的5个阶段及评价因素如下。

阶段一：知晓。

- 渠道：官方网站、微信公众号、今日头条、B站、搜索引擎。
- 媒体接触度：媒体级别、活动发文数量、发文时间、关注数量。
- 认知度：内容针对性、最高阅读量、平均阅读量。
- 说服度：最高点赞量、平均点赞量、文章收藏量、文章留言量、留言点赞量。
- 二次传播度：被转发量、被转载量。

阶段二：了解。

- 学习：文档访问量、慕课观看量。
- 互动：新闻、博客互动。
- 认知度：内容针对性、最高阅读量、平均阅读量、阅读完成率、微信公众号打开率。
- 说服度：最高点赞量、平均点赞量、收藏量、留言量、留言点赞量、渠道吸引用户量。
- 二次传播度：被转发量、被转载量。

阶段三：获取。

- 下载：不同版本软件包的下载量和讨论量及镜像仓库的访问量。
- 互动：直播参与人数、直播回顾人数、直播讨论量、沙龙参与人数、会议参与人数。

阶段四：参与。

- 开源社区项目状态：PR 量、Commit 量、Issue 提交量与评论量、Star 与 Fork 量。
- 活动参与情况：参与人数、参与范围、活动主题。
- 开源社区贡献者趋势：贡献者活跃时间、活动时间内贡献者增量、活动时间贡献者停止贡献量。

阶段五：成长。

- 技术交流与输出情况：国际论文发表、讲座举办。
- 企业 / 组织分布与劳动力投入情况。
- 贡献情况：仓库总量、仓库新增量、CLA 签署量、CLA 签署增量、开源社区贡献者趋势、开源社区状态。

根据以上 5 个阶段，分别通过层次分析法、模糊评价法、秩和比法、综合指数法、逼近理想解排序法等进行评价，实现数据智能化运营。

综上所述，通过“五步走”，最终实现数据驱动的开源社区运营。

11.4 开源人才培养

11.4.1 开源人才

开源人才通常指的是那些具有开源思维和技能，并且积极参与开源社区的人才，他们构成了推动开源生态发展的核心力量。目前，企业和组织对开源人才的需求持续增长。同时，一个健康的开源生态系统也需要不断有新的人才加入，以维持社区的活力和可持续发展。具体来说，开源人才需要具备开源思维和开源技能。

首先，具备开源思维意味着需要理解开源文化的核心价值观（如透明、协作和共享），并遵守开源许可证和社区规范。

其次，开源技能通常包括技术能力和社区参与能力。在技术能力方面，需要具备编程、软件开发等技术领域的知识和技能，能够贡献代码、解决问题，并能参照社区规则贡献到开源项目中。社区参与能力则涵盖了参与开源社区的知识和技能，如提交补丁、回答问题、撰写文档、组织活动等。

不同的技能侧重点及组合对应不同类型的开源人才。最常见的两个典型类型是技术贡献人才（涉及代码贡献、维护和管理开源项目）和社区建设运营人才（负责开源社区的建设和运营，促进协作和知识共享）。

11.4.2 华为开源人才培养体系

开源社区不仅需要顶级领军人才，还需要社区的中坚力量和那些扎实的贡献者。华为内部重点关注两类关键人才：一类是在社区中从事代码贡献并构建社区影响力的软件工程师；另一类是从事开源社区运营和基金会对接的科技外交人才。公司持续针对这两类人才的发展路径、培训、任职与评价、激励等方面进行审视和梳理，逐步形成了一个可持续的人才培养和能力建设机制。华为在开源人才培养体系中，通过人才发展路径、能力培训、多元激励和任职通道的牵引等方面，逐步建立面向未来的开源人才梯队，如图 11-7 所示。

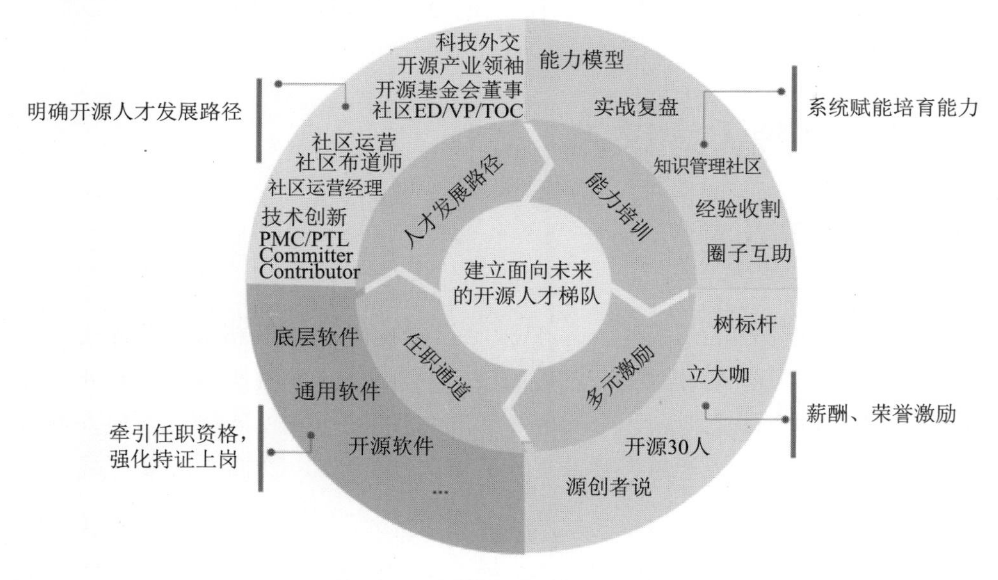

图 11-7　华为开源人才培养体系

1. 明确开源人才发展路径

- 短名单管理：对于表现优秀的开源社区贡献者，建立短名单管理机制，推动业务线在考核比例和任职通道上给予倾斜。

- 人才梯队：设计基于岗位能力的多层次、全方位的人才梯队发展体系，促进人才资源池的扩大。拓展内外部人员引入渠道，识别开源后备人才，建立关键席位资源池。
- 管理制度：结合实践，逐步建立各级开源人才的具体选拔、管理、评价、任用制度，以牵引人才汇聚。

2. 体系化能力培训

- 明确责任主体及运营机制：明确各开源团队负责人是团队开源人才能力提升的第一责任人，制订并推动落地公司级的开源人才能力提升计划。
- 系统化的赋能课程体系：设计兼顾广度和深度的课程体系。在广度上，结合开源项目的生命周期和不同角色的能力模型，开发系统化的赋能课程体系，结合线上课程与线下实训；在深度上，强化经验共享和深入交流，通过组织内外部经验交流（如年度开源交流、研讨、沙龙讲座等），构建基于角色的专家网络，持续沉淀实战经验，进行多视角的项目复盘。

3. 强化多元激励

- 向实际贡献倾斜：在同等条件下，任职资格及职位晋升向在开源社区中获得较大影响力或作出重大贡献的员工倾斜。
- 鼓励在开源基金会、开源社区中承担关键席位：包括但不限于董事会、核心成员、Committer、Maintainer 和 PTL 等角色。
- 设置专项奖：为了及时识别和激励开源队伍中的专家型人才，树立实践标杆，从 2022 年开始设立“华为开源 30 人奖”专项激励。通过设立“开源大咖”“开源先锋”“开源新星”等个人奖项，激励在华为开源领域作出突出贡献的专家。同时，设立“开源特战队”团队奖，以激励在具体事项上敢于挑战困难、主动思考、积极创新和探索，并且取得突出成绩的项目团队。

4. 打通任职通道

在打通任职通道方面，主要包含两点。第一，任职资格牵引，建立专门针对开源人才的任职资格标准和职位序列；第二，明确要求关键岗位持证上岗，如开源开发团队核心成员、开源社区董事会代表等关键席位的任职要求，以牵引员工主动增强能力。

11.4.3 组织能力提升实践经验

通过 11.4.2 节中介绍的 4 种体系化能力培养，企业内部开源人才的开源开发能力将逐步增强。当然，开源能力的最终沉淀需要在组织层面进行。其中，组织建设、开源流程机制建设、任职标准体系、绩效评价机制等尤为重要。

首先，在组织建设方面，OSDT 负责洞察相应社区和行业及更新开源策略，统一管理对外部开源社区的沟通口径、需求和问题，并根据需要构建社区的产业影响力，以支撑公司产品和生态竞争力的构筑及商业成功。此外，OSDT 设计了一系列核心代表角色模型，采取核心代表加扩展团队的组建方式。OSDT 一般由 OSDT 经理（团队负责人）、洞察规划代表、社区运营代表、社区开发代表及质量与运营代表等关键角色组成，通过合理的岗位设置来牵引团队能力的增强。

其次，在开源流程机制建设方面，针对使用开源、贡献开源和主动开源，结合业界优秀实践，华为分别构建了完善的流程机制来支持合规使用开源软件和主动对外开源。在使用开源软件的场景下，发布了开源软件管理规定和开源软件选型、维护、使用规范等规则流程，构建了可信、安全和高效的开源管理机制。在主动对外开源的场景下，针对开源策略制定、开源项目孵化、开源项目运营等关键环节，完善并持续优化相关的流程和机制。同时，将流程 IT 化、数字化，以高效支撑开源相关业务的发展。

再次，明确企业开源团队内部的任职标准体系。结合社区角色、能力要求和人才模型，建立企业所需的开源专家体系。如前面所述，在企业内部为专家群体设立职位匹配体系，并向员工清晰传达。在开源技术领域，提供七级职业晋升路径，鼓励员工成为顶尖专家。

最后，建立匹配社区贡献和影响力的绩效评价机制。企业绩效评价通常以结果为基准，侧重于预设的量化 KPI。但针对社区中的贡献、分享和利他，以及面对不确定性的探索等超出绩效标准的考核方面，很难根据结果进行评价，同时也难以找到适合评价的人。

在开源社区这样的社交化组织社群中，一般通过同行进行评价，企业可以参考开源社区中的评价。一般在开源社区每个季度或半年的版本开发或发布活动中，都会由社区成员互相投票，选出最佳贡献、优秀项目经理等各种奖项，企业要做的就是结合员工在社区的岗位给出相应参考评价。

通过一系列的组织能力建设，企业可以增强开源队伍的能力和提高水平，将能力沉淀在组织和团队中，最终高效支撑开源策略的执行和落地。

11.5 标准与开源协同

在当今快速发展的技术领域，开源和标准被视为推动技术创新的关键动力。开源代表了一种开放、共享与协作的软件开发模式，而标准则是被广泛接受和遵循的技术规范。

11.5.1 标准的重要性

标准是技术领域内广泛认可和遵循的规范，它们为多样的设备、系统和应用提供了统一的接口，确保了相互之间的兼容性和交互能力。这些标准至关重要，因为它们不仅推动了技术的普及，还降低了技术应用的成本与复杂性。

此外，标准通过严格的测试和验证流程，增强了技术的安全性与稳定性，确保了产品的质量和可靠性。标准还帮助企业和个人更高效地管理技术资产，有效降低技术风险，提升生产效率。

11.5.2 开源和标准的结合

开源和标准并非相互排斥的概念，而是能够相互促进和补充的两个方面。开源软件通常会遵循一定的标准和规范，这有助于它与其他系统和设备更好地交互和集成。同时，这些标准为开源软件提供了统一的接口，使它们能够被更广泛地应用。

开源软件和标准的结合还能够推动技术的创新和发展。开源软件的开放性和可定制性为标准化提供了广阔的空间，而标准化又为开源软件提供了坚实的支持和保障。例如，基于标准化的协议和接口开发的开源软件能够开发新功能和应用，更好地满足多样化的需求和场景。

以下是一些开源软件和标准成功结合的案例。

- Linux 内核遵循 POSIX（Portable Operating System Interface，可移植操作系统接口）等一系列标准，确保了基于 Linux 内核的操作系统在不同硬件平台上的可移植性和一致性，允许开发者编写跨平台的应用。
- OpenStack 作为开源云计算管理平台，支持 OVF（Open Virtualization Format，开放虚拟化格式），使虚拟机能够在不同虚拟化平台间无缝迁移，增强了与其他平台的互操作性。
- Kubernetes 引入了 CRI（Container Runtime Interface，容器运行时接口）标准，支持多种容器运行时与 Kubernetes 的无缝对接，例如 Docker、Containerd、CRI-O 等。
- WebRTC（Web Real-Time Communications，网页实时通信）源项目提供了网页浏览器之间实时通信的能力，包括音频、视频通话和数据共享。WebRTC 严格遵循由 W3C（World Wide Web Consortium，万维网联盟）和 ITU（International Telecommunication Union，国际电信联盟）制定的一系列多媒体通信标准，如 RTCPeerConnection API 等，确保了不同浏览器之间的互操作性。
- OpenJDK 作为 Java 平台的开源实现，遵循 Oracle 定义的 Java SE 标准，保证了使用 OpenJDK 编译的 Java 应用能在任何遵循此标准的 Java 环境中运行。

11.5.3　开源 + 标准：推动未来技术发展

技术的持续进步带来了软件复杂度和体积的增长。为应对这一趋势，业界普遍采用组件化方法来缓解庞大软件架构引发的问题。

同时，活跃的开源项目吸引了越来越多的开发者参与。例如，在云计算领域，OpenStack 社区在 2015 年左右大约有 1900 名开发者，而到了 2023 年，作为 CNCF 在该领域最大的开源项目，其开发者人数已超过 22 万名。

面对日益复杂的技术和汇聚的人才，确保软件质量和组织有效开发变得至关重要。开源社区普遍采用标准化作为解决方案。在一个高度标准化的环境中，开发者无须投入大量时间和精力重新设计接口，因为所有组件都已基于统一标准实现，这不仅提升了开发效率，也降低了维护成本。标准化还加速了开源成果的市场推广，减少了客户的技术选择成本，有效扩展了开源软件的生态系统。

展望未来，开源与标准的结合将变得更加紧密。开源软件将更加注重遵循标准和规范，以便与其他系统和设备进行交互和集成。同时，标准也将为开源软件提供更有力的支持和保障。

11.6 开源上游贡献：上游优先

本节将回顾 OpenInfra 基金会旗下的机械仿生（OpenStack Cyborg）和三轮圈（OpenStack Tricircle）两个开源项目，分享华为在上游社区贡献和以技术为核心的社区运营方面的经验与教训。

11.6.1 OpenStack Cyborg 项目运营经验（2016—2019 年）

1. 项目简介

OpenStack Cyborg 代表了一种创新的开源模式，它首次尝试以有限的人力资源来驱动社区开发。除了 OpenStack 这一广泛使用的开放软件栈所提供的通用框架以外，OpenStack Cyborg 最大的创新之处在于创建了一套从零开始的异构加速设备资源描述元数据标准。该框架的引入，使各类异构计算硬件得以首次站在同等的起跑线上，这标志着异构计算开源生态系统的萌芽。图 11-8 展示了 OpenStack Cyborg 项目的架构。

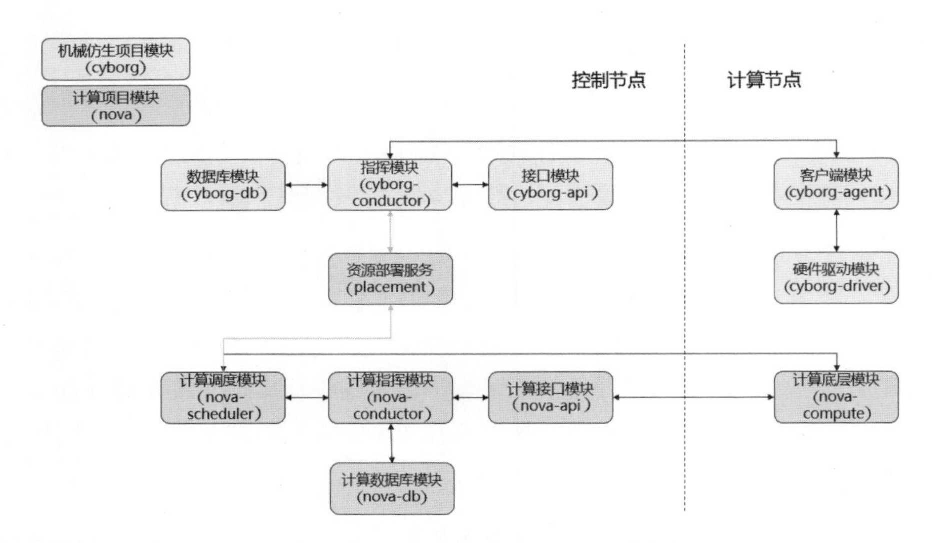

图 11-8　OpenStack Cyborg 项目的架构

2. 异构计算标准的前期历史

2014 年 9 月，欧洲电信标准化协会（European Telecommunications Standards Institute，ETSI）下属的电信网络功能虚拟化基础设施工作组（NFV-IFA ISG）决定成立两个工作流。工作流是 ETSI 的一种标准工作组织方式，类似于产业生态组织中的工作组，成员公司围绕特定议题成立工作流，并在其中协作开发相关标准。

成立工作流后，工作流 1（Stream 1）主要负责电信网络功能管理层面的业务设计，而工作流 2（Stream 2）则专注于数据平面加速的标准化工作。其中，“加速技术、管理”标准文档“ETSI GS NFV-IFA 004”的技术输入主要基于当时 OpenStack 社区的实现（特别是 OpenStack Nova 模块对 PCIe 设备的支持）、来自其他加速卡设备厂商的意见，以及运营商的需求。

3. 社区运营策略设计

在设计社区运营策略时，首先要确保需求的合理性，例如，OpenStack Cyborg 在立项初期的主要需求就是基于 ETSI 制定的加速硬件管理标准的相关讨论，这确保了社区讨论的是一个非常具体且具有业界共识的问题。

其次，避免局限于只关注项目所在的社区，跨社区运营非常重要。在运营过程中，OpenStack Cyborg 项目重视通过开放网络功能虚拟化社区开展数据面加速（DPACC）项目，引导 OPNFV 社区的开发者参与 OpenStack 社区，从而吸引了首批核心参与者。

社区内部合作同样重要。通过在OpenStack社区内部与科学工作组（ScientificWG）充分讨论，并邀请其核心成员参与议题分享，OpenStack Cyborg在项目启动初期吸引了来自Red Hat和联想等公司的种子开发者。同时，与OpenStack Nova项目的几名重要核心贡献者进行了充分沟通，明确了OpenStack Cyborg与OpenStack Nova已有PCIe支持的界限，确保了社区认可。

最后必须提到的是开源项目设计的合理性。通过将华为开源的Rock模块作为设计原型，OpenStack Cyborg在上游社区从零起步开发，而不是基于已有的大量厂商代码。这种方式确保了来自多家厂商的开发者愿意投身于项目开发，实现了厂商参与项目的目标。围绕一个现有实现做增强的方式很难吸引到多位"玩家"。

经过一年多的社区运营，OpenStack Cyborg于2017年4月正式成为OpenStack社区的官方项目。随后，在2018年11月的OpenStack柏林峰会上，相关负责人对该项目进行了主题演讲，这进一步巩固了其在社区中的地位。

4. 从OpenStack走向Kubernetes

2018年，Kubernetes社区面临着与OpenStack社区相似的挑战：尽管已有数据路径接口（Data Path Interface，DPI）机制，但针对不同的异构计算硬件，实现方式仍然各自为政。借鉴OpenStack Cyborg项目的经验，华为在Kubernetes社区提出了立方体加速（kube-acc）项目，旨在构建一个通用的异构计算管理框架，适用于Kubernetes社区的容器生态。截至2019年6月，该框架已经赢得了英特尔、英伟达、阿里巴巴等国内外知名企业的开发者的支持。随后，又获得了Linaro、三星等公司的开发者的支持。OpenStack Cyborg项目的成功为kube-acc的立项提供了有力的背书。kube-acc的核心思想随后被用作DPI机制2.0演进的输入，由英特尔主导，并逐步融入Kubernetes社区的主线版本中。

5. 项目运营经验

衡量开源项目的成功一直是一个充满争议且没有统一标准的问题。在运营OpenStack Cyborg项目的过程中，团队积累了一些关键经验。

首先，单纯追求Star数、Commit数等指标可能会导致虚假的繁荣感。实际上，项目的健康度应该通过设计文档的质量、代码评审的交流质量、与其他项目的协作状态、参与者的多样性及项目周期会议的运行情况等更深入的指标来衡量。OpenStack Cyborg 在运营过程中始终专注于这些核心指标。

其次，从游客到核心贡献者的转化率往往被高估。根据 OpenStack Cyborg 项目的运营经验，核心贡献者占社区总参与者的比例大约保持在 10%，这虽然与一些热门项目有差距，但反映了一个正常运营的开源项目的真实水平，为社区运营提供了真实的基线数据。

再次，维持稳定的项目核心团队比技术问题更具挑战性。由于开源项目参与者的时间和精力投入往往有限，且易受公司内部或个人工作调整的影响，核心团队的稳定性远不如公司内部研发团队。OpenStack Cyborg 项目在运营中保持了较为健康的核心团队流动率，通过设计新特性吸引新伙伴，并建立了公正的选拔和退出机制，确保了核心团队规模的合理性。

最后，建立开源社区影响力需要战略耐心和长期的轻资产投入。在开源领域，资历很重要。提前布局，哪怕只比别人快半步，也能产生重大影响。OpenStack Cyborg 社区虽然在 2016 年起步较晚，但到了 2020 年，该社区已经成为异构计算领域的重要参与者和领军社区。从交流想法到项目建立，再到形成初步版本和基本成型，整个过程历时 4 年，这对任何大型技术项目来说都是不同寻常的，尤其是在面对巨大不确定性的压力下。软件产品的缺陷往往需要较长时间才能被发现，而开源社区提供了一个低成本的试错环境。它允许我们在设计阶段快速失败并纠正，借助社区输入改变思维定式，形成客户需要且期望的解决方案。在犹豫不决或价值观不明确时，应以回归客户需求为本。

11.6.2 OpenStack Tricircle 项目运营经验（2014—2016 年）

1. 巴黎峰会首次亮相遭遇挫折

在 2014 年 10 月的 OpenStack 巴黎峰会上，“多站点级联”的概念首次被提出并向开源社区展示。这一概念旨在解决当时 OpenStack 社区版本无法支持大规模集群部署和管理的问题，通过引入一个两层级联架构来实现：上层 OpenStack API 为用户提供统一的管理界面，而下层则由连接多个区域的 OpenStack API 执行具体的资源分配和编排管理。

在 2014 年峰会的首次展示中，社区开发者的反馈表明，该设计对社区核心项目的侵入性过强，且由于涉及的模块众多，缺乏集中的讨论和合作，因此项目难以取得进展。要使“多站点级联”成为开源生态的主要发展方向，就需要对架构进行演进和解耦。

为了适应架构的变更，项目的运营策略也进行了相应的调整：将级联架构拆分为两部分，分别在 OpenStack 社区和 OPNFV 社区推进。OPNFV 社区成立于 2014 年 9 月，是电信行业最大的专业开源社区之一，对多站点级联的需求有着深刻的探索，为级联架构提供了更多的选择和更广阔的发展空间。按照解耦的方向发展，将所需的现有项目增强功能统一打包到 OPNFV 社区，成立“多站点”（Multisite）开源项目。同时，将级联的主要控制逻辑留在 OpenStack 社区的 OpenStack Tricircle 项目中，这就是所谓的“两线策略”。

到了 2015 年 2 月，OpenStack 社区发生了一个里程碑事件——大帐篷模式的确立。这为推进级联提供了绝佳的时机。由于在现有项目中插入级联代理模块存在难度，因此将级联功能解耦为一个独立的模块，成为一个独立的项目，这是一个明智的选择。

2. OPNFV 推动 Multisite 项目立项

2015 年 2 月至 4 月，尽管 OPNFV 社区对新项目的立项持开放态度，但 Multisite 项目的推进仍然面临着社区的严格审查。借鉴之前项目立项的经验与教训，在 Multisite 项目立项过程中，项目团队采取“零疑问”策略，确保在技术讨论阶段解决所有疑问，以便顺利通过技术指导委员会的立项评审。项目团队认真回复邮件列表中的日常质疑，既坚持立项的立场，又展现出开放和包容的姿态。此外，每周四晚上的技术讨论会都需要事先准备，以便在电话会议中有效回应社区的提问。

到了 4 月的技术指导委员会会议上，Multisite 项目获得了一致通过。这一成功立项为进一步推动 OpenStack 社区中的 OpenStack Tricircle 项目提供了有力支持。

3. 社区中的持续沟通与努力

2015 年上半年，OpenStack 社区的技术委员会做出了两项重要决策：一是决定启用新的大帐篷模式；二是宣布停用旧代码库，并将所有新项目迁移至 OpenStack 自建代码仓库的命名空间，预计迁移工作将在 10 月完成。

在迁移之前，Multisite 项目的立项恰逢其时，使 OpenStack Tricircle 的代码库能够直接建立在 OpenStack 的命名空间下，从而确立了其作为新项目的地位。

到了 6 月，项目团队成功为 OpenStack Tricircle 申请到官方社交频道，作为线上会议的场所，并彻底更新了资料网站，展示了正在开发的新解耦架构。同时，项目团队开始在社区邮件列表中发送包含“Tricircle”关键词的邮件，讨论所有与级联相关的议题。

然而，社区进展面临重重挑战，许多社区成员在邮件讨论中质疑 OpenStack Tricircle 项目的必要性，这导致相关邮件常常被埋没。面对这种情况，社区运营人员需要保持耐心和坚持，坚定不移地推进项目。

经过持续的努力，2016 年 4 月，在 OpenStack 奥斯汀峰会上，OpenStack Tricircle 项目首次获得了主会场宣讲的机会。紧接着，在 5 月中旬的 OSCON 大会上，华为与 Google 联合讨论了云联邦的未来，OpenStack Tricircle 项目的重要性被提升到与云联邦同等的水平。

4. 克服重重困难，终成社区官方项目

为了使 OpenStack Tricircle 项目成为官方项目，我们对其架构进行了进一步的解耦和拆分，移除了与计算和存储相关的模块，专注于保留其核心的网络功能，确保与其他核心模块功能上的兼容性。在 2016 年 10 月的 OpenStack 巴塞罗那峰会上，项目团队与几乎所有技术委员会成员进行了深入的面对面交流。经过一系列紧张而集中的努力，OpenStack Tricircle 项目最终赢得了社区的全面认可，并正式成为官方项目。OpenStack Tricircle 项目的架构如图 11-9 所示。

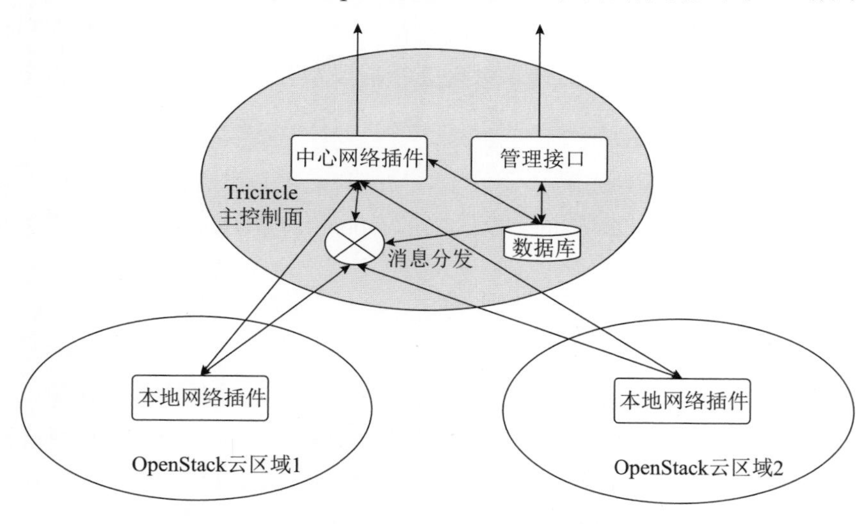

图 11-9　OpenStack Tricircle 项目的架构

11.6.3 小结

开源项目必须坚持以技术为主导，所有讨论最终都应回归到技术和代码层面。没有对技术深入的理解，项目成功的可能性将大大降低。在 OpenStack Tricircle 项目的运营过程中，架构经历了多次调整，这些变动是项目最终取得成功的关键因素。

除了技术以外，社区运营同样重要，特别是对于大型项目，需要有专人负责项目的推进，包括代码讨论、合作交流和跨社区的生态系统建设。在资源紧张的情况下，社区运营尤其能够发挥关键作用。同时，开源工作需要具备战略耐心和全身心的投入。

社区运营策略与项目的技术架构是相辅相成的。如果社区运营脱离了技术架构，就会变成典型的营销式运营，这种运营方式带来的是不稳固的开发者基础，甚至是逐利的参与动机。真正的开源社区运营应该与技术架构设计紧密结合，围绕核心架构设计相应的生态系统运营策略，以建立稳定和持久的社区开发者基础。

此外，社区运营是多维度的，不应局限于特定领域。OpenStack Tricircle 项目的运营不仅涉及主要的云计算开源社区 OpenStack，还积极与 OPNFV、Kubernetes 等其他社区建立联系，通过技术联合形成了一个生态合作网络。这个网络反过来为 OpenStack Tricircle 项目提供了支持，推动其在 OpenStack 社区中的落地和成熟。

11.7 企业内源实践：打造共建、共享的内源社区

11.7.1 内源的定义

“内源”这一概念由 Tim O’Reilly 于 2000 年提出，它指的是将开源开发文化和经验引入企业或组织内部的方法。随着开发者对开源软件的日益熟悉，企业开始希望将这些实践带回内部，应用于内部软件的开发。与传统的闭源开发相比，内源可以打破信息孤岛，鼓励内部合作，促进资源共享，减少重复劳动，

加速新员工的成长，并为参与外部开源活动做好准备。

11.7.2 华为内源发展历程

华为的内源发展经历了两个阶段。

- 内源 1.0 阶段：旨在解决产品间源代码不可见的问题，以实现“代码可见、可查、可参考”为宗旨，并引入了与开源相关的平台。
- 内源 2.0 阶段：致力于增强共建、共享的能力，改变开发协作模式，构建协作氛围，并强化对卓越技术的追求。通过内源复用减少重复开发，利用新兴技术协同提升研发效率，为公司提供可用的组件和工具，孵化新项目。内源已成为研发的沃土，甚至成为华为的主流开发模式。

自 2020 年底启动内源项目以来，截至 2023 年底，内源项目已超过 1800 个，其中以自发项目占主导。通过不断挖掘个人的创造力，涌现出数百位技术精湛且乐于分享的专家。项目类型主要集中于公共组件和工程工具，累计贡献者超过 2 万人，来自 190 多个部门。内源平台的访问量达到 26 万（UV），显示大多数华为员工都访问过内源平台。一些典型的内源项目通过复用收益，可以减少 12 000 人月的开发投入，这标志着华为内源流程的探索和验证取得了初步成果。

11.7.3 内源业务及流程

1. 内源项目类型

内源项目分为民间项目和基金会项目两种类别。

- 民间项目：由部门或个人发起，享有较高的自由度。任何员工都可以在遵守公司信息安全规定的前提下发起民间项目。
- 基金会项目：这些是公司级别的项目，需要通过内源基金会技术委员会进行立项。

所有内源项目最初都是民间项目，完成准备期工作后，可在内源基金会技术委员会进行立项汇报，通过评审后转化为基金会项目。内源基金会为基金会项目提供技术指导、导师支持、运营资金等资源。

2. 内源流程建设的关键点

在内源流程建设过程中，请注意以下 3 个关键点。

- 低门槛：建立相应的平台和机制，使每个人都能参与和发起内源项目。
- 操作简单：工作流程应快捷高效，因为大多数内源参与者都是兼职，简单快捷是维持其参与热情的关键。
- 有效保障：通过内源管理机制确保参与者的权益，激励项目的发起方、参与方和使用方。

3. 内源流程中的角色

内源流程中涉及的相关角色，参考开源社区的设置，可以包括技术委员会（Technical Committee, TC）、项目管理委员会（Project Management Committee, PMC）、项目负责人（Owner）、代码提交者（Committer）、贡献者（Contributor）、发布管理员（Release Manager）和项目运营经理（Operation Manager）等。

这些角色负责代码开发、问题处理、文档完善、代码评审、版本验证和发布在内的各项工作。内源团队由项目负责人领导。内源流程中的角色及其职责的详细描述，请参阅表 11-1。

表 11-1　内源流程中的角色及其职责

角色	职责
TC	负责基金会项目的立项评审、毕业答辩、结项评审等任务
PMC	负责项目管理和技术决策，包括项目技术发展和社区贡献的审核机制。组织项目运营，解决运营过程中的问题和风险，并协调所需资源。在项目初期，项目管理委员会成员由项目负责人邀请加入。随着项目成熟，项目管理委员会成员可通过社区贡献选举产生，而项目管理委员会负责人通常由项目负责人担任
Owner	负责组织开展项目准备工作，包括组建项目管理委员会、输出基础文档、开展基础设施准备工作，以及代码上仓等任务。同时，负责组织开展基金会项目的立项评审、毕业答辩、结项评审等任务。在某些项目中，项目负责人也被称为项目维护者

续表

角色	职责
Committer	参与项目的技术演进、路标安排、技术方案讨论等。参与对贡献者提交的 PR 进行代码评审，负责审核并合入已通过评审的代码
Contributor	通过社区为项目提供贡献的人员，可以通过提供代码、文档、建议等方式参与
Release Manager	负责内源项目的社区版本验证和发布等任务
Operation Manager	负责策划和组织内源项目的运营工作，持续提升用户活跃度，让用户持续不断地在社区中消费和产生内容，从而增强用户对社区产品的使用黏性

4. 内源项目阶段划分

参考 Apache 软件基金会及其他开源社区对内源项目的流程描述，内源项目的流程分为项目准备期、项目孵化及发展期、项目退休期 3 个阶段。

- 项目准备期：在这一阶段，项目发起者需要在内源平台上创建项目，组建项目管理委员会，托管项目代码，并撰写 README 及其他必要的文档。
- 项目孵化及发展期：在这一阶段，项目开始初步运营和拓展。项目团队需要持续完善和优化各类文档，吸引用户关注和参与。同时，根据业务目标，项目将不断演进和发展。注意采用有效的项目运营策略。
- 项目退休期：所有项目最终都可能进入退休期，这通常包括 3 种情况：第一种是项目演变为公司官方维护的组件，可能退出内源模式；第二种是项目被新技术或新方案取代，不再继续维护；第三种是项目因关注者减少或项目发起者停止维护而自然结束。

内源项目在各个阶段的要求和主要工作内容，请参阅表 11-2。

表 11-2　内源项目各阶段的要求和主要工作内容

阶段	要求	主要工作内容
项目准备期	在内源平台 OpenX 上注册内源项目	• 组建内源项目 / 社区和团队（至少包括项目负责人、代码提交者等） • 搭建项目内源环境（含代码托管和各种支持环境） • 输出技术内源社区及项目立项材料（包含清晰的项目目标和业务价值，运营内源项目的方法、价值收益和目标参与对象等）

续表

阶段	要求	主要工作内容
项目孵化及发展期	通过内源基金会技术委员会的立项评审	• 确立清晰的项目目标和业务价值，并持续更新项目发展路标 • 实现良好的项目运营（包括组建稳定的内源贡献团队和保持一定的社区活跃度） • 确保内源项目成果的完整性（如源代码、配套文档等），以支撑项目的共享与推广 • 维护一定的活跃度（如拥有 30 名以上的贡献者，具体数字视项目情况而定） • 基金会项目须通过内源基金会技术委员会的项目毕业答辩，并定期汇报项目进展
项目退休期	满足下列条件之一： • 1 年内没有贡献者 • PMC 已经停止运营	归档项目文档和代码

5. 内源流程活动

内源流程的活动及其说明如表 11-3 所示。

表 11-3　内源流程的活动及其说明

活动	说明
项目创建	项目负责人在内源平台创建内源项目，并确定项目的基本信息，包括项目名称、使用的语言、项目标识（Logo）、应用领域和项目简介等
项目准备	1. 项目负责人组建项目管理委员会及初始内源贡献团队，并明确相关角色，包括项目运营经理、发布管理员等 2. 在内源平台上启动并完善项目网站文档，包括项目 README 文件、快速入门手册、开发者手册等 3. 开展项目基础设施的准备工作，设计并准备内源项目开发所需的配套基础设施 4. 搭建持续集成流水线
项目运营策划	根据内源项目所处的阶段及其目标，开展运营策划工作，制定明确的运营目标，策划适宜的运营活动，并在社区内进行公示
基金会项目立项准备	输出基金会项目的立项材料，其中包括清晰的项目目标和业务价值、运营内源项目的方法、价值收益和目标参与对象等
基金会项目立项评审	内源基金会技术委员会负责开展项目立项评审，评审内源项目的准备情况，包括项目目标、业务价值、价值收益、技术潜力、项目运营等内容。内源基金会技术委员会成员将给出项目立项评审的结论

续表

活动	说明
内源社区式开发	在内源开发过程中，相关活动遵循共识机制，项目相关活动及信息在社区中保持公开、透明。相关问题在社区内进行讨论，若无人提出反馈意见，则视为同意，即达成共识，以支持社区工作的高效有序开展
内源版本构建	代码提交者根据项目发布计划启动社区版本构建和打包，触发持续集成自动化构建，完成持续集成检查，确保无遗留的致命及严重级别告警和问题。生成持续集成构建报告，输出发布说明，并完善 README 文件、快速入门手册、开发者手册等
内源版本验证	发布管理员组织社区进行版本验证，确保版本验证包含所有用例，以保证测试的完整性，并输出测试报告
内源版本发布	发布管理员组织项目管理委员会开展社区版本发布评估和决策，通过投票方式决定社区版本是否可以发布。项目管理委员会同意发布后，由发布管理员进行发布
项目运营和治理	根据运营计划开展运营活动，持续进行运营度量、评估和总结，识别问题点，输出运营报告，并优化更新运营计划
项目执行监控	基金会项目负责人定期审视项目进展，并根据进展情况调整项目发展路标
基金会项目毕业准备	1. 输出基金会项目毕业答辩材料（包括项目目标和业务价值的达成情况、运营情况、项目活跃度等） 2. 完成成熟度评估
基金会项目毕业评审	内源基金会技术委员会开展项目毕业答辩评审，评审项目目标和业务价值的达成情况、运营情况、项目活跃度等，内源基金会技术委员会成员给出项目毕业评审的结论
基金会项目结项准备	输出基金会项目结项材料（包括项目的发展历程、运营情况、团队构成、活跃度等）
基金会项目结项评审	内源基金会技术委员会开展项目结项评审，内源基金会技术委员会成员给出项目结项评审的结论
内源项目退出	将内源项目代码归档至配置库

注：可根据业务实际内源场景进行裁剪。

本节介绍了内源的日常标准化流程。然而，构建企业内源文化才是确保内源成功和持续发展的核心。对于传统企业或组织，推广内源文化、实施激励机制、打破部门间的障碍是内源发展团队面临的主要挑战。这些挑战不是通过标准化流程就能解决的，而需要团队成员在日常工作中根据实际情况不断沟通和调整策略，以达成共识。

第 12 章　开源之思

12.1　开源文化与开源生态

12.1.1　从“植树造林”到“护沙造林”

某部纪录片记录了两代生态系统专家在腾格里沙漠进行“护沙造林”的故事。在关于自然环境治理的讨论中，“植树造林”是一个常见话题，全球为此设立了专门的节日，以凸显树木在环境保护中的关键作用。

第一代专家深知种树对改善沙漠环境的益处，因此选择了根系发达、能锁水的高大树种，希望形成绿洲。然而，由于沙漠地区水资源稀缺，这些大树在干旱条件下大量吸收地下水，导致周围环境更加干旱，最终树木枯萎，沙漠化加剧，形成了“生态悖论”。

第二代专家吸取了第一代专家的教训，转而种植适应沙漠环境的低矮灌木。但这些灌木容易受到虫害和鸟类的侵扰，专家们最初采用喷洒农药的方法来保护灌木。然而，这种做法导致了生态链的破坏，害虫、沙蜥、鸟类数量减少，树林变得“干净”却失去了生机。几年后，由于树种退化和长期人为干预的不可持续性，树林再次退化。

逐渐地，专家们开始认识到，问题可能出现在过于主观的“好意”上。例如，认为种树和杀死害虫都是好的。如果只从二元对立的视角看待事物，忽略了客观多维度的分析，就会过度干预自然生态，导致生态失衡。因此，他们放弃了大规模植树造林的目标，转而采取“护沙造林”的策略，从改造者变为维护者，体现了对自然的敬畏和对生物多样性的尊重。

在这一理念指导下，专家们减少了对病虫害的干预，种植了更多腾格里沙漠的原生植物，如梭梭树和花棒。虽然这些植物在没有人为干预的情况下生命周期较短，但经过不断繁衍，历经十年基本形成了可再生和自生长的绿洲。这片绿洲中虽然没有高大的树木，却拥有水、草、昆虫、鸟类和牛羊，展现了沙漠生态系统的和谐。

两代人的经历告诉我们敬畏自然、尊重生态的重要性。他们认识到，万物生长的客观规律不会因人的主观意图而改变，形式可变，实质不可变。这一理念不仅适用于东方的“道法自然”，也适用于西方文化中的理性原则。同样，开源文化和生态建设也需要从“植树造林”向“护沙造林”的思维转变，更加注重自然生长和生态平衡。

12.1.2　从开源生态到开源文化：聚焦开发者

类似于“沙漠种大树”的逻辑，目前国内开源界普遍存在一种“愿景号召式”的开源运动。这种运动常常通过大量资本投入来建设生态系统，或通过各种奖励激励开发者进行开源贡献。虽然资本的投入可以推动生产力的发展，但这也可能违背了开源本身具有的自然生长原则的客观性。就像通过大量灌溉来获得绿洲，大规模的资本投入可以吸引开源产业界伙伴和开发者的广泛参与。然而，由于缺乏后续有效的运营，许多受激励吸引的初期开发者很快就会流失，而业界伙伴之间往往只维持着表面的“面子关系”。统计数据显示，初期开发者的转化比例非常低。因此，前期投入的巨大成本、人力和物力，就像灌溉到沙漠中的水一样，最终没有实际意义地蒸发了。

另外，尽管通过大量投入获得了一些生态资源，但为了维护这些“成果”，又需要依赖简单粗暴的营销式“站台”或“宣传”来维持表面的和谐。这种表面的维持并没有带来真正的生态自生长，反而主要依靠伙伴关系的消耗。就像沙漠治理中的守林人，开源项目负责人也会通过宣传来让自己的项目显得繁荣。但最终，即使项目本身看似繁荣，也只能成为盆景，没有激发生态的自发内生力量，没有找到真正的生长动力。此外，还有边际递减效应和挤出效应。简单的物质激励甚至可能带来劣币驱逐良币等负面效果。

面对这些困境，我们应该如何构建更符合开源本质的文化和生态呢？与沙漠治理不同，开源参与者的思想属性要求我们在生态建设之前，必须考虑到

"人"的因素。早期的开源文化起源于"自由软件运动"，Richard Stallman 作为创始人引领了这一运动。Linus Torvalds 在自由精神的感召下对 Linux 内核进行了开源。因此，从开源文化形成之初，"自由"就是其核心。

20 世纪 90 年代初，中国的开发者将自由软件文化带回国内，正值改革开放取得初步成效，自由市场经济不断发展的时期。然而，资本的聚集可能因市场失灵而形成垄断，导致生态固化和势力圈层。因此，开源生态需要摒弃通过资本竞争的不良商业思维。

作为开源文化的思想塑造者和生态的行为参与者，开发者的心智表现和行为动力是构建文化和生态的关键。参与开源建设的企业应该深入了解开发者的精神思维、内心诉求，并在此基础上帮助他们进行生态系统的自构建、自生长和自持续。

通过深挖开发者生态的底层哲学逻辑，可以发现，维系自然生态的是物理世界的理性原则，而维系开发者生态的则是基于人的精神和思维的心灵理性准则。因此，我们需要把面向厂商的营销思维转变为面向开发者和生态合作伙伴的以人的价值为中心的理念。这要求我们重视个体的理性思维能力，为开发者创造创新灵感和理性思考的空间。同时，"用心"为开发者创造更优体验、更高价值的平台和社区，构建自我传播、自我生长的虚拟空间。这种看似"慢"的功夫，实际上能倒逼 API 的开放架构和快速迭代，形成对开发者有黏性的竞争力，为未来生态的指数式爆发打下基础。

12.1.3 开源生态的"第一性原理"：互信

在现代企业管理实践中，以客户为中心的双边信任已催生了一个包括承诺、需求、研发和质量控制等环节在内的管理体系。这种管理体系基于比较优势理论，推动了供应链和上下游之间的协作。然而，面对战略和商业选择，这种双边信任可能会被打破，因此它是可以被"估价"的。

由于竞争、成本或战略调整的需要，企业可能不得不在一定时期内对商业模式进行重构。例如，一家公司可能从销售单机版软件转向提供云服务，这就要求与客户重新协商之前的商业合同，甚至可能在短期内不能完全"兑现"承诺，以适应长期的战略方向。

相较之下，在开源生态构建中，多边信任关系构成了一种更高维度的生态联系，它是企业生存和发展的基石，不可估量且不容轻易取舍。因此，建立这种信任关系极具挑战性，一旦破裂，对产业价值造成的损失可能是无法估量的。

对于开源生态的发展，第一性原理意味着在提升自身能力的同时，还须与合作伙伴建立多边信任关系，这种信任与能力相互促进、相互增强。

基于共同的信念和愿景，初步的信任得以形成。但这种信任需要通过能力来保障和培养，通过实践来滋养和深化，进而构建和积累更加广泛的信任网络和互信生态。这种信任和互信反过来又强化和激励每个合作伙伴的能力，形成一个持续循环、不断进化的生态系统。

12.2 反脆弱性对开源生态的启发

如果你想做出改变，并且不关心结果的多种可能性，认为大多数结果都会对你有利，你就具有反脆弱性。

——塔勒布 《反脆弱》作者

12.2.1 什么是“反脆弱”

“反脆弱”这一概念是美国风险管理理论家纳西姆·尼古拉斯·塔勒布在2012年首次提出的。它并非简单地鼓励人们变得坚强或避免脆弱，而是用于描述如何在混沌中生存并发展的一个术语。它指的是在复杂环境和形势下，寻找转危为机的新途径。“反脆弱”的本质在于，在遭遇冲击后能够变得更强，例如，物种通过不断试错而进化，社会在冲突中实现转型，文化在碰撞与融合中得到升华，这些都是“反脆弱”概念在现实生活中的体现。

我们之所以需要“反脆弱”，是因为现实世界中频繁发生“黑天鹅”和“灰犀牛”事件。面对这些挑战传统因果逻辑的事件，人们往往只能在事后尝试解释其背后可能的原因。然而，不可知论哲学家大卫·休谟对因果逻辑本身提出了质疑，他认为人们对不同事件之间建立逻辑关联仅是基于经验判断。因此，当经验不足以预测一些重大事件时，我们不应再从经验中寻找必然性，而应接受随机性，并从中寻找生存和发展的可能性，这正是“反脆弱”的核心要义。

12.2.2 开源与反脆弱

开源自带自由和开放基因，它的精神内核与反脆弱的主旨非常契合。

1. 与“脆弱”的抗争

反脆弱性的对立面是脆弱性，其核心特征是对确定性控制的追求。闭源软件正是这种控制欲望的体现，它通过保密源代码来实现控制。尽管这种软件在特定环境下对特定用户群体可能是可靠的，但一旦离开“舒适圈”，其可靠性便难以为继，最终可能导致项目荒废。例如，当企业项目中的关键技术人员（如软件架构师、系统工程师或核心代码维护者）离职，且无人愿意接手时，该项目可能会陷入停滞。

相比之下，开源项目的反脆弱性在这些情况下表现得尤为明显。闭源项目需要从设计到实施的每一步都进行精确控制，如果缺乏对整个流程的深入理解，就无法由不同团队协作推进。而开源项目则向所有人开放其代码，允许任何人根据自己的意愿进行维护和修改。这种看似分散且不受控制的方式实际上具有强大的生命力，能够在长期的发展过程中，从看似无序的状态逐渐变得有序，形成一个比闭源项目更具反脆弱性的生态系统。

2. 与“内耗”分道扬镳

拥有竞争力是实力的体现，但过度的竞争往往导致资源的内耗。开源精神的核心并不在于有限领域内的竞争，而在于在更广阔的维度上探索更深层次的价值。当开源社区超越了“信息茧房”，其展会和论坛便不再仅仅传递业界期望听到的声音，那些“熟悉”和“适听”的内容逐渐减少，取而代之的是更多深入产业的质疑和批评。原本相互竞争的企业开始意识到，共同解决产业问题比单纯的内耗更为关键，从而使合作博弈取代非合作博弈，促进了产业生态的开放和良性发展，这是开源精神潜移默化影响的结果。

12.2.3 反脆弱下的开源生态

1. 产业常态：山重水复疑无路，柳暗花明又一村

在企业战略规划中，尽管通常会对不确定性进行洞察和分析，但往往仍受传统产品思维的指导。这种思维在产品生产中固然重要，但它是一种强因果逻辑的惯性模式。当人们不自觉地用产品思维来看待产业问题时，就难以跳出因果逻辑的束缚，缺乏对非常态事件的洞察力。

例如，在产品开发过程中，需要对战略、竞争对手，甚至预期收益等指标进行清晰分析，必须事先确定方向和细节。这就需要进行多轮讨论，导致效率低下。

华为在开展开源项目时，意识到关键战略客户的参与至关重要，因此在项目初期会迅速接触客户。但客户态度可能不明朗，因为涉及投入、研发和商业策略等，决策周期长，且产业往往面对不确定的领域或尚未存在的市场，缺乏确凿证据和分析来支持快速决策。

如果沿用产品开发的经验，就需要反复与客户沟通，用营销数据试图说服他们，但这并未解决客户对不确定性的根本担忧，可能导致项目陷入僵局。但如果将产品思维转变为产业思维，在开源社区与客户保持技术交流和互动，那些短期内无法解决的不确定性问题，随着时间的推移和技术的融合，将找到解决方案。因此，产业活动必须改变思维定式，避免通过反复开会和论证来寻求确定性，这种过度保守的评估方式实际上是一种脆弱性。

“山重水复疑无路，柳暗花明又一村”的心态是必不可少的，要用这种心态积极创造可选项，为必选项寻求变化，让任何变化都更有利于局面，从而创造出反脆弱性。

2. 躬身入局：把自己放到产业中

在讨论产业问题时，企业往往将外部运营商、OTT（Over-The-Top，一般翻译为互联网流媒体服务或在线视频服务）厂商与自身分开分析，从客户或对手的角度进行定位，判断标准多基于是否符合自身利益。这种视角忽略了企业自身在产业中的角色、应作出的贡献和解决的问题，没有将企业自身视为产业的一分子来加以分析，表现出一种旁观者的态度。

这种视角体现了脆弱性。在这种视角下，人们看到的往往是与预期或假设不一致的风险，而非机会。任何变动带来的只是成本增加，而非机遇。

面对 IT 厂商、OTT 厂商或客户创新部门的新思路，企业可能会产生误解或错误的问题意识。例如，“客户为什么这样想？”“对手为什么总是和我们对立？”“OTT 厂商为什么不能专注于业务，而要介入我们的领域？”

但如果换个思路，首先要理解 IT 厂商或客户的想法有其合理性，即使不合理也难以改变。为什么不通过提出更好的主张来解决这些问题，甚至让对手或颠覆者的问题在某种程度上有利于自己的方案？

实际上，生态有先入为主的特性。在躬身入局之前，无论是 Akraino 社区还是 MEC 领域的开源项目、客户研究院的自研项目、IT 厂商的商业版本、芯片厂商的开源项目及 OTT 厂商的开源项目都容易被视为竞争对手。但在仔细梳理思路后，将自己的开源项目放入产业沙盘中，经过几个月的演化和碰撞，发现这些并不都是威胁，很多时候需要联手解决共性问题。

因此，企业应该躬身入局，公开提出自己的产业主张和想法，并以开放的方式放入产业沙盘中，让创新力量的对比产生积极变化，凝聚共识，形成产业共同体。

3. 日拱一卒、动态博弈，“利他”才能“利己”

传统电信行业倾向于通过自上而下的联盟、架构、标准和规范获得确定性。然而，面对环境和场景的快速变化，这种追求确定性的行为实际上体现出极大的脆弱性。

在开源产业中，最关键的是代码和社区，而非汇报材料、文档或想法。如果企业对开源项目进行反复论证和推演，可能在面对不可控因素时感到迷茫。但只要持续推进代码开发和社区版本更新，同时紧抓社区运营，就会发现“日拱一卒”的力量。之前无法解决的问题，现在有了新答案或更好的解决方案。

总之，产业和生态应避免陷入零和博弈和意识形态之争，不应在加入的问题上犹豫不决。传统的自上而下的决策体系和执行力对环境有很多假设和依赖，对决策和执行的准确性要求很高，体现出脆弱性。而基于代码迭代的自下而上的开源社区模式天然具有反脆弱性，基于社区的透明和开放，所有参与者在多方、多轮动态博弈中通过约束私利和利他行为来构建利益共同体，实现产业共赢，最终实现利他后利己。

12.2.4 小结

脆弱的反面并不仅仅是坚强或坚韧，提高业务韧性只是底线思维，它只能保证在不确定性中不受伤或将受损程度降至最低，却无法改善业务。我们应更积极地采用开放、敏捷且符合软件发展规律的开源方式来构建反脆弱性，当面对困境和挑战，主动应对风险和变化，使产业和生态在风险中变得更强、更有活力。

12.3　开源与企业社会责任

12.3.1　企业发展广泛受益于开源生态

在数字化转型的浪潮中，开源生态为各行业提供了企业数字化转型所需的基础设施，包括数据库、编程语言、微服务框架、中间件等核心组件。

根据 Synopsys 发布的《2024 年开源安全与风险分析报告》，各行业中包含开源代码的代码库占比持续上升，平均超过 90%。即便是开源代码使用比例最低的行业（如医疗保健、健康科技和生命科学），也有 88% 的代码库包含开源代码。在制造业、工业机器人、营销、教育等行业，开源代码的占比甚至超过了 85%。而在互联网、软件基础架构、网络安全、电信和无线、企业软件 / SaaS、金融服务、金融科技、大数据 /AI/BI（Business Intelligence，商业智能）及机器学习等领域中，开源代码的占比则超过了 70%。

12.3.2　开源提升社会效率，避免“重复造轮子”

开源社区是一座价值巨大的宝藏。根据 Linux 基金会的估计，开源贡献者一年的贡献价值高达 260 亿美元。同时，GitHub 平台的统计数据显示，2023 年开源仓库的总数达到 2.84 亿个，年增长率为 22%。开源最大的优势之一在于共建、共享，这可以有效避免企业“重复造轮子”，有利于提升社会效率。例如，openEuler 作为国产数字核心基础设施，已成为金融、运营商、政府、能源、制造等多个领域的首选操作系统。

在软件开发过程时，企业通常需要构建稳定可靠的基础设施操作系统。如果每家企业都从零开始开发自己的操作系统，不仅会耗费大量人力和物力资源，还可能导致开发出的系统在功能和性能上存在诸多不足。openEuler 通过提供可复用的基础设施操作系统，显著减少了企业用户在开发过程中的重复工作，极大提升了社会效率。

企业用户通常只须支付少量维护费用，甚至无须付费，就能享受到openEuler的高质量软件服务，这大幅降低了企业的运营成本，使他们能够将更多资源投入核心业务和创新。同时，由于开源项目的透明性和开放性，企业也更容易找到合适的技术支持和服务商，从而进一步降低运营成本。

此外，开源项目通常拥有一个活跃的社区，社区成员会共同为项目的改进和发展贡献力量。openEuler背后由众多企业和开发者共同维护和改进。自openEuler开源以来，openEuler社区已吸引了超过1500家头部企业、研究机构和高校加入，汇聚了1.8万多名开源贡献者，并成立了100多个SIG。得益于这样一个开源社区的支持，企业用户可以在openEuler的基础上快速进行定制和创新，以满足特定的业务需求。这种基于开源项目的创新往往能够更快地推向市场，从而加快整个社会的创新步伐。

12.3.3 开源助力跨越数字鸿沟

开源软件和技术让更多人享受到数字技术的便利，通过开源途径更容易获得高质量的软件和服务，从而跨越数字鸿沟，享受数字技术带来的红利。同时，开源软件和技术使发展中国家和地区更容易获取和使用先进技术，加快技术的普及和知识的共享，有助于缩小技术差距，实现全球可持续发展。

开源社区鼓励创新和合作，为全球的研究人员、开发者和企业提供了一个共享知识、交流想法的平台。这种合作模式推动了科技进步，为可持续发展提供了动力。许多开源项目专注于可持续发展领域，如环境监测、能源管理、农业技术等，为可持续发展提供技术支持，促进了全球可持续发展的进程。

12.3.4 开源推动解决气候与环境问题

面对全球变暖带来的生存危机，开源社区正在通过重新构想各层面的基础设施来应对挑战。这包括改进发电厂系统以提高能源分配的可靠性，设计高效的数据中心，减少人工智能的计算量，以及使网站更环保和能耗更低。开源社区可以在多个节能减排的维度上成为气候解决方案的推动者，帮助企业和社会加速降低碳排放。

绿色软件基金会（Green Software Foundation，GSF）专注于推动绿色和可持续软件开发，并促进开源软件在环保和可持续发展方面的应用。GSF 通过研讨会和活动，如 GSF 脱碳软件活动，利用论坛宣讲展示社区驱动的软件脱碳举措，增强环保意识和参与度。Linux 基金会 2023 年度报告显示，GSF 在加快绿色软件开发和采用方面取得了显著进展，推出了绿色软件从业者课程，支持开发者增强碳意识。同年 5 月，GSF 发布了关于绿色软件现状的报告，为大规模软件脱碳提供了全球见解和数据，强调了绿色软件对实现净零未来的重要性，并为投资绿色软件项目提供了商业案例。

12.3.5 参与开源贡献，履行社会公益责任

企业参与和贡献开源是履行社会公益责任的重要体现。不同企业可根据自身业务特点和发展情况，选择不同的形式参与开源和作出贡献，包括但不限于以下几种方式。

- 参与开源项目：企业可以鼓励员工积极参与开源项目的代码修复、功能增强、文档完善，以及社区运营与治理等工作。这不仅能够提高开源项目的质量和价值，同时有利于促进开源社区的繁荣和发展。
- 为开源项目提供资金赞助：资金赞助是开源项目持续发展的重要保障。企业可以通过提供资金赞助来支持开源项目的发展。这些资金可以用于资助开源贡献者、购买服务器和硬件、举办相关活动或提供其他必要的资源。
- 托管（捐赠）开源项目：托管开源项目体现了企业的开放精神和公益意识。企业可以将其内部开发的软件或技术捐赠给开源社区。这不仅能够促进开源技术的传播和应用，同时也能够推动开源生态的发展。
- 参与开源基金会，赞助基金会相关峰会与活动：通过这种方式，企业可以与开源社区建立更紧密的联系，共同推动开源生态的发展。同时，企

业也可以通过赞助基金会的相关活动和峰会来支持开源社区的发展，这体现了企业的公益心和责任感。

综上所述，企业通过多种形式参与开源并作出贡献，在促进技术创新的同时，增强了合作精神、开放精神和公益意识，从而更好地履行企业的社会责任，为社会的可持续发展作出积极贡献。

12.4 心法之源：华为开源六大价值主张

凭借在中国乃至全球开源领域的长期深耕，华为在参与和贡献开源的过程中逐步形成了独特且鲜明的六大开源价值主张：深耕基础软件、持续开源创新、积极开源回馈、践行可持续开源、使能产业升级和共培开源文化。这些主张不仅指导着华为自身的开源实践，同时也为全球开源事业的繁荣发展贡献力量。

12.4.1 深耕基础软件

基础软件是软件产业的核心，也是数字经济体系的基石技术，它为数字世界的发展提供了关键的技术支撑和保障。

作为一家以技术为核心的商业公司，华为在前沿技术探索上持续投入。随着开源时代的到来，华为坚持专注于“根技术”领域，并通过开源的方式，打造坚实的软件基础。华为以“根深”（涉及操作系统、数据库、中间件和编程语言等）促进“叶茂”（涉及软件生态）。自2014年以来，华为已经发起了二十多个重要的基础软件开源项目。

12.4.2 持续开源创新

华为在技术创新、模式创新和应用场景创新3个方面不断突破，致力于通过开源创新推动各行业数字生产力的提升。

技术创新是软件开源发展的核心目标。以操作系统为例，尽管长期存在场景碎片化、软硬件标准不统一和兼容性问题，但openEuler已经支持服务器、云计算、边缘计算和嵌入式等多样化场景，并涵盖了ARM、x86、RISC-V等主流计算架构。同时，它还率先支持了英伟达、昇腾等AI处理器，成为支持多样性算力的优选平台。

模式创新是开源发展的一个关键着力点。华为不仅通过技术活动和培训吸引开发者参与开源社区，还着重从供需两侧推动生态建设。深圳市政府利用该市在软件信息服务、产业创新和出口方面的优势，发布了一系列政策文件，包括《深圳市推动开源鸿蒙欧拉产业创新发展行动计划（2023—2025年）》，并于2024年成立了鸿蒙生态创新中心，旨在使鸿蒙、欧拉成为全球领先的操作系统。此外，通过发布《深圳市支持开源鸿蒙原生应用发展2024年行动计划》，加强鸿蒙原生应用的供给能力，以促进产业生态的繁荣。

应用场景创新展现了开源协作的巨大潜力。开源软件的应用场景已经从最初由开发者设定，转变为用户根据自身的具体需求定制和开发相应的产品和服务。例如，北京邮电大学、华为、北京大学和中国移动研究院联合推出“天算星座”计划，其“宝酝号”先导技术实验卫星（简称“先导星”）项目首次基于KubeEdge云原生边缘计算平台和昇思MindSpore全场景AI框架，加速推进卫星在轨计算智能化，构建空天计算在轨开放开源服务平台。

12.4.3 积极开源回馈

华为持续积极地投身于全球开源贡献，与超过20家主流基金会进行深度合作，为120多款上游基础开源软件贡献代码，并对数十款主流开源软件提供原生支持。同时，华为与OpenChain、CHAOSS等国际组织共同制定开源软件供应链的安全标准和社区评估标准，为解决开源社区治理及软件安全问题提供智慧和方案。

12.4.4 践行可持续开源

可持续发展是保障开源社区目标得以实现的重要基石。华为致力于在多个关键领域，如开源供应链的安全、合规性、漏洞管理、治理结构、社区运营和开发活动，构建一个全面且可信的开源社区体系。这些努力旨在推动社区朝着更加开放和包容的方向发展。openEuler、openGauss 等项目相继获得了可信开源社区评估体系的认证。

12.4.5 使能产业升级

华为与各产业伙伴携手，为行业发展注入了新的活力和创新动力，推动了各行各业的转型升级。

作为一家典型的现代制造企业，华为在 AI 质检领域也是积极的实践者。依托于先进的 AI、云计算和大数据技术，结合多条产线的 AI 质检经验，华为提炼出多个工业级图像处理算子，打造了业界领先的工业 AI 质检解决方案。该方案全面覆盖了工业领域的行为规范性检测、缺陷检测、定位和测量等场景，目前已在汽车、烟草、电子等制造行业中得到应用，极大地提升了制造行业质检的精准度。

此外，开源创新还在非物质文化遗产的传承和自然生态保护等方面展现出更广泛的社会价值。例如，全场景 AI 框架 MindSpore 与自然保护组织合作，将 AI 技术应用于生物多样性保护领域，共同开展高原地区红外相机照片的 AI 物种识别模型训练。通过智能识别技术，高效地获取野生动物信息，为生物多样性的保护决策提供了支持。

12.4.6 共培开源文化

开源文化和教育是开源生态系统可持续发展的关键。当前，国内开源生态建设正在快速推进，各行业已经意识到开源的重要性。然而，企业普遍面临对开源理解不足和经验有限的问题，因此在深入参与开源时存在顾虑，担心合规和安全等潜在风险。

为了解决这些问题，华为联合多家机构推出了面向企业的“开源雨林”计划。该计划汇集了十多年的开源实践经验，通过开源通识、使用和贡献 3 个方面，建立了体系化的开源课程体系。华为还通过联合创新项目帮助企业建立内部开源组织和流程，以“授人以渔”的方式，快速提升企业的开源实战能力。

在高校方面，自 2020 年起，华为与中国科学院软件研究所共同主办的开源软件供应链点亮计划——“开源之夏”活动，已成为在国内外高校和开源社区中深受欢迎的年度盛事，吸引了数千名学生参与，为中国开源事业的发展注入了新的活力。

综上所述，“六大价值主张”是华为开源的“心法之源”，指导着每一位华为人的日常实践。在机遇与挑战并存的智能时代，开放与合作是通往未来的必经之路。作为开源的坚定支持者和重要贡献者，华为将继续倡导包容、公平、开放和可持续的开源参与方式，通过不断贡献，推动软件创新和共享生态的到来。

第五篇　未来已来

物竞天择，适者生存。

——达尔文 《物种起源》

世道毕进，后胜于今。

——严复 《天演论》

开源精神源远流长，它如何在人类文明的发展、社会组织的演变，以及现代科技的革新中逐步形成自身的特质？本篇将从人类文明与开源文化、社会组织与开源创新及现代科技与开源生态这 3 个关系维度出发，对开源的未来进行一次深入的哲学探讨。

第 13 章　人类文明与开源文化

开源文化作为人类文明的衍生物，其诞生得益于计算机和网络技术的发明。随着网络信息技术开发者通过代码语言逐渐形成自己的社群，开源文化作为开发者间的文化现象开始流行。

在人类文明的发展历程中，开源文化的底层逻辑是如何形成的？它又是如何与人类文明相映成趣的？

13.1　文明的底层逻辑：认知革命、农业革命和科学革命

在历史学家尤瓦尔·赫拉利的成名作《人类简史》中，他壮观地描绘了人类文明从起源到演化，再到成型和进入现代化的进展。

在文明的起源阶段，经过 200 多万年的人种演化，约 7 万年前，被称为“智人”的一支完成了“认知革命”。在生物体征上，大脑神经网络的发展使智人在工具使用上日益熟练。与尼安德特人、直立人等其他人种相比，智人在认知能力上发生了变革，这表现在出现了灵活多变的语言能力，不仅能精确描述客观事物，也具备了表达主观抽象概念的能力。语言的形成使智人能够创造更复杂的生产组织结构，并在此基础上形成了“文化”，成为认知革命的最高成就。

一万年前的“农业革命”标志着人类文明的第二次重大变革。这一时期的显著特征是，在认知革命的基础上，人类开始意识到物质生产资料的重要性，并通过驯化动植物来获得比游牧时期更多的生存资源，从而进入农业文明。同时，保障生产方式的社会制度和文化建设也在这一时期形成。私有领域意识的

强化导致了“家庭”和“领地”等社会组织单元和组织方式的演化。这一时期最具文明演化意义的是“文字的发明”，人们开始用文字记录历史、表达认知、沟通思想、传达指令，以及占卜未来，这标志着人类独特的理性思维能力的逐步发达。

在农业革命后期，古希腊哲学家苏格拉底提出了那句旷古烁今的名言：“我最大的智慧，就是认识到自己一无所知。”这句话为2000年后人类文明的再次转向埋下了伏笔。现代化的起源可以追溯到14世纪的文艺复兴和随后的启蒙运动，它们逐渐结束了中世纪的精神统治，使古希腊的理性文明得以延续。在理性的土壤中，科学革命得以诞生并不断演化，进而催生了资本市场、工业革命和科学主义等现代化文明的主要构成要素。生活在现代文明之中的我们，正亲身经历着科学革命带来的万千变化：知识爆炸要求人们终身学习；区域性的文化正在经历着科学革命的逻辑颠覆和重新整合；科技的发展已成为生产力和生产关系中的关键力量。

13.2 人类文明下的开源文化

计算机科学家吴军在他的课程“科技史纲60讲”中指出，从科技的视角来看，人类文明发展的两个重要线索是“能量”和“信息”。

能量的概念相对直观：从最初的获取食物和衣物以维持生命所需的基本能量到通过农业生产增加人类整体的能量供应，再到工业化时代生产力和效率的巨大提升，总能量实现了飞跃性增长。在信息的维度上，信息的产出和交流始于语言，随后通过文字得以存储和传播，直至科学革命发展至今，信息已经演变为一种智能化的产物。计算机编写的“代码”成为记录、传播和处理信息的重要工具。

正如语言促成了文化的诞生，代码在成为计算机和网络语言后，也开始在虚拟世界中形成了一种特有的文化。然而，最初这种文化并未被称为“开源”。

自20世纪50年代商用计算机被发明以来，早期的计算机文化开始形成。尽管计算机在当时还是新生事物，且主要被大型科研机构、企业或政府机构使用，但早期的计算机用户和开发者之间已经开始共享代码，形成了共享和修改的共同体文化。

1971 年，Richard Stallman 成为麻省理工学院计算机科学与人工智能实验室的程序员。他经常参与黑客社区活动。在麻省理工学院工作期间，他参与了包括著名的 Emacs 在内的一系列有深远影响的软件项目。后来，当 Stallman 察觉到实验室中的黑客文化日渐式微后，他发表了著名的 GNU Manifesto（GNU 宣言），宣誓黑客对“自由”的坚定立场，并成立了自由软件基金会以支持完全自由的“GNU 计划”。此后，Linus Torvalds 发布了 Linux 内核的第一个版本，这一事件成为开源软件历史上的重要转折点，为自由操作系统的发展奠定了基础。

自此，开源运动在自由软件的基础上发展起来，Perl、Python、Apache Web 服务器等项目在此期间兴起。到了 1998 年，随着 OSI 的成立，开源的定义正式确立。

开源文化的诞生源于人们对信息最大化传播的底层驱动力，类似于人类社会中言论自由的真理性，“开放源代码”也应成为网络世界的真理。从人类文明史的角度来看，开源文化是在科学革命的大背景下，以计算机科技和网络信息技术为基础，通过开发者的输出和构建，形成软硬件工具，并在共享、共建和共治的理念下形成的开放源代码的社区文化。

13.3 有形与无形的开源文化

从哲学的视角来看，文明的发展是由物质和意识的相互作用共同推动的。从最初的使用工具进行刀耕火种，到男耕女织的农业生产模式，再到工业化时期机器部分取代人力，物质层面的变革为人们带来了更丰富的生产资料。无论是语言还是文字，这些载体背后反映的是通过思想和精神构建的意识世界，它与物质世界呈现出不同的形态。

在开源文化领域，同样存在着基于物质层面的有形部分和基于意识层面的无形部分。

13.3.1 有形的开源文化：开发者、社区和组织机构

当今社会由个人、集体社群，以及使社会运转的企业、政府、群众团体等各类组织机构构成。同样，在有形的开源文化中，也包含了开发者、开源社区

以及支持开源项目运行的组织机构。

开发者在塑造开源文化中发挥着核心作用。作为生产力的创造者，开发者不仅拥有编写代码的技能，也展现出与他人共享和为社区贡献代码的意愿。他们的知识、思维和理念在无形中塑造了开源文化的根基。

正如众多个体汇聚构成社会一样，开源社区聚集了开发者、维护者和管理者等。在这个平台上，不同的开源参与者一起讨论、交流和研究各类问题。同时，社区在推动开源文化的成型过程中起到了关键作用，它不仅促进了知识的交换和创新思维的发展，还在成员间的技能协作中孕育出一种共享的开发者精神。

类似于人类社会需要各种职能机构保障运转，开源社区也需要相应的组织机构确保其日常运营。这些开源组织机构的主要职责是维护开源软件项目，确保秩序。它们通常设有明确的组织架构，并依靠特定的决策流程和规则来指导项目的管理。

综上所述，开发者、开源社区和组织机构共同构成了开源文化中可见的有形部分。

13.3.2 无形的开源文化：底层认知和价值观

真正决定开源文化深度的是其无形的底层认知和价值观。开源文化并非独立于人类文明之外，开源先驱及其追随者倡导自由、协作、分享等精神，这些美好的理念都在人们的日常行为中潜移默化地实践着。

那么，在开源领域，这些理念又有哪些新的解释呢？

- “自由”在开源领域意味着用户可以不受限制地访问和使用开源软件，享有运行、复制、分发、研究和改进软件的自由。自由的精神不仅推动了技术的传播和创新，也激发了开发者的创造力和参与热情。
- “协作”描述的是开源社区中开发者共同开发和维护项目的过程，这不仅促进了技术的积累和项目的持续演进，还培养了开发者之间的合作精神和团队意识。

- “分享”作为开源文化的核心，鼓励开发者在社区中相互分享知识和经验，这不仅为社区成员提供了学习和成长的机会，也推动了技术的持续发展。

除了这些精神导向以外，价值观也是指导人类行为的深层逻辑。开源的价值观涵盖了奉献精神、感恩意识、开放精神等。

第 14 章　社会组织与开源创新

社会组织作为推动力量，引领人类文明经历了各个发展阶段。这里所说的社会组织，并非单纯指组织机构的设置，而是指社群中人们对各类事务进行组织和管理的动态过程。那么，当开源融入这一进程时，它将展现出哪些新的特点？

14.1　当开源走入社群

在人类社会的组织活动中，社群与个人的关系是一个核心议题，开源领域同样面临这一底层逻辑的挑战。

14.1.1　社群共建与个人贡献

人类与其他动物的一个显著区别在于我们的大规模协作能力。基于共同的生产劳作，人类形成了规模化的社群。在这些社群中，个人长久以来被视为群体的一部分，并没有显著的独立性，直到人文主义的兴起。人文主义强调个人理性的价值，使个体不再仅仅是群体的量化构成，而是与其形成了对立统一的关系。

一方面，作为群体的组成部分，个体需要承担社群共建的职责；另一方面，个人也应该充分发挥自身的独立理性能力，为社群作出贡献。前者确保了社会生产的组织运营，往往形成了权力分明的中心化治理结构；后者则有助于避免权力结构的固化，促进了社群的创新和活力。

当社群与个人关系的底层逻辑映射到软件开发范式的发展中，我们可以看到中心化的工程范式和集市式的开源范式的形成。在《大教堂与集市》一书中，“大教堂”式的中心化治理通过提供稳定的组织结构和协作框架，协调众多个体的努力和贡献，确保了项目的稳定性和可持续发展；而“集市”式的分布式协作为开源项目带来了个性化的创新和多样性，推动了项目的进化和成长。

自 20 世纪 90 年代以来，开源范式逐渐成为主流。然而，无论是工程范式还是开源范式，它们都有各自的优缺点。这引出了一个问题：是否存在一种灵活的范式，能够有效协调工程范式和开源范式之间的平衡优势？

14.1.2 从工程范式、开源范式到群智范式

在中国科学院院士王怀民看来，当软件需求确定且开发团队也确定时，通常针对确定的需求完成工作，这就是工程范式；而当软件需求不确定且开发团队也不确定时，开源范式便成为恰当的选择。然而，无论是工程范式还是开源范式，都面临各自的瓶颈。工程范式的瓶颈在于理论的不可逾越性、软件开发速度无法跟上硬件处理器的“摩尔定律”、人力协同效率不高，以及软件需求越来越模糊，从而不适应工程范式的需求确定的特性。开源范式的瓶颈则在于多版本管理的复杂性，以及软件发布最终实现的是开发者的个人作品，其是否符合市场需求具有不确定性。

为了将开源范式的不确定性转变成确定性，群智范式应运而生。王怀民院士认为，群智范式关注的核心问题是：面对不确定的世界，如何高效激发和汇聚群体智能，以实现软件的持续演化，主动适应变化的世界。

具体来看，群智范式强调群智的激发与汇聚，其核心理念可以简单概括为：宏观演化，微观求精。在宏观（长期）尺度上，接受世界的不确定性，以演化论为指导，将软件核心开发者、外围软件涉众，以及软件所处的社区生态视为有机整体，持续激发各类群体围绕软件项目进行自由创作；在微观（短期）尺度上，即在软件长期演化进程的具体阶段，坚持机械论原则，明确阶段性里程碑任务的需求规范，以软件开发小规模核心团队为主力军，采用逐步求精的思路组织任务规划实施。

尽管群智范式是在工程范式和开源范式之后的新型范式，但王怀民院士指

出："在实践中，这3种范式并不是简单的替代关系。工程范式与开源范式在许多场景中都已被证明是有效的，并且得到了广泛应用。群智范式并不是对前两者的否定，而是旨在在工程范式与开源范式之间寻找一个平衡点，结合时代特征和应用场景，以指导我们的软件开发实践。"

14.2 开源与商业紧密结合

随着以物易物和货币的发明，最早的商业行为开始形成，并逐渐成为社会组织的重要组成部分。在全球化的背景下，开源将展现出哪些商业化的特点？同时，开源创新又将在新兴市场中孕育出哪些新的机遇和成果？

14.2.1 全球化下的开源与商业化

300年前，随着两次工业革命的相继兴起，全球经济一体化的浪潮开始涌动。基于资源禀赋等理论，国际贸易逐步展开，推动了全球化的发展。尽管经历了两次世界大战的低谷，战后全球化进程重新加速，在经济治理体系的共建和工业制成品贸易的推动下，全球化的产品产供销体系开始形成。到了20世纪90年代，全球化进入了生产分工时代，产业链的各个环节可能分布在世界各地。如今，数字化技术的飞速发展使地球上最远两点的信息都能即时传递，可以说"距离已死"。

尽管地缘政治和去全球化的声音依然存在，但全球化的潮流势不可挡。当前，全球化正在进入一个全新时代——全球化数字服务4.0。在这一背景下，开源成为推动开放合作、实现数字化转型的关键。

事实上，开源代码在全球各个行业的应用比例不断上升。根据Synopsys发布的《2024年开源安全与风险分析报告》，开源组件和代码库几乎构成了所有行业应用程序的基础。其中，96%的总代码库包含开源代码，代码库中77%的代码源自开源。大多数行业的代码库汇总后包含的开源比例在99%到100%。例如，在计算机硬件和半导体行业的代码库中开源代码占比达到100%，软件及金融服务与科技领域的代码库中开源代码占比为99%。这表明，行业的数字化转型正是基于开源的坚实基础。

与开源代码应用比例同步增长的是开源商业化的市场规模。Mordor Intelligence 的《开源服务市场规模和份额分析——增长趋势和预测（2024—2029 年）》报告显示，2024 年开源服务市场规模预计为 349.9 亿美元，预计到 2029 年将增至 760.7 亿美元，预测期内（2024—2029 年）的复合年增长率为 16.8%。而这个数据只是开源作为服务在市场中的商业规模，开源代码、开源项目等的庞大商业价值是无法准确计量的。

14.2.2 开源下的新兴市场

随着开源项目的日益增多，专注于提供开源生态系统服务的公司正逐渐崛起，以协助企业更高效地使用和管理开源技术。这些服务涵盖了集成和部署、解决方案提供、数据和内容提供，以及服务与支持等多个方面。

- 在集成和部署方面，企业需要将多样的软件和系统整合起来，以构建全面的解决方案。开源软件凭借其灵活性和可定制性，在这一市场中占据了重要地位。

- 在解决方案提供方面，基于开源软件的解决方案提供商能够利用开源技术，以更具成本效益和创新性的方式提供服务，从而获得市场竞争优势。

- 在数据和内容提供方面，开源数据集和内容的共享使用为数据提供商和内容创作者开辟了新的商机，他们可以通过提供高质量的开源数据和内容来吸引用户。

- 在服务和支持方面，开源软件需要专业的支持、维护和定制服务，这为企业和个人提供了技术支持、培训和定制化解决方案的机会。

此外，随着云计算、大数据、人工智能、物联网、区块链等技术的兴起，开源软件和工具在各个技术领域正不断开拓新的市场机会。在云计算和托管服务中，开源软件扮演着关键角色，相关服务供应商通过提供基于开源技术的云服务和托管平台来获取市场份额。开源工具在数据分析和人工智能领域的应用日益广泛，相关公司利用开源工具和算法提供服务。在物联网和嵌入式系统领域，开源软硬件需求巨大，提供相关产品和服务的公司能够满足这一市场需求。同时，提供区块链相关产品和服务的公司也能利用开源技术开发解决方案。

14.3 开源下的新型企业组织

在赫拉利看来，公司的形成建立在人们想象中的共识之上。实际上，任何虚构事实的持续存在都依赖于共同的信念。作为社会组织中商业行为的主要参与者，企业在开源文化（包括开源理念和价值观）的影响下，其信念的改变也在悄然引发组织结构的巨大变化。

首先，在工业化时期，为了追求生产效率，企业往往形成了从上至下的垂直型组织结构，这种结构具有多层次的管理体系和相应的管理制度，权力结构相对固化。然而，在开源文化所倡导的平等和自由理念的影响下，企业治理结构正逐渐趋于扁平化。减少管理层级不仅简化了决策过程，还鼓励全体员工参与到公司决策中。在这种扁平化的组织形式下，企业管理者更注重开放式沟通，信息共享和流通变得更加顺畅，决策过程和公司经营的细节对员工和社区成员更加透明，从而有助于建立信任，促进共享和协作。

其次，团队组织形式和工作方式的多样化趋势日益显著。传统企业通常将员工集中在固定办公地点，这虽然便于沟通和解决问题，但开源项目的开发者往往分散各地。因此，许多企业开始倾向于建立分布式团队，并支持远程办公。开源项目的开发者和维护者可能遍布全球，通过网络协作，以任务为导向进行工作。这种方式不受地域限制，能够吸引全球范围内的合适人才，提高团队的多样性和专业水平。

最后，在传统的企业组织中，奖励和晋升不仅基于员工的价值贡献，也常考虑职级。而在开源的分布式协作模式下，职级的概念被弱化，企业更倾向于根据员工的实际成绩和在开源社区中的活跃表现来给予奖励。随着个人技能和贡献度受到更多重视，企业文化逐渐转向以解决问题为导向，减少了因层级架构固化而产生的人浮于事现象。同时，在开源理念的推动下，企业通过参与开源项目提升技术能力和知名度，鼓励员工积极参与社区贡献，并吸纳社区反馈和建议，将开源的协作模式作为企业组织结构发展的重要参考。

总之，在开源文化不断影响企业组织的今天，传统企业的组织形式和制度架构将向开源所倡导的开放和灵活方向转变，增强企业透明度，优化奖惩机制，使企业成为开源贡献的重要参与者。只有这样，企业才能更好地适应快速变化的市场和技术环境。

14.4 开源创新与新质生产力

生产力水平是衡量社会组织和管理成效的重要标准。这一概念主要描述劳动者与生产资料相结合，形成改造自然的能力。随着科技创新的不断进步，它已经成为推动生产力发展的关键力量。为了摆脱传统经济增长模式，使生产力发展呈现出高科技、高效能和高质量的特点，“新质生产力”应运而生。

14.4.1 从生产力到新质生产力

新质生产力是由技术革命性的突破、生产要素创新性的配置以及产业深度的转型升级共同催生的。它以劳动者、劳动资料、劳动对象及其优化组合的显著提升为基本内涵，并以全要素生产率的大幅提升作为核心标志。新质生产力的特点在于创新，关键在于质量的优越性，其本质是先进的生产力。它代表了生产力现代化的具体实现，即一种新型的高水平现代化生产力——具有新类型、新结构、高技术水平、高质量、高效率和可持续性的特点。与传统生产力相比，新质生产力在技术水平、质量、效率和可持续性等方面都有显著提高。

从传统生产力到新质生产力的转变是一个深刻而广泛的过程，涉及技术革新、生产方式、组织结构、管理理念等多个方面。以下是这一转变过程中的一些关键点。

- 技术革新：传统生产力主要依赖人力和基础机械设备，而新质生产力则依托于先进的科技，如信息技术、自动化、人工智能、生物科技等。这些新技术的应用极大地提升了生产效率，同时显著提高了产品质量和创新速度。
- 生产方式：传统生产方式往往是集中式、大规模流水线作业，而新质生产力则倾向于更灵活、个性化、定制化的生产模式。智能制造和柔性制造系统的出现，使生产过程更加灵活，能够快速适应市场变化和消费者需求。

- 组织结构：传统组织结构多为层级式，决策流程较长，而新质生产力下的组织结构更加扁平化，强调跨部门协作和快速决策。现代企业越来越多地采用项目制、团队制等灵活的组织形式，以提高响应速度和创新能力。
- 管理理念：传统管理理念侧重于命令和控制，而新质生产力的管理理念更加注重员工参与、激励和自我管理。知识管理和创新管理成为现代企业管理的重要组成部分，企业更加重视员工的创造力和知识分享。
- 资源利用：传统生产力较依赖自然资源，而新质生产力则强调可持续发展和循环经济，注重资源的高效利用和环境保护。清洁能源、节能减排、废物回收等成为新质生产力的重要特征。
- 劳动力结构：随着自动化和智能化技术的发展，新质生产力对高技能劳动力的需求增加，对简单重复性劳动的需求减少。劳动力市场对教育和培训提出了新要求，以适应技术变革带来的职业结构变化。
- 全球化与网络化：新质生产力的发展与全球化和网络化密切相关，生产要素的全球流动和网络空间的广泛连接成为常态。企业通过全球供应链和网络平台，实现资源的最优配置和市场的快速响应。

在新质生产力下，消费者不再是单纯的产品接受者，而是产品设计和创新的参与者。用户生成内容、众包、协同消费等模式的兴起，使消费者在生产和价值创造中扮演更积极的角色。总之，从传统生产力到新质生产力的变化是一个由技术创新驱动的全面转型过程，它不仅改变了生产的物质基础，还重塑了生产关系和社会结构。

14.4.2 开源助力新质生产力发展

开源软件通过促进全球开发者之间的协作和交流，提供了一个共享知识和经验的平台，推动了软件技术的创新和发展。它的核心在于开放性：任何人都可以访问、研究、修改和分发软件的代码。这种透明度有助于发现并修复错误，促进技术的改进和创新。开源社区的协作性质鼓励了知识的传播，帮助开发者学习新技能和最佳实践，从而提高了整个软件行业的技术水平。

开源助力新质生产力的发展，首先表现在 3 个方面——高创新、高效率和高质量。

- 高创新：开源软件在推动技术创新方面发挥了关键作用。它鼓励知识的共享与合作，允许任何人查看、使用和修改源代码。这种做法促进了技术社区的协作与交流，降低了技术创新的门槛和成本，让更广泛的群体参与创新过程。

- 高效率：开源软件通过提供可重用、可定制且经过社区验证的代码库，有助于缩短软件开发周期。开发者可以利用这些资源加速开发流程并降低成本。此外，开源项目背后通常有一个活跃的社区，为开发者提供即时反馈和解决方案，显著减少了解决问题的时间。

- 高质量：开源软件的透明度在质量和安全性方面是一个显著优势。众多开发者可以审查和测试源代码。这种集体参与的方式能够快速发现并修复错误或漏洞，因此开源软件常被视为高质量的代名词。

其次，开源彻底革新了软件开发的传统模式。在传统模式下，软件通常基于企业内部专有流程进行开发，源代码对用户不可见，由数量有限的开发者团队（从数十到数百人）协作完成。这导致开发周期较长、迭代速度较慢，软件的缺陷主要依赖用户反馈来发现。而开源软件开发模式则开放了这一过程，允许全球范围内的开发者参与其中，源代码对所有人开放可见，形成了由数百到数万名开发者组成的庞大社区协作网络。在这种模式下，开发周期显著缩短，迭代速度加快，软件中的缺陷也能在社区开发者的共同努力下迅速被发现和修复。

全球开发者的广泛参与为开源开发塑造了一种新型的“新质生产关系”，这种关系满足了新质生产力对“劳动者、劳动资料、劳动对象及其优化组合”的高标准要求，从而有效促进了新质生产力的繁荣发展。此外，开源文化还激发了开发者科技素养的不断提升，推动了智能开发工具的创新，为生产要素的创新性配置注入了强大的动力。

第 15 章　现代科技与开源生态

开源起源于现代科技领域，其生态系统的构建与科技的进步紧密相连。随着基于开源的组织模式日益普及，未来科技的发展将与开源理念和实践更加紧密地结合。

15.1　开源与未来科技

在开源理念的指导下，未来科技范式将鼓励合作、共享和提升透明度，为各个技术领域带来创新和进步。

- 开源人工智能：开源的人工智能框架和工具将使更广泛的群体能够参与人工智能领域的创新。通过共享开源模型和算法，不仅可以加速人工智能应用的发展，还有助于解决人工智能伦理等挑战。
- 开源软件和操作系统：开源软件和操作系统的持续发展与普及将为用户提供更加自由、可定制且安全的解决方案。开源社区的持续代码贡献和功能改进，将进一步提升软件开发的效率和质量。
- 开源硬件和物联网：开源硬件为物联网设备的开发和定制提供了更多灵活性。开源物联网平台和协议促进了设备间的互操作性和数据共享，为智能物联网的发展提供了动力。
- 开源生物技术：开源生物技术推动了生物医药领域的创新。通过共享生物材料、实验方法和数据，可以加速研究进程。

- 开源能源技术：开源能源技术有助于促进可再生能源和能源存储技术的进步。
- 开源教育和科学研究：开源教育资源和科学研究促进了知识的共享和全球合作。开放的教育平台和科学数据共享使更多的人有机会接受教育和参与科学研究。

总之，开源将使更多的人能够参与科技领域的未来发展，形成更加开放、包容和可持续的科技社区。

15.2 人工智能与开源互为助力

人工智能产业化的进程并非一帆风顺，而大模型的兴起再次点燃了人们对其产业化潜力的期待。这一次，开源运动的蓬勃发展为人工智能的创新和应用带来了新的机遇。同时，人工智能的进步也为开源社区的深化和发展提供了强大的推动力。它们之间的相互作用，以及这种作用如何影响知识的传播和创新，对于开源社区与未来人工智能携手共进具有重要意义。

15.2.1 人工智能爆发背后的开源推手

人工智能技术已经从简单的聊天机器人发展到能够精确编程的大模型，这一演变经历了符号学派、控制学派和连接学派等不同的发展阶段。目前，我们所见的大模型变革，正是基于20世纪80年代开始的神经网络技术的发展，这一技术使系统开始具备自主学习的能力。然而，由于早期技术在算法、数据和算力上的限制，除了IBM的超级计算机“深蓝”在1997年战胜国际象棋冠军卡斯帕罗夫这一重大事件以外，20世纪并没有其他特别引人注目的人工智能产业事件。

2006年，Geoffrey Hinton提出了深度学习的概念，它涉及多层、大量神经元的深层网络。2012年，一篇题为《用深度卷积神经网络进行ImageNet图像分类》的论文介绍了AlexNet深度卷积神经网络，其在ImageNet分类任务比赛ILSVRC-2012中将top-5错误率降至15.3%，比第二名的26.2%低十多个百分点。此外，Google Brain 项目通过机器学习识别猫，以及 AlphaGo 首次击败人类围棋冠军等事件，逐渐在社会层面引发了广泛关注。如今，大模型的兴起再次激发了人们对人工智能技术赋能各行各业的巨大热情。

在人工智能技术迎来新高峰的背后，开源社区的“默默奉献”功不可没。从早期的 GNU 计划和随后的 Linux 内核到支持大量人工智能框架和工具运行的平台，开源社区促进了全球开发者的贡献和协作。2000 年，计算机视觉领域的重要应用技术 OpenCV 的推出，进一步推动了人工智能的发展。近十年来，随着 TensorFlow、PyTorch 等开源深度学习框架的发布，人工智能的发展更是步入了快车道。2020 年 2 月，华为推出了覆盖全场景的深度学习框架 MindSpore，并将其开源。通过结合开源、人工智能和云计算技术，MindSpore 为全球开发者提供了便捷的部署和开发体验。同时，MindSpore 还推出了国内首个人工智能开源社区开发者认证体系，致力于培养更多人工智能开源领域的专业人才。2024 年 6 月，openEuler 的首个 AI 原生开源操作系统——openEuler 24.03 LTS 发布，该开源操作系统的发布旨在让 openEuler 与人工智能深度结合，促进人工智能使能操作系统更智能，操作系统使能人工智能更高效。

15.2.2 人工智能之下开源的精进

随着人工智能时代的到来，它将促进不同领域的技术创新和方案融合。开源项目不再局限于软件开发，而是扩展到人工智能芯片、硬件使能、SaaS 互通、工业互联网和物联网等多个领域，推动跨领域的开源协作和技术共享。

在智能技术的推动下，开源项目将探索更多与商业结合的机会。除了传统的发行版和订阅模式以外，将出现更多创新的商业模式。企业和个人在使用项目时，将通过人工智能智能化工具贡献代码、提供数据资源支持，与开源社区共同成长。

人工智能技术提供的分析和统计功能，为开发者提供了辅助信息和技术工具。开发者可以随时随地利用人工智能工具和便捷的通信手段（如语音和视频）来分享知识，参与感兴趣的开源项目。

随着人工智能工具在教育领域的应用日益成熟，开源文化和价值观的教育也将得到普及。开源社区和企业可以通过人工智能终端、在线课程、虚拟会议室和远程实验等方式，让更多开发者获得丰富的学习机会，参与开源项目，培养基于人工智能的开源软件开发技能和团队协作能力。

开源治理是当前开源社区面临的挑战之一，人工智能将推动开源治理模式的创新。通过大数据分析、统计和社区参与者的行为分析，开源社区可以更深入地理解社区的健康度、运营效率和项目活跃度，制订更有效、更具激励性的决策和计划。

此外，大模型的发展正在推动形成一种人机共建的开源知识模式。例如，维基百科已经开始包含由大模型生成的内容，并在内容维护者的编辑下，确保这些内容符合编辑标准。未来，人的思维与机器的思维将在同一时空中共存与融合，共同参与开源知识模式的构建。

15.3　最后的一点思考：未来开源生态

世界上存在两种游戏：一种是“有限游戏”，另一种是“无限游戏”。有限游戏以取胜为目的，而无限游戏则以延续游戏本身为目的。

——詹姆斯·卡斯　纽约大学教授

15.3.1　从有限游戏到无限游戏

自改革开放以来，市场化的商业导向无疑成为我们取得成功的基石。然而，对成功路径的依赖如此根深蒂固，以致利润率的高低似乎成了衡量成功的唯一标准。

一旦企业形成了以利润最大化为目的的思维模式，往往会伴随着对控制的强烈需求，包括设定明确的目标和对过程的严格控制。这种做法可能会限制企业的创新能力，无意中为企业的持续发展设置障碍。实际上，如果企业将商业成功作为唯一的追求，很可能会经历从创立到兴盛，再到衰退的周期，最终成为一个“有限游戏”。

近二十年来，互联网产业的蓬勃发展为我们提供了新的启示。与追求短期稳定回报的传统产业思维不同，互联网产业孕育出的互联网思维展现出更高的灵活性和适应性。这种思维能够跨界运作，将重点从财务数据转移到深入探索市场需求上。在更加多元和开放的市场环境中，消费者的潜在需求得到深度挖掘，而“利润的获取”往往成为这一过程的自然结果。例如，Google、AWS 等互联网公司围绕搜索、电商和云计算构建了生态平台，满足了大量用户需求，商业成功随之而来。通过构建生态系统，这些互联网企业逐渐走上了一条“无限游戏”的道路。

实际上，所谓“有限”与“无限”的概念，归根结底是思维方式的差异。传统思维在看待产业和生态时，往往采取一种工具性的视角，将其作为手段，而互联网思维则将自身视为与产业生态不可分割的一部分，共同成长。

15.3.2 相信未来，开源生态将成为无限游戏

在构建开源生态系统的过程中，我们面临一个关键的抉择：是继续遵循传统的、界限明确的商业模式，还是借鉴互联网的跨界思维？更进一步，开源生态系统的发展应该是纳入商业利益体系进行工具化管理，还是顺应自然演进的路径，减少人为干预？

从开源产业的现状来看，不少专家或管理者仍然坚持“掌控”的思维。例如，在建立开源标准或成立开源联盟时，经常有人提出疑问：“这些标准或联盟是否在我们的掌控之中？”这种思维是长期受传统产业影响的结果。如果没有获得预期的确切结果，就可能会因为缺乏安全感而对共同的未来缺乏信心。在这种情况下，虽然表面上是在构建产业和生态，实际上却是将参与产业和生态作为手段，以寻求自身的商业成功。

如果我们用有限游戏的思维来看待开源，它可能被视为一种有用则用、无用可弃的工具。然而，开源之所以能成为主流的开发范式，是因为它不仅仅是一种手段。开源生态应该像自然生态一样，我们在这个生态中扮演“园丁”的角色，根据自然规律来培育和维护这个生态系统的繁荣。在一些开源生态理念更为成熟的领域，这样的逻辑已经在实践中得到体现。

以开源人工智能为例，如今广为人知的如 Llama 等开源大模型，它们的架构基础是 Transformer。但在 Transformer 出现之前，语言模型领域主要以 RNN（Recurrent Neural Network，循环神经网络）架构为主。自 2017 年以来，Transformer 在语言理解上展现出超越 RNN 的卓越能力，并在计算机视觉领域

超越了 CNN（Convolutional Neural Network，卷积神经网络），成为大模型的底层架构。尽管如此，Transformer 也面临着设备要求高、数据量需求大、数据样本缺乏等方面的巨大挑战，需要进一步优化。未来可能会有更优秀的开源架构出现。

正是基于 RNN、CNN、Transformer 等开源深度学习模型架构的不断演进，它们像园丁一样培育着人工智能领域的创新模型和工具，从而带来了大模型的繁荣。如果为了确保技术的潜在利益而人为设限，例如让 Transformer 可以申请专利，虽然可能获得短期商业利益，但真正的生态创新将难以产生。创新技术的可持续发展需要开源生态的共享和应用，以减少重复劳动和资源浪费，正如科学进步依赖研究成果的相互借鉴。

当然，开源的商业导向和生态构建仍然是需要因地制宜、具体问题具体分析的问题。短期内，我们可能难以摆脱商业的惯性思维，获得确定的收益。但从长远来看，开源生态系统正在崛起。

展望未来，我们有理由相信，开源生态的建设将成为一个持久的、与商业相辅相成的“无限游戏”。